DeepSeek

开发实战

李宁 编著

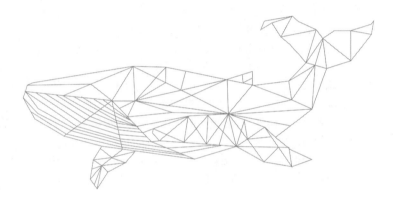

人民邮电出版社

北 京

图书在版编目（CIP）数据

DeepSeek 开发实战 / 李宁编著. -- 北京 : 人民邮电出版社, 2025. -- ISBN 978-7-115-67065-6

Ⅰ. TP18

中国国家版本馆 CIP 数据核字第 2025C4Q941 号

内 容 提 要

本书是一本全面介绍开发与应用 DeepSeek 大模型的实战指南，旨在帮助读者全面掌握大模型的技术与应用。本书首先介绍 DeepSeek 的核心概念、功能及未来发展方向，随后深入探讨大模型部署的硬件要求、量化技术、推理速度优化等关键问题，并详细介绍 Transformer 架构和混合专家模型的理论基础。接着介绍了如何用 Ollama 和 LM Studio 等工具在本地部署 DeepSeek-R1 模型，并结合 Cherry Studio 构建本地知识库，实现智能问答和知识检索功能。此外，本书还介绍 AnythingLLM 和 Chatbox 等大模型应用构建平台，帮助读者扩展应用场景。针对 API 与程序库的使用，本书详细讲解 Ollama 的 RESTful API、OpenAI 兼容 API 以及相关程序库。最后，本书通过介绍多个实战项目（如代码注释翻译器、构建知识库、文章智能配图器、意图鉴别服务、多模态聊天机器人），使读者可以将理论知识应用于实际开发中，掌握大模型的核心技术。

本书通俗易懂，适合数据科学家、大模型开发者、应用开发者、相关专业学生以及技术爱好者阅读，无论是初学者还是有经验的开发者，都能从本书中获得有价值的知识和技能。

◆ 编　著　李　宁
责任编辑　张　涛
责任印制　王　郁　焦志炜

◆ 人民邮电出版社出版发行　北京市丰台区成寿寺路 11 号
邮编　100164　电子邮件　315@ptpress.com.cn
网址　https://www.ptpress.com.cn
涿州市京南印刷厂印刷

◆ 开本：800×1000　1/16
印张：17.75　　　　　　2025 年 6 月第 1 版
字数：368 千字　　　　2025 年 6 月河北第 1 次印刷

定价：89.80 元

读者服务热线：**(010)81055410**　印装质量热线：**(010)81055316**
反盗版热线：**(010)81055315**

前 言

在人工智能技术迅猛发展的今天，大语言模型（Large Language Model，LLM，简称大模型），已成为推动科技变革的核心力量。从智能客服到内容创作，从数据分析到决策支持，大模型正以其强大的理解与生成能力，重塑各行各业的运作方式。然而，伴随着技术热潮而来的是高昂的云端服务成本、潜在的数据隐私风险、严格的 API 调用限制，以及对网络稳定性的高度依赖。这些挑战如同横亘在 AI（Artificial Intelligence，人工智能）普及之路上的一层迷雾，阻碍着开发者与企业充分释放大模型的潜力。

1. 本地化部署：破解 AI 应用困境的关键

本书的诞生，正是为了帮助读者拨开这层迷雾。通过本地部署大模型，我们能够彻底摆脱云服务的束缚——无须为每一次 API 调用付费，不再受限于配额与网络条件，更重要的是，所有数据处理均在本地完成，从根本上保障了数据隐私与安全。对于金融、医疗、政务等敏感领域，这一优势尤为关键。

2. 为什么选择 DeepSeek？

作为开源大模型的领航者，DeepSeek 以其高性能、低资源消耗和灵活的部署选项脱颖而出。无论是轻量化的蒸馏模型（如 DeepSeek-R1-7B 简称 7B，DeepSeek-R1-14B 简称 14B，其他的模型版本以此类推），还是功能全面的 DeepSeek-R1，均能在普通服务器甚至个人计算机上流畅运行。DeepSeek 的开源生态更使其成为开发者构建定制化 AI 应用的理想选择。

3. 本书的主要特色

本书是一本专注于大模型本地化部署与行业应用的全方位的实战指南。书中以 DeepSeek 大模型为核心，系统讲解了从基础理论到高级实践的完整知识体系，具有以下三大特色。

（1）技术深度上

深入解析 Transformer 架构、混合专家（Mixture of Experts，MoE）模型和量化技术，结合硬件优化策略，帮助读者掌握高效部署 DeepSeek 大模型的核心方法。

（2）工具覆盖上

详细讲解 Ollama、LM Studio、llama.cpp 等主流工具的应用，提供从模型加载到 API 调用

的全流程指导。

（3）实战价值上

通过代码注释翻译器、构建知识库、多模态聊天机器人等 5 个企业级项目，展现 DeepSeek 大模型在真实场景中的落地应用。

本书兼顾初学者与开发者的需求，既包含入门基础知识，也涵盖函数调用、长上下文优化等高级技术，并特别强调开源工具链整合与工程化思维，是掌握 DeepSeek 技术不可多得的实战手册。

4. 读者对象

本书适合以下人群。

- 大模型开发者和应用开发者：希望将 DeepSeek 集成到现有系统，或开发本地化 AI 应用的技术人员。
- 数据科学家：想要理解大模型底层原理，并优化其性能的研究者。
- 学生与技术爱好者：对 AI 技术充满热情，渴望从零开始掌握大模型实战的初学者。

无论你是初探 AI 领域的新手，还是经验丰富的开发者，本书都将成为你探索大模型世界的可靠伙伴。让我们携手揭开 DeepSeek 的无限可能，共同迈向 AI 驱动的未来！

感谢所有为本书贡献智慧的同事、开源社区成员以及技术先驱。愿本书能助读者在 AI 浪潮中乘风破浪，开拓属于自己的创新之路。

读者可在微信中搜索"极客起源"公众号，关注本公众号后，回复"752467"，可获得本书的源代码。本书的编辑邮箱为：zhangtao@ptpress.com.cn。

编者

目 录

第 **4** 章　　**用 LM Studio 本地部署 DeepSeek-R1 ·········· 52**

第 **5** 章　　**用 Cherry Studio 建立本地知识库 ·········· 69**

第6章 更多的大模型应用构建平台 ············· 84

第7章 Ollama 的 RESTful API ················· 92

第 8 章　Ollama 程序库 ·· 129

第 11 章 项目实战：代码注释翻译器 ……………………………… 192

第 12 章 项目实战：构建知识库 ………………………………………… 213

第 **1** 章　走进 DeepSeek 世界

在 AI（Artificial Intelligence，人工智能）技术的发展日新月异的今天，AIGC（Artificial Intelligence Generated Content，人工智能生成内容）正以前所未有的速度渗透到我们生活的方方面面，从文本创作、图像生成到代码编写、科学研究，AIGC 的应用边界不断拓展，深刻地改变着内容生产模式和人机交互方式。在这波澜壮阔的 AI 浪潮中，DeepSeek 犹如一颗冉冉升起的新星，以其卓越的性能、高效的架构和开放的姿态，迅速吸引全球的目光。本章，我们将正式踏入 DeepSeek 的世界。首先，我们从 DeepSeek 的诞生与发展历程出发，细致梳理其核心功能与技术优势，力求描绘出 DeepSeek 的清晰轮廓，解答"什么是 DeepSeek"这一问题。随后，我们将深入剖析 DeepSeek 的强大能力，从解决复杂数学难题到辅助高效编程，再到各行各业的创新应用，逐一展现 DeepSeek 的"能为"与"所为"，揭示其在实际应用中的巨大潜力。紧接着，本章将化繁为简，指导读者如何快速上手 DeepSeek，从用户友好的界面操作到灵活多样的移动端应用，再到功能强大的 API（Application Program Interface，应用程序接口），我们将全面解读 DeepSeek 的"使用之道"，让读者能够轻松驾驭这一强大的 AI 工具。为了使读者更深入地理解 DeepSeek 的技术内核，本章还将聚焦于 DeepSeek 的核心模型——DeepSeek-R1 模型以及至关重要的蒸馏技术，通过揭示 DeepSeek-R1 模型的原理和蒸馏技术的奥秘，帮助读者洞察 DeepSeek 高性能背后的技术逻辑。最后，我们探讨 DeepSeek 的发展趋势与挑战，并分析 DeepSeek 对 AIGC 领域乃至整个社会可能产生的影响。通过学习本章，读者不仅能够全面了解 DeepSeek，更能把握 AIGC 技术发展的脉络，为后续深入探索 DeepSeek 的高级应用奠定坚实的基础。让我们一同启程，走进 DeepSeek 这个充满无限可能的 AI 世界。

1.1　什么是 DeepSeek

DeepSeek 是由深度求索公司[①]在 2023 年推出的一款开源大模型，其以相对低的开发成本和

[①] 深度求索为国内头部量化私募基金幻方量化孵化并全资控股的子公司，是幻方量化在 AI 领域的核心布局。DeepSeek 是深度求索的英文名，也是一款大模型的名字。

高效的性能表现而闻名。DeepSeek 以其创新的模型训练方法和对资源的有效利用，成功闯入了美国科技巨头占据优势的 AI 市场。其核心模型 DeepSeek-R1 通过采用先进的技术，如强化学习（Reinforcement Learning，RL）等，展现了与 OpenAI 的 o1 模型相媲美的推理能力，同时显著降低了训练和使用成本。这一突破不仅引发了全球 AI 行业的关注，也促进了人们对 AI 开发新路径的重新思考。

1.1.1 DeepSeek 的发展历程

DeepSeek 的发展历程始于 2023 年 7 月 17 日，当时由梁文锋创立的公司开始了对 DeepSeek 的研究开发工作。

到了 2023 年底，DeepSeek 发布了首个 AI 模型——DeepSeek Coder，这是一个专为编程任务设计的开源模型，训练数据中 87% 为代码，13% 为自然语言。这一模型的发布标志着 DeepSeek 在 AI 编程领域的初步成功。

2024 年 5 月，DeepSeek 推出了第二代模型 DeepSeek-V2，采用了创新的多头潜在注意力（Multi-head Latent Attention，MLA）和 DeepSeekMoE 架构。这一模型共拥有 2360 亿个参数，其中包括 210 亿个活跃参数，显著提高了推理效率。DeepSeek-V2 不仅在性能上超越了 DeepSeek Coder，还在成本控制上取得了突破，使得 AI 模型的开发变得更加经济实惠。

2024 年 12 月 26 日，DeepSeek 发布了第三代模型 DeepSeek-V3，这一模型在性能和应用场景上都有了显著提升。DeepSeek-V3 拥有 6710 亿个参数，包括 370 亿个活跃参数，通过采用混合专家模型（Mixture of Experts，MoE）和多令牌预测（Multi-Token Prediction，MTP）模块，实现了高效推理和低成本训练。它的训练过程仅需 278.8 万 H800 GPU 小时，远低于其他同类模型，进一步证明了高效、开源的 AI 模型开发路径的可行性。

DeepSeek 的成功被认为是 AI 领域的一个"斯普特尼克时刻"[①]，引发了人们对 AI 开发成本和资源利用的重新思考。

总的来说，DeepSeek 的发展历程展示了我国在 AI 技术上的快速进步和创新能力，通过开源的方式推动了 AI 技术的普惠化，降低了进入门槛，并为全球 AI 研究和应用提供了新的视角。

1.1.2 DeepSeek 的核心功能

在探索 DeepSeek 大模型的过程中，我们首先需要理解其核心功能。这些功能不仅定义了 DeepSeek 的技术能力，也为用户提供了理解和应用该模型的基础。DeepSeek 被设计为一个多功能的 AI 大模型，能够处理从日常对话到复杂编程的广泛任务。以下是 DeepSeek 的核心功能。

（1）语言理解与生成：DeepSeek-V3 在自然语言处理方面表现卓越。它能够理解复杂的语

---

① 斯普特尼克时刻指的是 1957 年苏联成功发射第一颗人造卫星"斯普特尼克 1 号"，令美国感受到科技竞争的危机和紧迫的时刻。

境，并生成流畅、准确的文本。这种能力使得它在文本生成、翻译和代码编写等任务中表现出色。

（2）推理：DeepSeek-R1 专注于提高推理能力，通过模仿人类的链式思考过程，将复杂问题分解为小的、可管理的步骤。这种方法让大模型在数学、逻辑推理和编程等需要深入思考的任务中能够提供高效且准确的解答。

（3）多任务处理：DeepSeek 的设计使其能够跨多个领域进行高效的任务处理。它不仅能处理语言任务，还能在数学问题解答、代码生成等多种任务中表现出色。

（4）效率优化：通过采用 MoE，DeepSeek 能够在处理任务时只激活必要的参数集合，从而大大提高计算效率。这种设计在保持高性能的同时，显著降低了对计算资源的需求。

（5）多语言支持：DeepSeek 的多语言处理能力使其在全球化应用中具有竞争力，无论是中文、英文还是其他语言，它的理解和文本生成能力都很强。

（6）开源与定制化：作为一个开源的大模型，DeepSeek-V3 和 DeepSeek-R1 开放了模型文件以及多个蒸馏模型，几乎任何人都可以用这些模型进行本地化部署，以及深度定制自己的大模型解决方案。

（7）增强学习和知识蒸馏：DeepSeek-R1 通过无监督的增强学习方法来提升其推理能力，同时通过知识蒸馏技术从其他大模型中汲取知识，减少了对人工标注数据的依赖。

（8）图像生成：DeepSeek 开源了 Janus-Pro 多模态模型，支持从文本到图像的生成。这使得用户能够通过文字描述生成高质量的图像，适用于从艺术创作到数据可视化的许多应用场景。

1.1.3　DeepSeek 的优势

在理解了 DeepSeek 的核心功能之后，下面进一步探讨其在市场和技术方面的优势。这些优势不仅使 DeepSeek 在竞争激烈的 AI 领域脱颖而出，也为用户和开发者带来了显著的价值。以下是 DeepSeek 的主要优势。

（1）低成本与高效能：DeepSeek-V3 的训练成本极低，其性能却与 OpenAI 的 o1 模型相媲美。这种高性价比使得它成为中小型企业和个人开发者的理想选择。

（2）开源与灵活部署：DeepSeek-R1 的开源特性使得它能够在各种设备上运行，降低了技术门槛，推动了 AI 技术的普及。

（3）多语言处理与安全性：在多语言处理方面，DeepSeek 提供了优异的性能，尤其在翻译和内容审核领域表现出色。同时，其安全性设计确保了在处理敏感数据时的可靠性。

（4）推理透明化：DeepSeek 通过呈现其推理过程，使得用户可以理解模型的决策过程，这种透明度增强了用户对模型的信任度。

（5）用户交互升级：DeepSeek 在自然语言交互方面进行了优化，减少了用户对复杂提示词的需求，使得用户与 AI 的对话更加自然。

（6）市场定位与普惠化：通过低成本策略，DeepSeek 将 API 服务价格大幅降低，使得更

多企业和开发者能够负担得起 AI 服务。

（7）多模态能力：DeepSeek 通过 Janus-Pro 模型实现图像生成功能，不仅在图像生成质量上超越了许多现有模型，还提供了从文本到图像的转换能力，这增强了其在创意产业、教育以及科学研究等领域的应用价值。

1.1.4　DeepSeek 与其他大模型的比较

DeepSeek 与其他知名的大模型，如 OpenAI 的 ChatGPT、Google 的 Gemini 进行比较，有何优势与不足。

1. DeepSeek 与 ChatGPT 的比较

（1）性能与成本：DeepSeek-V3 在性能方面与 GPT-4o 相当，但在成本方面具有显著优势。DeepSeek-V3 的 API 价格为每百万输入 tokens 0.5 元[①]（缓存命中）或 2 元（缓存未命中），每百万输出 tokens 8 元，这相较于 ChatGPT 更为经济，尤其对中小型企业和个人开发者具有巨大的吸引力。

（2）功能应用：虽然 ChatGPT 在多模态处理上更为成熟，但 DeepSeek 在中文环境下的语言处理和理解上表现尤为突出。

2. DeepSeek 与 Gemini 的比较

（1）多模态能力：Google 的 Gemini 模型在多模态（如文本、图像、音频）处理方面表现出色，能够提供更为全面的交互体验。而 DeepSeek 目前主要专注于文本和代码处理，尽管它通过 Janus-Pro 模型也具有了图像生成功能，但其多模态能力的广泛性和成熟度不如 Gemini。

（2）开源：用户可以下载 DeepSeek 模型，并在本地部署，部署 DeepSeek 的工具也很多，如 Ollama、LM Studio 等。用户可以在本地搭建一个只为自己服务的 AIGC API 服务。这一点是 DeepSeek 最重要的优势。

（3）输出：Gemini 在输出内容时，如果采用 stream 式，则可以一段一段输出，而 DeepSeek 按 token 输出，所以在输出内容上，Gemini 效果更好，用户可以更快地获得输出内容。

综上所述，DeepSeek 以其低成本、高性能、开源性，以及在特定领域，如中文处理、商业分析和代码生成上的优势，成功在国内外 AIGC 市场中占据了一席之地。尽管在多模态能力方面还有提升空间，但其在性能与成本之间的平衡以及开源带来的灵活性，使其成为一个很好的选择。

1.2　DeepSeek 能做什么

本节主要介绍 DeepSeek 的应用场景，并结合 DeepSeek 的两个强项，即做数学题和编程，展示 DeepSeek 的强大功能。

---

① "每百万输入 tokens × 元"这种计算方式，是现在业界计算大模型使用成本的一个通用说法，特此说明。

1.2.1 DeepSeek 的应用场景

随着对 DeepSeek 的核心功能和优势的了解，我们可以进一步探讨其在现实世界中的应用场景。DeepSeek 不仅在技术上表现出色，其灵活性和低成本也使其能够在多个领域中发挥关键作用。以下是 DeepSeek 在不同场景下的具体应用情况。

（1）商业分析与决策支持：DeepSeek 被用于商业分析，例如，在新能源等复杂行业，用户可以通过 DeepSeek 进行市场规模分析、竞争格局研究、技术路线预测及未来的趋势分析。

（2）编程与代码生成：由于具有强大的代码理解和生成能力，DeepSeek 被广泛应用于编程领域。它支持多种编程语言（如 Python、Java、C++、Go 等）的代码生成，帮助开发者快速编写、审阅和优化代码。DeepSeek Coder 模型在算法和工程类代码生成上表现优异；DeepSeek-R1 在编程领域中的表现甚至超过了 GPT-4o。

（3）教育与培训：在教育领域，DeepSeek 作为虚拟教师或学习助手，提供个性化的学习支持。它可以帮助学生学习计算机科学和其他学科的知识，通过提供详细的解释和即时的反馈，帮助学生提高学习效率。

（4）内容创作：DeepSeek 在内容创作上有着显著的优势，适用于各种创作场景。它能生成流畅、逻辑性强的文本，对内容创作者来说是一个强大的工具。

（5）客户服务与智能问答：作为智能客服，DeepSeek 能够处理用户的自然语言查询，提供快速、准确的回答。它可以集成到企业的客户服务系统中，提高服务效率。

（6）图像生成与多模态应用：虽然 DeepSeek 以文本处理著称，但其通过 Janus-Pro 模型支持图像生成，这为创意产业提供了新的工具。DeepSeek 可以基于文字描述生成高质量的图像，用户可以将其应用于艺术创作、广告设计等多种场景。

（7）数据分析与科学研究：DeepSeek 在数据分析和科学研究中可以处理复杂的数据分析任务，快速提供逻辑清晰的分析结果。

1.2.2 用 DeepSeek 做数学题

如果笔者上学时有 DeepSeek，借助 DeepSeek 笔者的数学能力可能会突飞猛进，因为 DeepSeek 会一步步地教用户做数学题。

下面展示 DeepSeek 做数学题的能力。在 DeepSeek 的问题输入框中输入如下问题。

设有一个函数 f(x, y) = x^3 + 3xy^2 - y^3，请求出该函数在点 (1, -1) 处的所有偏导数。

然后按 Enter 键，DeepSeek 就会给出图 1-1 所示的解答。

当然，不了解偏导数的读者可能不知道答案是否正确，验证答案是否正确的最直接的方式就是将同样的问题提交给其他 AIGC 工具（如 ChatGPT、Claude、Gemini、Grok 等），如果计算的结果都一样，就说明答案基本是正确的。当然，计算过程可能有所差异。用户可以仔细研究 DeepSeek 给出的计算过程，尝试去理解每一步的解题思路，这样自己的数学能力才能提高。

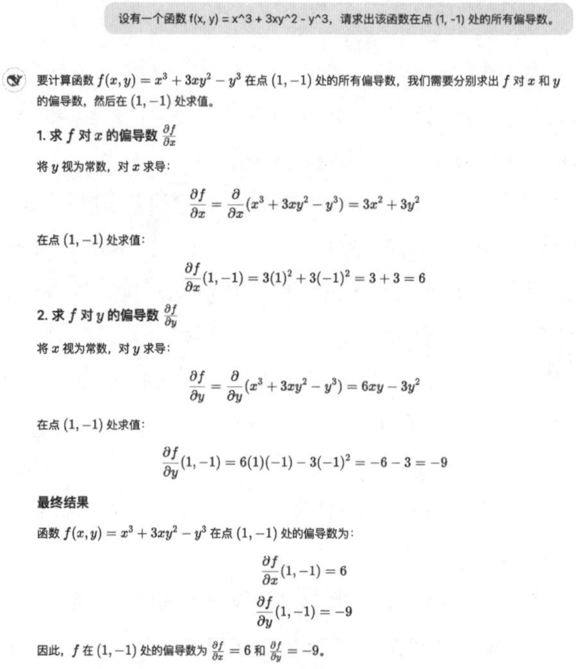

设有一个函数 f(x, y) = x^3 + 3xy^2 - y^3，请求出该函数在点 (1, -1) 处的所有偏导数。
要计算函数 $f(x,y)=x^3+3xy^2-y^3$ 在点 $(1,-1)$ 处的所有偏导数，我们需要分别求出 f 对 x 和 y 的偏导数，然后在 $(1,-1)$ 处求值。
1. 求 f 对 x 的偏导数 $\frac{\partial f}{\partial x}$
将 y 视为常数，对 x 求导：
$$\frac{\partial f}{\partial x}=\frac{\partial}{\partial x}(x^3+3xy^2-y^3)=3x^2+3y^2$$
在点 $(1,-1)$ 处求值：
$$\frac{\partial f}{\partial x}(1,-1)=3(1)^2+3(-1)^2=3+3=6$$
2. 求 f 对 y 的偏导数 $\frac{\partial f}{\partial y}$
将 x 视为常数，对 y 求导：
$$\frac{\partial f}{\partial y}=\frac{\partial}{\partial y}(x^3+3xy^2-y^3)=6xy-3y^2$$
在点 $(1,-1)$ 处求值：
$$\frac{\partial f}{\partial y}(1,-1)=6(1)(-1)-3(-1)^2=-6-3=-9$$
最终结果
函数 $f(x,y)=x^3+3xy^2-y^3$ 在点 $(1,-1)$ 处的偏导数为：
$$\frac{\partial f}{\partial x}(1,-1)=6$$
$$\frac{\partial f}{\partial y}(1,-1)=-9$$
因此，f 在 $(1,-1)$ 处的偏导数为 $\frac{\partial f}{\partial x}=6$ 和 $\frac{\partial f}{\partial y}=-9$。

图 1-1　DeepSeek 解答数学问题

注：本小节的例子已经在 Gemini 2.0 Pro Experimental 模型上进行了验证，计算结果与 DeepSeek 的完全相同，计算过程如图 1-2 所示。

设有一个函数 f(x, y) = x^3 + 3xy^2 - y^3，请求出该函数在点 (1, -1) 处的所有偏导数。
好的，我们来计算函数 f(x, y) = x^3 + 3xy^2 - y^3 在点 (1, -1) 处的偏导数。
1. 求关于 x 的偏导数 (∂f/∂x)：
将 y 视为常数，对 x 求导：
∂f/∂x = 3x^2 + 3y^2
在点 (1, -1) 处的值：
∂f/∂x (1, -1) = 3(1)^2 + 3(-1)^2 = 3 + 3 = 6
2. 求关于 y 的偏导数 (∂f/∂y)：
将 x 视为常数，对 y 求导：
∂f/∂y = 6xy - 3y^2
在点 (1, -1) 处的值：
∂f/∂y (1, -1) = 6(1)(-1) - 3(-1)^2 = -6 - 3 = -9
所以函数f在点(1,-1)处的偏导数为：
∂f/∂x (1, -1) = 6
∂f/∂y (1, -1) = -9

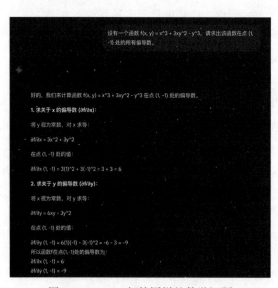

图 1-2　Gemini 解答同样的数学问题

1.2.3 / 用 DeepSeek 编程

编程是 DeepSeek 的另一个强项，而且在很多情况下，DeepSeek 的编程能力要优于 OpenAI 的 o1 模型。本小节会用一个比较复杂的编程案例来验证 DeepSeek 的编程能力。

该案例是关于 Dijkstra 算法 [①] 的。具体问题如下。

> 用 Dijkstra 算法来找到从图中一个给定起始节点到所有其他节点的最短路径。假设我们有一个简单的加权图，节点和边如下。
>
> 节点：A，B，C，D
> 边及其权重如下。
>
> A -> B: 4
> A -> C: 2
> B -> D: 3
> C -> B: 1
> C -> D: 5
> D -> B: 2
>
> 要求 DeepSeek 编写一个 Python 程序，来计算从节点 A 到其他所有节点的最短路径。

DeepSeek 会给出如下回答。

> 要用 Dijkstra 算法来找到从节点 A 到其他所有节点的最短路径，我们可以按照以下步骤编写 Python 程序。
>
> 1. 初始化：我们需要一个字典来存储每个节点的最短距离，初始时所有节点的距离都设置为无穷大（inf），除了起始节点 A，它的距离为 0。
> 2. 优先队列：我们使用一个优先队列（堆）来选择当前距离最小的节点进行扩展。
> 3. 松弛操作：对于每个节点，我们检查其邻居节点，如果通过当前节点到达邻居节点的路径比已知的最短路径更短，则更新邻居节点的最短距离。
> 4. 重复：重复上述步骤，直到优先队列为空。
>
> 下面是 Dijkstra 算法的 Python 代码：
>
> ```python
> import heapq
> def dijkstra(graph, start):
>     # 初始化距离字典，所有节点的距离都设置为无穷大
>     distances = {node: float('inf') for node in graph}
>     # 起始节点的距离设置为 0
>     distances[start] = 0
>     # 优先队列，存储（距离，节点）的元组
>     priority_queue = [(0, start)]
>     while priority_queue:
>         # 弹出当前距离最小的节点
>         current_distance, current_node = heapq.heappop(priority_queue)
>
>         # 如果当前节点的距离大于已知的最短距离，跳过
>         if current_distance > distances[current_node]:
>             continue
>         # 遍历当前节点的邻居
>         for neighbor, weight in graph[current_node].items():
>             distance = current_distance + weight
>             # 如果找到更短的路径，更新距离并加入优先队列
> ```

---

① Dijkstra 算法是一种用于在加权图中寻找从单一起始节点到所有其他节点的最短路径的算法。它会逐步选择未访问的节点中距离最短的一个，并更新其与邻居节点的距离。

```
                if distance < distances[neighbor]:
                    distances[neighbor] = distance
                    heapq.heappush(priority_queue, (distance, neighbor))
    return distances
# 定义图的邻接表
graph = {
    'A': {'B': 4, 'C': 2},
    'B': {'D': 3},
    'C': {'B': 1, 'D': 5},
    'D': {'B': 2}
}
# 计算从节点 A 到其他所有节点的最短路径
start_node = 'A'
shortest_paths = dijkstra(graph, start_node)
# 输出结果
for node, distance in shortest_paths.items():
    print(f" 从节点 {start_node} 到节点 {node} 的最短距离是：{distance}")
```

代码解释如下。

（1）graph 是一个字典，表示图的邻接表。每个节点对应一个字典，表示该节点的邻居及其边的权重。

（2）distances 字典用于存储从起始节点到每个节点的最短距离。

（3）priority_queue 是一个优先队列，用于选择当前距离最小的节点进行扩展。

（4）heapq.heappop 和 heapq.heappush 用于从优先队列中弹出最小元素和向优先队列中插入元素。

输出结果：运行上述代码后，屏幕中将显示从节点 A 到其他所有节点的最短距离。

```
从节点 A 到节点 A 的最短距离是：0
从节点 A 到节点 B 的最短距离是：3
从节点 A 到节点 C 的最短距离是：2
从节点 A 到节点 D 的最短距离是：6
```

输出结果解释如下。

（1）从节点 A 到节点 A 的距离是 0。

（2）从节点 A 到节点 B 的最短距离是 3（A→C→B）。

（3）从节点 A 到节点 C 的最短距离是 2（A→C）。

（4）从节点 A 到节点 D 的最短距离是 6（A→C→B→D）。

这个程序正确地计算了从节点 A 到其他所有节点的最短路径。

DeepSeek 完美地解答并解释了这个问题。读者可以将同样的问题提交给其他 AIGC 工具，并运行 Python 程序来验证结果。例如，将同样的问题提交给 Gemini，会得到下面的代码。

```
import heapq  # 引入堆队列模块，用于实现优先队列
def dijkstra(graph, start):
    """
    Dijkstra 算法实现
    参数如下。
```

```
    graph: 图的表示，使用字典。键是节点，值是一个列表，列表中的每个元素是一个元组 (neighbor,
    weight)，表示邻居节点和边的权重。
    start: 起始节点。
    返回值如下。
    一个字典，键是节点，值是从起始节点到该节点的最短距离。
    """
    # 1. 初始化
    distances = {node: float('inf') for node in graph}      # 所有节点到起始节点的距离初始
                                                             # 化为无穷大
    distances[start] = 0   # 起始节点到自身的距离为 0
    priority_queue = [(0, start)]   # 优先队列，存储（距离，节点）对。初始时只有起始节点
    visited = set()   # 存储已访问的节点
    # 2. 循环直到优先队列为空
    while priority_queue:
        # 3. 取出当前距离最小的节点
        (current_distance, current_node) = heapq.heappop(priority_queue)
        # 如果当前节点已经处理过，则跳过
        if current_node in visited:
            continue
        visited.add(current_node)
        # 4. 遍历当前节点的邻居
        for neighbor, weight in graph[current_node]:
            distance = current_distance + weight
            # 5. 如果找到更短的路径，更新距离并加入优先队列
            if distance < distances[neighbor]:
                distances[neighbor] = distance
                heapq.heappush(priority_queue, (distance, neighbor))
    return distances
# 构建图的表示（邻接表）
graph = {
    'A': [('B', 4), ('C', 2)],
    'B': [('D', 3)],
    'C': [('B', 1), ('D', 5)],
    'D': [('B', 2)]
}
# 计算从节点 A 开始的最短路径
start_node = 'A'
shortest_distances = dijkstra(graph, start_node)
# 输出结果
print(f" 从节点 {start_node} 到其他节点的最短距离:")
for node, distance in shortest_distances.items():
    print(f" 到节点 {node}: {distance}")
```

运行程序，会输出如下内容。

```
从节点 A 到其他节点的最短距离：
到节点 A：0
到节点 B：3
到节点 C：2
到节点 D：6
```

从输出结果看，DeepSeek 和 Gemini 给出的 Python 程序的输出结果除了输出格式不同，结

果是完全相同的。

当然，读者也可以使用更多的 AIGC 工具来验证 DeepSeek 的输出结果是否正确，例如，使用阿里巴巴新推出的 Qwen2.5-Max 大模型进行验证，这个大模型的编程能力与 DeepSeek 不相上下。下面是 Qwen2.5-Max 大模型给出的答案。

```python
import heapq
def dijkstra(graph, start):
    # 初始化距离字典，所有节点的距离设置为无穷大
    distances = {node: float('inf') for node in graph}
    # 起始节点的距离设置为 0
    distances[start] = 0
    # 使用优先队列（最小堆）来存储待处理的节点和它们的距离
    priority_queue = [(0, start)]
    while priority_queue:
        # 取出当前距离最小的节点
        current_distance, current_node = heapq.heappop(priority_queue)
        # 如果当前节点的距离已经大于已记录的距离，则跳过
        if current_distance > distances[current_node]:
            continue
        # 遍历当前节点的所有邻居
        for neighbor, weight in graph[current_node].items():
            distance = current_distance + weight
            # 如果找到更短的路径，更新距离并加入优先队列
            if distance < distances[neighbor]:
                distances[neighbor] = distance
                heapq.heappush(priority_queue, (distance, neighbor))
    return distances
# 定义图的邻接表
graph = {
    'A': {'B': 4, 'C': 2},
    'B': {'D': 3},
    'C': {'B': 1, 'D': 5},
    'D': {'B': 2}
}
# 从节点 A 开始计算最短路径
start_node = 'A'
shortest_distances = dijkstra(graph, start_node)
# 输出结果
print(f" 从节点 {start_node} 到其他节点的最短路径 :")
for node, distance in shortest_distances.items():
    print(f" 到节点 {node} 的最短距离是 {distance}")
```

运行程序，会输出如下内容。

```
从节点 A 到其他节点的最短路径 :
到节点 A 的最短距离是 0
到节点 B 的最短距离是 3
到节点 C 的最短距离是 2
到节点 D 的最短距离是 6
```

1.3　如何使用 DeepSeek

1.3.1　DeepSeek 的用户界面和基本操作

　　DeepSeek 的主页网址是 https://www.deepseek.com。进入其主页后，会看到图 1-3 所示的导航按钮。

图 1-3　DeepSeek 导航按钮

　　单击"开始对话"按钮，会进入聊天页面。也可以通过 https://chat.deepseek.com 直接进入聊天页面。第一次进入 DeepSeek 聊天页面时，如果是国内 IP 地址，会显示图 1-4 所示的登录页面，用户可以使用手机号、微信或邮箱登录 DeepSeek。

　　如果是国外 IP 地址，会显示图 1-5 所示的登录页面，除了手机号、邮箱外，用户还可以选择使用 Google 账号登录 DeepSeek。

图 1-4　国内 IP 地址的登录页面　　　　图 1-5　国外 IP 地址的登录页面

用户成功登录后，就会进入图 1-6 所示的聊天页面。该页面默认使用联网搜索，如果不想联网搜索，可以单击消息框下方的"联网搜索"按钮取消。DeepSeek 默认使用 DeepSeek-V3 模型，如果要使用 DeepSeek-R1 模型，可以单击消息框下方的"深度思考（R1）"按钮。聊天页面左侧是控制面板，包括"开启新对话"按钮、历史会话列表、个人信息等。

图 1-6　DeepSeek 的聊天页面

目前 DeepSeek 网页版还不支持多模态处理，只能返回文本形式的信息。如果想绘制流程图等结构化图形，可以让 DeepSeek 生成特定的脚本，如 Graphviz 支持的 DOT 语言脚本，然后使用 Graphviz 软件和 DeepSeek 生成的脚本进行绘图。如果想画图，可以用 DeepSeek 生成提示词，然后用 Janus-Pro、Stable Diffusion、DALL·E、Midjourney 等 AIGC 工具画图。

1.3.2　移动端 DeepSeek App

DeepSeek 提供了 iOS 版和 Android 版的移动端 App，用户下载并登录 DeepSeek App 即可使用。iOS 版的 DeepSeek App 主界面如图 1-7 所示。

主界面右上角的"⊕"按钮用以创建一个新会话。用户可以在输入框下方选择"深度思考（R1）"和"联网搜索"。主界面下部的 3 个按钮则分别用于拍照、上传图片

图 1-7　iOS 版的 DeepSeek App 主界面

和上传文件。DeepSeek 会识别上传的图片或文件，并给出相应的回复。

1.3.3 DeepSeek API

访问 DeepSeek 有两种方式：一种是通过网页或 App 访问 DeepSeek，这种访问方式是免费的；另一种是通过 API 访问 DeepSeek，这种方式是收费的，通常会以百万 tokens 为单位进行定价，以千 tokens 为单位进行计费。下面来解释什么是 token。

在 AIGC 领域中，token 是一个非常重要的概念。它指的是自然语言处理（Natural Language Processing，NLP）模型中文本的基本处理单位。在自然语言处理任务中，原始文本需要被转化为机器能够理解的形式。这个过程通常包括将文本分割成更小的单元。简单来说，token 是文本被分割成的最小单元，可以是一个单词、子词（Subword）、字符，甚至是一个标点符号。采用不同的分词策略，得到的 token 也会不同。例如，采用单词级（Word-level）分词，那么每个单词是一个 token，比如 "hello" 和 "world" 各自是一个 token；若采用子词级（Subword-level）分词，那么一个单词可能被拆分成多个子词，比如 "unhappiness" 可能被拆分为 "un-"、"happi"、"-ness"；若采用字符级（Character-level）分词，那么每个字符是一个 token，比如 "hello" 会被拆分为 "h"、"e"、"l"、"l"、"o"。

token 具有如下作用。

（1）作为输入和输出的基本单位：AI 模型（如 GPT、BERT 等）在处理文本时，会将输入文本转换为一系列 token，然后基于这些 token 进行计算并生成输出。

（2）上下文表示：每个 token 都会被映射到一个高维向量（embedding 向量），用于表示其语义信息和上下文关系。大多数 AI 模型都有一个最大 token 数限制（如 GPT-3 的上下文长度为 4096 个 token，这意味着在一次处理任务中，输入和输出的总长度不能超过这个限制）。

假设有一句话：

```
"I love AIGC!"
```

根据不同的分词策略，这句话可能会被分解为以下 token。

（1）单词级分词：["I", "love", "AIGC", "!"]（4 个 token）。

（2）子词级分词：["I", "love", "A", "I", "G", "C", "!"]（7 个 token）。

（3）字符级分词：["I", " ", "l", "o", "v", "e", " ", "A", "I", "G", "C", "!"]（12 个 token）。

模型的计算成本通常与 token 的数量直接相关。输入或输出更多的 token 意味着更大的计算量和更高的资源消耗。对于用户来说，许多基于 AIGC 的服务会按照 token 的数量来计费。例如，输入 100 个 token，输出 50 个 token，总共会使用 150 个 token。

token 在 AI 模型中非常重要，原因如下。

（1）效率：合理的分词策略可以在保持语义完整性的同时减少计算开销。例如，子词级分词比单词级分词更适合处理罕见词或拼写错误。

（2）灵活性：通过调整 token 的粒度，模型可以更好地满足不同语言和任务需求。例如，中文通常使用字符级或子词级分词，而英文通常使用单词级分词。

可见，在 AIGC 中，token 是文本的基本处理单位，决定了模型如何理解和生成内容。它是连接人类语言和机器计算的桥梁，直接影响模型的性能、效率和成本。理解 token 的概念对于使用和优化 AIGC 工具非常重要。

DeepSeek API 并没有开发新的 API，而是兼容 OpenAI API，所以只要熟悉 OpenAI API，就可以直接使用 DeepSeek API，甚至可以使用各种 AIGC 工具辅助编写基于 DeepSeek API 的代码。读者可以通过 https://platform.deepseek.com 访问 DeepSeek API 后台管理页面。

目前 DeepSeek API 支持如下两个模型。

（1）deepseek-chat：DeepSeek-V3 模型，通过指定 model='deepseek-chat' 即可使用。

（2）deepseek-reasoner：DeepSeek-R1 模型，通过指定 model='deepseek-reasoner' 即可使用。

用户使用 DeepSeek API 时，首先需要通过如下地址申请一个 APIkey。

```
https://platform.deepseek.com/api_keys
```

进入申请 APIkey 的页面，如图 1-8 所示，目前 Key 列表为空。

图 1-8　申请 API key 的页面

单击下方的"创建 API key"链接，会弹出图 1-9 所示的"创建 API key"对话框。在"名称"文本框中输入一个名称，然后单击"创建"按钮，就可以创建一个新的 API key。

单击"创建"按钮后，会弹出图 1-10 所示的对话框，该对话框用来展示生成的 API key。注意，一定要单击右下角的"复制"按钮，复制这个 API key。如果关闭对话框，只能看到 Key 列表里显示了不完整的 API key，不能复制这个 API key。因此新创建的 API key 一定要保存好，否则需要重新创建。

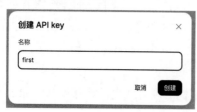

图 1-9　"创建 API key"对话框

图 1-10　用来展示 API key 的对话框

创建完 API key 后，会在图 1-11 所示的 Key 列表中显示创建的 API key。单击右侧的删除图标，可以删除这个 API key，一旦删除，这个 API key 将作废。如果 API key 泄露了，只需删除这个 API key，创建一个新的 API key 即可。删除图标左侧的图标是编辑图标，是用来编辑 API key 名称的。

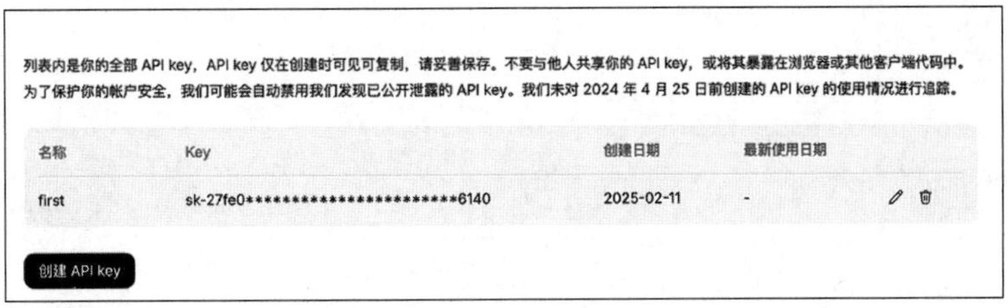

列表内是你的全部 API key，API key 仅在创建时可见可复制，请妥善保存。不要与他人共享你的 API key，或将其暴露在浏览器或其他客户端代码中。为了保护你的帐户安全，我们可能会自动禁用我们发现已公开泄露的 API key。我们未对 2024 年 4 月 25 日前创建的 API key 的使用情况进行追踪。

名称	Key	创建日期	最新使用日期	
first	sk-27fe0************************6140	2025-02-11	-	✎ 🗑

创建 API key

图 1-11　Key 列表中的 API key

DeepSeek API 目前没有免费额度，所以用户在使用 DeepSeek API 之前，需要到如下页面充值。

```
https://platform.deepseek.com/usage
```

充值页面如图 1-12 所示。

用量信息

所有日期均按 UTC 时间显示，数据可能有 5 分钟延迟。

充值余额　　　　　　　　赠送余额 查看有效期　　　　　本月消费
¥0.00 CNY　　　　　　　¥0.00 CNY　　　　　　　¥0.00 CNY

去充值　　余额预警已开启（去设置）

每月用量　　　　　　　　　　　　　　　　　　　　2025 - 2月 ∨　导出

消费金额　¥0.00

¥1

¥0
2-1　　　　　　　　　　　　　　　　　　　　　　　　　　2-28

图 1-12　充值页面

充值成功后，可以通过下面的页面访问 DeepSeek API 的官方文档。

```
https://api-docs.deepseek.com/zh-cn
```

DeepSeek API 的官方文档中提供了使用多种编程语言，如 Python、Node.js 等访问 API 的例子，供用户参考。

由于 DeepSeek API 使用的是 OpenAI API，所以在访问 DeepSeek API 之前，需要安装 OpenAI 的 Python 或 Node.js 模块。

安装 OpenAI 的 Python 模块的语句如下：

```
pip install openai
```

安装 OpenAI 的 Node.js 模块的语句如下：

```
npm install openai
```

如果想使用 curl 命令访问 DeepSeek API，可以使用下面的代码。其中，需要将 <DeepSeek API Key> 换成自己的 API key。

```
curl https://api.deepseek.com/chat/completions \
  -H "Content-Type: application/json" \
  -H "Authorization: Bearer <DeepSeek API Key>" \
  -d '{
        "model": "deepseek-chat",
        "messages": [
          {"role": "system", "content": "You are a helpful assistant."},
          {"role": "user", "content": "Hello!"}
        ],
        "stream": false
      }'
```

使用 Python 访问 DeepSeek API，可以使用下面的代码。其中，需要将 <DeepSeek API Key> 换成自己的 API key。

```
from openai import OpenAI
client = OpenAI(api_key="<DeepSeek API Key>", base_url="https://api.deepseek.com")
response = client.chat.completions.create(
    model="deepseek-chat",
    messages=[
        {"role": "system", "content": "You are a helpful assistant"},
        {"role": "user", "content": "Hello"},
    ],
    stream=False
)
print(response.choices[0].message.content)
```

使用 Node.js 访问 DeepSeek API，可以使用下面的代码。其中，需要将 <DeepSeek API Key> 换成自己的 API key。

```
import OpenAI from "openai";
const openai = new OpenAI({
        baseURL: 'https://api.deepseek.com',
        apiKey: '<DeepSeek API Key>'
});
async function main() {
  const completion = await openai.chat.completions.create({
    messages: [{ role: "system", content: "You are a helpful assistant." }],
    model: "deepseek-chat",
  });
  console.log(completion.choices[0].message.content);
}
main();
```

对于使用其他的编程语言，如 Go、Java 等访问 DeepSeek API，DeepSeek 的官方文档中也提供了示例，但由于 OpenAI SDK（Software Development Kit，软件开发工具包）并未给这些编程语言提供官方支持，所以用户需要直接使用 HTTP（Hypertext Transfer Protocol，超文本传送协议）POST 请求来访问 DeepSeek API。下面是用 Go 语言实现对话补全功能的示例代码。

```go
package main
import (
  "fmt"
  "strings"
  "net/http"
  "io/ioutil"
)
func main() {
  url := "https://api.deepseek.com/chat/completions"
  method := "POST"
  payload := strings.NewReader(`{
  "messages": [
    {
      "content": "You are a helpful assistant",
      "role": "system"
    },
    {
      "content": "Hi",
      "role": "user"
    }
  ],
  "model": "deepseek-chat",
  "frequency_penalty": 0,
  "max_tokens": 2048,
  "presence_penalty": 0,
  "response_format": {
    "type": "text"
  },
  "stop": null,
  "stream": false,
  "stream_options": null,
  "temperature": 1,
  "top_p": 1,
  "tools": null,
  "tool_choice": "none",
  "logprobs": false,
  "top_logprobs": null
}`)
  client := &http.Client {
  }
  req, err := http.NewRequest(method, url, payload)
  if err != nil {
    fmt.Println(err)
    return
  }
  req.Header.Add("Content-Type", "application/json")
  req.Header.Add("Accept", "application/json")
  req.Header.Add("Authorization", "Bearer <TOKEN>")
  res, err := client.Do(req)
  if err != nil {
    fmt.Println(err)
```

```
    return
  }
  defer res.Body.Close()
  body, err := ioutil.ReadAll(res.Body)
  if err != nil {
    fmt.Println(err)
    return
  }
  fmt.Println(string(body))
}
```

当然，以上示例代码同样可以用于访问 OpenAI API，以及任何与 OpenAI API 兼容的 API。

1.4 DeepSeek 的 DeepSeek-R1 模型和蒸馏模型

本节会详细介绍 DeepSeek 的 R1（DeepSeek-R1）模型的原理，以及蒸馏模型。

1.4.1 DeepSeek-R1 模型的原理

DeepSeek-R1 模型是 DeepSeek 模型系列中的一个重要模型，它在 DeepSeek-V3 模型基础架构之上构建，并进行了多项关键技术的优化和创新。DeepSeek-R1 模型的设计目标是提升模型在复杂推理、代码编写和逻辑任务上的性能，同时具有高效的运行速度和内存利用率。

1. MoE 架构

（1）DeepSeek-R1 模型采用了 MoE 架构。这种架构是 DeepSeek-R1 模型能够实现高性能和高效率的关键。MoE 架构的核心思想是将一个大型模型分解为多个小的专家模型，在处理每个输入时，只激活一部分相关的专家模型参与计算。

（2）动态路由：MoE 架构通过动态路由机制，确保只有相关的专家模型被激活。这种动态路由机制减少了不必要的计算，从而提高了处理速度和效率。这意味着 DeepSeek-R1 模型虽然拥有庞大的参数量（总参数量达 6710 亿），但每次生成 token 时，实际激活的参数量相对较少（370 亿），实现了高效的计算。

（3）性能与效率的平衡：通过 MoE 架构，DeepSeek-R1 模型在保证模型性能的同时，显著降低了计算成本和延迟，使在资源受限的环境中部署大型模型成为可能。

2. 强化的推理能力

DeepSeek-R1 模型在推理能力上进行了特别的加强，在复杂的数学计算、代码编程和逻辑推理问题上表现出色。

（1）自主进化过程：DeepSeek-R1 模型在开发过程中采用了强化学习技术，通过自主进化过程不断提升模型的推理能力。这种自主进化过程是 DeepSeek-R1 模型提升推理能力的关键。

（2）AIME 2024 成绩：在 2024 年美国数学邀请赛（AIME）中，DeepSeek-R1 模型的 Pass@1 得分达到了 79.8%，略微超过了 OpenAI-o1-1217 模型，显示了其卓越的推理能力。

（3）复杂任务处理：DeepSeek-R1 模型被设计用于处理需要深入思考和迭代的复杂任务，例如解决复杂的数学和逻辑问题，以及需要长期对话才能解决的单一问题。

3. 高效的速度与内存处理

DeepSeek-R1 模型在设计上兼顾了速度和效率，使其在实际应用中更具优势。

（1）参数效率：MoE 架构使得 DeepSeek-R1 模型在保持高性能的同时，实现了参数效率的提升。虽然模型总参数量庞大，但单 token 计算时仅激活部分参数，降低了计算负担。

（2）上下文处理能力：DeepSeek-R1 模型在内存和上下文处理方面进行了优化，能够处理更长的上下文，这对于进行长期对话和处理复杂文档至关重要。

4. DeepSeek-R1 模型与 DeepSeek-V3 模型的差异

DeepSeek-R1 模型与 DeepSeek-V3 模型相比，在侧重点上有所不同。

（1）DeepSeek-V3 模型：更擅长处理写作、内容创作、翻译等任务，以及对输出质量容易评估的任务，解决通用编码问题和作为 AI 助手。

（2）DeepSeek-R1 模型：更专注于解决复杂的数学、编程和逻辑问题，以及需要长期对话才能解决的单一问题。DeepSeek-R1 模型还注重展示解决问题的思考过程。

总而言之，DeepSeek-R1 模型通过采用 MoE 架构、强化推理能力、优化速度与内存处理等，旨在成为一个在复杂任务处理和推理方面表现卓越、保持高效运行的大模型。这使得 DeepSeek-R1 模型在科研、复杂问题求解和需要深入对话的应用场景中具有独特的优势。

1.4.2 蒸馏模型

蒸馏模型，或称知识蒸馏（Knowledge Distillation），是一种模型优化技术，通过将大型、复杂的"教师"模型（Teacher Model）所学到的知识迁移到小型、轻量级的"学生"模型（Student Model）上，实现模型压缩。这使得"学生"模型在保持较高性能的同时，显著减少了参数量和计算复杂度，更易于部署和应用。

1. 理解蒸馏模型

为了形象地理解蒸馏模型，我们可以借助"蒙眼打靶"的例子。

想象一下，在打靶场上，射击目标是靶心。

（1）传统小模型（未蒸馏）：如果射击者蒙上眼睛，仅凭感觉射击，就如同一个参数量较小的模型，缺乏明确的指导信息。尽管射击者知道目标就在前方，但由于信息不足（不知道靶心的精确位置、射击方向的偏差等），需要大量的尝试（相当于模型的参数）才有可能击中靶心，但如果增加参数，小模型就成了大模型，所以只能采取其他方式增加击中靶心的准确性。

（2）蒸馏模型：假设有一位经验丰富的教练（大型"教师"模型），他可以看到靶心，并能指导射击者（"学生"模型）。教练不会直接控制射击者的动作，而是提供关键的指导信息，例如，第 1 枪偏左、第 2 枪偏上、偏离靶心多少等。这些指导信息如同"软标签"（Soft

Target），包含"教师"模型从大量数据中学到的丰富知识和判断。射击者根据这些指导信息不断调整射击策略，即使在蒙眼的情况下，也能更快、更准确地找到靶心，所需的尝试次数大大减少，效果也更为稳定和精准。通过在训练过程中提供更多指导信息（软标签）的方式，即使不增加射击的次数（模型参数），也可以在大多数情况下击中靶心。

蒸馏模型的核心思想让"教师"模型将自身的"知识"提炼出来，以"指导信息"的形式传递给"学生"模型，帮助"学生"模型在参数量较小的情况下，也能获得接近"教师"模型的性能。

2．蒸馏模型的核心

从专业的角度来看，蒸馏模型的核心在于"知识迁移"。"教师"模型通常是预训练好的大模型，拥有强大的表示能力和丰富的知识。"学生"模型则是参数量较小的模型，目标是尽可能地学习"教师"模型的知识。

3．蒸馏过程的关键步骤

（1）"教师"模型训练：训练一个大型、高性能的"教师"模型。这个模型通常在大量的标注数据上进行训练，以获得强大的泛化能力和知识表示能力。

（2）软标签生成：使用训练好的"教师"模型对"无标签数据"或"与训练数据相同但可能包含更多噪声的数据"进行预测，得到软标签。软标签并非传统的 One-Hot（独热）硬标签，而是包含概率分布的预测结果，蕴含"教师"模型对数据更细致的理解和判断。例如，对于图像分类任务，图像的硬标签可能只是"猫"，而软标签可能给出"80% 是猫，15% 是虎，5% 是豹"的概率分布，这包含"教师"模型对图像特征更丰富的理解。

（3）"学生"模型训练：使用与训练"教师"模型相同或不同的数据集，同时利用硬标签和软标签来训练"学生"模型。"学生"模型的训练目标不仅是拟合硬标签，还有尽可能地模仿"教师"模型生成的软标签。通过学习软标签，"学生"模型能够学习到"教师"模型中更深层次的知识，例如类别之间的相似性、样本的模糊性等。

4．软标签给蒸馏模型带来巨大优势

蒸馏模型的性能之所以能够超越同等参数的未蒸馏模型，是因为软标签提供了更丰富、更有效的监督信息。

（1）拥有更丰富的梯度信息：软标签包含"教师"模型预测的概率分布，相比于 One-Hot 编码的硬标签，提供了更丰富的梯度信息。这使得学生模型在训练过程中能够获得更细致的指导，更快地收敛到更好的解空间。

（2）学习"暗知识"（Dark Knowledge）："教师"模型在训练过程中，不仅学习到了正确答案，还学习到了一些"暗知识"，即关于错误答案的信息。例如，在猫狗分类任务中，"教师"模型可能不仅知道什么是猫，还知道什么不是猫，以及猫和狗之间的细微差别。软标签能够将"暗知识"传递给"学生"模型，帮助"学生"模型更好地理解数据和完成任务。

（3）平滑化标签提升泛化能力：软标签的概率分布具有平滑化的特性，可以减轻硬标签带来的过拟合问题，提升模型的泛化能力。

5．蒸馏模型的局限性与领域依赖性

虽然蒸馏模型在很多情况下表现出色，但其效果并非总是理想的，并且可能存在领域依赖性。

（1）领域知识的迁移瓶颈：蒸馏模型的效果很大程度上取决于"教师"模型所掌握的知识与"学生"模型所要处理的任务是否匹配。如果"教师"模型在特定领域（如编程、数学）进行了深入训练，并积累了丰富的领域知识，那么蒸馏模型在该领域的效果可能会非常显著。但如果"教师"模型在特定领域的知识积累不足，或者训练数据中缺乏相关信息，那么蒸馏模型的效果可能会受到限制。这就像蒙眼射击的例子，如果教练只擅长指导固定靶射击，而射击者要射击移动靶，教练的指导信息可能就不足以帮助射击者取得好成绩。

（2）"教师"模型质量的影响：蒸馏模型的效果高度依赖于"教师"模型的质量。如果"教师"模型的性能不佳，或者存在偏差，那么蒸馏得到的"学生"模型的性能很难接近"教师"模型。

（3）蒸馏方法与任务的匹配度：不同的蒸馏方法可能适用于不同的任务和模型结构。选择合适的蒸馏方法，并进行精细的调参，才能最大化蒸馏模型的效果。

综上所述，蒸馏模型是一种强大的模型优化技术，它通过知识迁移的方式，让小模型能够学习到大模型的精华，从而在保持较高性能的同时，降低模型复杂度和资源消耗。蒸馏模型的核心优势在于利用软标签提供的更丰富、更有效的监督信息，帮助"学生"模型学习到更深层次的知识和提高泛化能力。然而，蒸馏模型的效果受到"教师"模型质量、领域知识匹配度以及蒸馏方法等多种因素的影响。在实际应用中，需要根据具体任务和场景，选择合适的蒸馏方法，并进行充分的实验和调优，才能充分发挥蒸馏模型的优势。

1.5　DeepSeek 的未来展望

1.5.1　DeepSeek 的发展趋势和挑战

DeepSeek 作为一家迅速崛起的 AI 公司，其发展趋势和所面临的挑战备受瞩目。DeepSeek 不仅推出了 DeepSeek-V3 和 DeepSeek-R1 等一系列高性能模型，更以高效、低成本的 AI 解决方案，对全球 AI 产业格局产生了显著影响。以下将从发展趋势、面临的挑战和发展方向 3 个方面，对 DeepSeek 进行深入剖析。

1．发展趋势

（1）成本效益：DeepSeek-V3 模型以远低于行业平均水平的成本，实现了与美国科技巨头 OpenAI 的 ChatGPT 相媲美的性能，降低了 AI 技术应用门槛，使得更多企业和开发者能够以更低的成本享受到先进的 AI 能力。

（2）高效模型架构与推理能力：DeepSeek 在模型架构上，尤其是在"效率优化"方面展现出显著优势。DeepSeek-R1 模型采用 MoE 架构，在保证高性能的同时，实现了更高的参数效率和更快的推理速度。

（3）多元化的业务布局：DeepSeek 的业务模式涵盖 AI 模型开发、API 服务、开源协作以及 AI 研究等多个方面；这种多元化的业务布局，使得 DeepSeek 能够更好地适应市场变化，拓展收入来源，并构建更具活力的 AI 生态系统。

2. 面临的挑战

（1）AI 伦理与监管挑战：与所有大模型一样，DeepSeek 也面临着伦理方面的质疑和监管压力，DeepSeek 需要积极应对这些伦理挑战，提高模型的透明度和可解释性，并遵守相关监管规定，以建立用户和社会对 AI 技术的信任。

（2）激烈的市场竞争与可持续性：尽管 DeepSeek 取得了显著的成就，但 AI 领域的竞争异常激烈，OpenAI、Grok 等巨头都在不断加大大模型的研发投入，面对这些资源雄厚、技术领先的竞争对手，DeepSeek 的可持续发展面临挑战，尤其是在算力基础设施、人才储备等方面，DeepSeek 需要持续投入，才能在长期竞争中保持优势。

3. 发展方向

尽管面临诸多挑战，DeepSeek 的发展前景依然广阔。它在模型效率、推理能力和成本控制方面的优势，使其在未来的竞争中占据有利地位。DeepSeek 未来的发展方向可能包括以下几点。

（1）持续提升通用能力：不断增强模型的通用性，拓展其在更广泛领域的应用。

（2）优化多语言处理：提升模型在多语言环境下的处理能力，解决语言混合等问题。

（3）提升提示词敏感性：降低模型对提示词的过度依赖，提高模型的健壮性和泛化能力。

（4）深化软件工程应用：加强在软件工程领域的应用探索，例如，代码生成、智能开发工具等。

（5）拓展全球市场：积极拓展国际市场，将高效、低成本的 AI 解决方案带给全球用户。

总而言之，DeepSeek 正站在 AI 发展的前沿，其未来的发展既充满机遇，也面临挑战。

1.5.2　DeepSeek 对 AIGC 领域和社会的影响

DeepSeek 的崛起，不仅是一家 AI 公司的成功，还对整个 AIGC 领域以及社会都产生了深远的影响。

1. 对 AIGC 领域的影响

（1）推动 AIGC 技术平民化与普及：DeepSeek-V3 模型的发布降低了 AIGC 技术的门槛。以更低的成本实现行业领先模型的性能，使得高质量的 AIGC 技术不再是少数巨头的专属。这加速了 AIGC 技术的普及，让更多企业、开发者甚至个人用户，能够以更经济的方式利用 AI 进行内容创作。

（2）加速 AIGC 技术的创新与竞争：DeepSeek 的出现，打破了 AIGC 领域的竞争格局，对行业领头羊，如 OpenAI 等形成了强有力的挑战。这种竞争刺激了整个 AIGC 领域，产生了创新活力，促使各家公司加大研发投入，加速技术迭代，推动 AIGC 技术不断向前发展。

（3）重塑 AIGC 应用生态：DeepSeek 在模型效率和成本效益上的优势，将重塑 AIGC 应用生态。更低的使用成本，意味着 AIGC 技术将能够渗透到更广泛的行业和应用场景中。例如，在内容创作领域，中小型企业和独立创作者将能够更轻松地利用 AIGC 工具提升效率、降低成本；在教育、娱乐、营销等领域，AIGC 技术也将有广阔的应用空间。DeepSeek 正在推动构建一个更加多元、开放、普惠的 AIGC 应用生态。

2. 对社会的影响

（1）加速产业智能化转型：DeepSeek 提供的低成本、高性能大模型，将加速各行各业的智能化转型进程。企业可以更容易地将 AI 技术融入生产、运营、营销等各个环节，提升效率、降低成本、优化决策。这将推动社会生产力的整体提升，加速数字经济的发展。

（2）改变内容生产与消费模式：AIGC 技术的普及，将深刻改变内容生产和消费模式。用户使用 AI 创作的内容将更加丰富多样，降低创作门槛，大幅提升内容生产效率。用户获取信息的途径和方式也将更加多元化，个性化定制内容将成为可能。这将对传统媒体、娱乐、教育等产业带来革命性影响。

（3）提升信息获取效率：DeepSeek-R1 模型在推理和复杂问题解决能力上的提升，有望提高人们获取信息的效率。例如，科研人员可以利用这个模型辅助文献检索、数据分析、实验设计；教育领域可以利用这个模型提供个性化学习辅导、智能答疑等服务。

1.6　本章小结

本章带领读者从宏观到微观、由表及里地认识了 DeepSeek 这一备受瞩目的 AIGC 平台。首先，我们追溯了 DeepSeek 的发展历程，从其诞生背景到技术迭代的关键节点，清晰地呈现了 DeepSeek 从初创到崛起的过程，并讲解了其核心功能与技术优势，例如，强大的多语言处理能力、高效的模型架构以及对成本效益的极致追求，帮助读者构建起对 DeepSeek 的初步印象。紧接着，我们探讨了 DeepSeek 的应用能力，通过数学题解答和编程两大典型应用场景，生动地展示了 DeepSeek 在逻辑推理和专业技能辅助方面的卓越表现，揭示了 DeepSeek 赋能各行各业的巨大潜力。为了让读者能够实际操作并体验 DeepSeek 的强大功能，我们介绍了 DeepSeek 的用户界面、移动端应用以及 API，力求提供全面而实用的使用指南，降低上手门槛。随后，本章深入技术腹地，聚焦于 DeepSeek 的核心技术——DeepSeek-R1 模型和蒸馏模型，通过原理剖析和案例解读，揭示了 DeepSeek 高性能、高效率背后的技术支撑，帮助读者理解其先进的技术。最后，我们展望了 DeepSeek 的未来，并对 DeepSeek 的未来发展方向进行了前瞻性预测。

通过学习本章，相信读者已经对 DeepSeek 有了全面的认识，并对后文的学习充满了期待。

第 **2** 章　DeepSeek 大模型部署的硬件要求和技术

本章将围绕 DeepSeek 大模型部署的核心硬件需求展开。先从直观的显存入手，层层剖析其容量大小对 DeepSeek 大模型运行的影响。我们将深入探讨大模型量化这一关键技术，揭示其如何在精度与体积之间进行巧妙权衡，实现大模型的"精打细算"。同时，我们将聚焦存储带宽这一幕后"隐形冠军"，解析其如何限制推理速度，以及如何通过优化策略突破带宽限制。

除了硬件层面，本章还将带领读者学习大模型推理性能的"晴雨表"——推理速度与延迟，并剖析除显存外，影响大模型性能的多种因素。更进一步，我们将探讨 CPU（Central Processing Unit，中央处理器）与 GPU（Graphics Processing Unit，图形处理单元）的协同。如果你正为硬件资源受限而苦恼，CPU 推理这一"备选项"将为你打开新的思路。

最后，我们将揭秘大模型背后的"秘密武器"——Transformer 架构，从"注意力机制"到"积木式"结构，让读者对大模型的理论基础有更深入的理解。

本章旨在为读者构建起 DeepSeek 大模型部署的硬件和技术体系，如同绘制一张详尽的"寻宝地图"，指引读者在本地部署大模型的道路上少走弯路，高效利用有限的资源，打造出性能卓越的大模型应用。

2.1　本地部署 DeepSeek-R1 的硬件条件

DeepSeek 之所以非常受欢迎，最重要的原因是 DeepSeek 是开源的，这就意味着只要硬件条件允许，任何人都可以将 DeepSeek 部署到本地。目前国内已经有很多用户，包括中国三大移动运营商，都接入了 DeepSeek-R1。

在本地部署 DeepSeek-R1，技术门槛比较低，但再低也有门槛。这里主要指的是计算机的内存和显存。

DeepSeek-V3 和 DeepSeek-R1 都开源了，但 DeepSeek-V3 没有蒸馏版本，只有一个"满血"版本（即完整模型，具备完整的参数规模和性能表现），有 671B 的参数。如果在本地部署这个版本，并满足单用户推理任务的需求，则显存至少需要 450GB，最好在 500GB 以上。

由于消费级显卡（RTX 3090、RTX 4090 等）不支持 NVLink，所以多个显卡之间无法高速传输数据，也就是说，无法共享显存，唯一的交互方式是协议控制信息（PCI），所以用多个消费级显卡并不能显著提升本地部署的大模型的性能，可能还会降低其性能。而目前只有采用 AI 专用显卡（如 A100、H100、H200 等）才可以在本地部署这个"满血"版本。

以 80GB 显存的 A100 为例，计算机至少需要 6 个 A100 才能部署 DeepSeek-V3 模型，如果大模型要为更多的用户服务，那么计算机还需要更多的 A100 或更高端的显卡。当然 DeepSeek 支持只依靠内存部署模型，"满血"版 DeepSeek-V3 或 DeepSeek-R1 在内存中可以运行，但运行速度太慢，用户完全无法使用。这样部署的大模型每秒生成 1 ~ 2 个 token，甚至少于 1 个 token，尽管大模型可运行，但输出一篇文章可能需要 1 小时甚至更长时间。因此，不建议使用内存部署"满血"版 DeepSeek-V3 模型。

对于个人和小型公司，完全没必要花许多钱去部署"满血"版 DeepSeek-V3 模型，所以可选择部署 DeepSeek-R1。DeepSeek-R1 除了提供"满血"版模型（同样有 671B 参数），还提供了 6 个不同参数规模的蒸馏模型，这些模型分别是 1.5B、7B、8B、14B、32B 和 70B。用户根据应用场景不同，可以部署不同参数规模的模型。表 2-1 是对这些模型版本的特点、应用场景和硬件配置等的说明。

表2-1　DeepSeek-R1模型各版本的说明

模型版本	参数量	特点	应用场景	硬件配置
DeepSeek-R1-1.5B	1.5B	轻量级模型，参数量小，模型规模小	适用于开发测试、轻量级任务，如短文本生成、基本问答等，准确率不高	不需要显卡，可以部署在任何拥有 4 核处理器（CPU）、8GB 内存的计算机上，甚至可以在智能手机上部署。推理速度很快
DeepSeek-R1-7B	7B	平衡型模型，性能较好，硬件需求适中	适合中等复杂度任务，如文案撰写、表格处理、统计分析等	不使用 GPU 也可以部署，但是对其他硬件要求较高，如 CPU 推荐 i7 或以上，内存至少 32GB。如果使用 GPU，显存至少 12GB。推荐用 RTX3060 或更高性能的 GPU
DeepSeek-R1-8B	8B	性能略强于 DeepSeek-R1-7B 模型	适合更高精度的轻量级任务，如简单代码的生成、逻辑推理等	硬件需求与 DeepSeek-R1-7B 模型相当，DeepSeek-R1-7B 和 DeepSeek-R1-8B 模型甚至可以在高端的手机上部署，不过推理速度不是很理想
DeepSeek-R1-14B	14B	高性能模型，擅长处理复杂的任务，如数学计算、代码生成	可处理复杂任务，如长文本生成、复杂代码生成、数据分析等	计算机用 i7 或 i9 CPU，内存32GB 或以上，可以部署 14B，不过推荐使用 GPU 部署，GPU 可以采用 RTX2080 ti（22GB 显存）、RTX 3090（24GB 显存）、RTX 4090（24GB 显存）或其他大于 20GB 显存的 GPU（如 P40、A5000 等）

续表

模型版本	参数量	特点	应用场景	硬件配置
DeepSeek-R1-32B	32B	专业级模型，性能强大，适合处理高精度任务	适合处理超大规模任务，如语言建模、大规模训练、金融预测、复杂逻辑推理等	强烈推荐使用 GPU 进行部署。新出的 RTX 5090D 和 RTX 5090 都有 32GB 显存，部署 DeepSeek-R1-32B 模型正合适，推理速度极快
DeepSeek-R1-70B	70B	顶级模型，在蒸馏模型中性能最强，适合处理大规模计算和高复杂任务	适合处理高精度专业领域任务，比如多模态任务预处理	部署 DeepSeek-R1-70B 模型，用 A100、H100 等专用 AI 显卡
DeepSeek-R1-671B	671B	超大规模模型，也称为"满血"版模型。推理速度快	适合处理超大规模任务，如气候建模、基因组分析等	部署 DeepSeek-R1-671B 模型，至少需要 6 张 A100 或 H100GPU，而且通常需要使用多个 CPU，以及大内存

我们从表 2-1 中了解了 DeepSeek-R1 模型的各个版本的特性，以及本地部署对硬件的要求。此外，还有其他解决方案，那就是在苹果计算机上部署 DeepSeek-R1 模型，不过需要基于 ARM64 架构的 M1、M2、M3、M4 等 CPU。

例如，我们在 16GB 内存、512GB SSD 的 Mac mini M2[①] 机器上部署 14B 模型，14B 模型推理速度可以达到每秒 8 ～ 10 个 token，速度非常快。如果购买 Mac Studio 的计算机，甚至我们可以在其上部署量化后的"满血"版 DeepSeek-R1 模型（131B 参数），速度也非常快。

2.2　大模型到底需要多大的显存

看到这里，可能很多读者会感到疑惑：在本地部署大模型，到底需要多大的显存呢？其实这要看用户部署大模型的具体目的。如果部署的本地大模型只是为用户自己服务，只有用户一个人访问，那么主要考虑以下两个显存因素。

（1）装载大模型文件所需的显存。

（2）大模型的激活参数所需的显存，也就是模型每产生一个 token 需要使用的参数，根据这些参数，我们可以估算出每生成一个 token 所需的显存大小。

对于第（1）个因素，不同量化程度的大模型，会对显存有不同的需求。例如，DeepSeek-R1 的"满血"版模型是一个拥有 671B 参数的大模型，在 Ollama 中采用 4 位量化版本，即 Q4_K_M 量化。其中，Q4 是 4 位量化的统称，也就是每一个参数占用 4 比特。而后面的 K 和 M 代表具体的 4 位量化方式。不同的 4 位量化方式，可能需要的存储空间不同，例如，使用 Q4_K_M 量化方式，每一个参数占用 4 比特，但还需要其他辅助的存储空间，如存储索引，所以每一个

---

① 目前这可能是部署 14B 模型费用较低的解决方案。而且 Mac mini 的功耗仅为 30W，适合长期、全功率运行，功耗不到部署 14B 模型的 x86 计算机的 1/10。

参数平均占用的存储空间会超过 0.5 字节。例如，DeepSeek-R1"满血"版模型采用 Q4_K_M 量化后，模型的大小是 404GB，每个参数平均占用 0.6 字节（这是按平均占用空间计算的结果）。

2.2.1　模型量化与显存占用：不同"精度"的显存开销

量化技术是降低大模型占用显存的关键手段。不同的量化级别，直接决定了模型文件的大小，以及加载模型到显存时所需的空间。

以 DeepSeek-R1-671B 模型[①] 为例，我们可以大致了解不同量化级别下对显存的需求。

（1）FP32（单精度）：DeepSeek-R1-671B 是基于 Q4 的。如果转换为 FP32 模型，那么每个参数需要 4 字节（32 比特）显存。因此，模型总大小为 6710 亿 ×4 字节≈ 2684 GB。专业级显卡也难以满足如此庞大的显存需求（2684 GB）。需要数十张 A100、H100、H200 等专业级显卡组成 GPU 集群才可以满足这个需求。

（2）FP16（半精度）：使用 FP16，每个参数占用 2 字节（16 比特）显存。模型总大小为 6710 亿个 ×2 字节 / 个≈ 1342 GB。虽然显存需求减半，但 1342 GB 超出绝大多数消费级显卡的容量。

（3）Q8（8 位量化）：Q8 量化将每个参数压缩到 1 字节（8 比特）。模型总大小为 6710 亿个 ×1 字节 / 个 ≈671 GB。这对显存需求进一步降低，但对于消费级显卡来说，依然是天文数字。

（4）Q4_K_M（4 位量化）：Q4_K_M 量化是更激进的压缩手段，每个参数平均占用约 0.6 字节。模型总大小为 6710 亿个 ×0.646 字节 / 个 ≈ 404 GB。

可以看到，即使是 Q4_K_M 这种高度量化的级别，DeepSeek-R1-671B 模型对显存的需求仍然达 400GB 以上，消费级显卡依然难以承受。如果想在消费级显卡上部署 DeepSeek-R1 模型，就只能使用蒸馏模型。

2.2.2　激活参数与推理显存：生成 token 的"动态"消耗

除了模型文件的大小，激活参数也是影响显存需求的关键因素。激活参数是指在模型推理过程中，每生成一个 token 所需要加载和计算的参数。这部分显存是"动态"消耗的，随着推理过程的进行而变化。

根据 DeepSeek 官方公布的信息，DeepSeek-R1-671B 模型的激活参数量约为 370 亿。这意味着，即使模型文件已经通过量化进行了压缩，但在生成 token 的过程中，仍然需要加载和计算约 370 亿个参数。

---

① DeepSeek-V3 和 DeepSeek-R1 都是基于 Q8 训练的。对于公开发布的大模型，很少用 FP16（半精度）和 FP32（单精度）训练，因为推理成本太高，而且性能提升并不明显，性价比非常低。这里只是借用 DeepSeek 介绍 FP16 和 FP32。官方并没有发布基于 FP16 和 FP32 训练的 DeepSeek 大模型版本。

激活参数的显存占用可以使用以下方法来估算。假设我们仍然使用 Q4_K_M 量化的 DeepSeek-R1 "满血"版模型举例，每个激活参数平均占用 0.6 字节。那么，生成一个 token 所需的激活参数显存为 370 亿 × 0.6 字节 ≈ 21GB。

这意味着，即使量化后，模型在生成每个 token 的过程中，除了模型本身占用的显存外，还需要额外约 21 GB 的显存来存储和计算激活参数。

以 DeepSeek-R1-671B 模型 Q4_K_M 量化版为例：最低显存需求约为 404 GB（模型量化后总容量）+ 21 GB（激活参数显存）= 425 GB。也就是说，即使只有 1 个人发送请求，用 DeepSeek-R1-671B 模型推理，也至少需要 425 GB 的显存。

注意，这是一个非常粗略的估算，实际显存占用可能会更高，因为我们还没有考虑以下因素。

（1）Key-Value Cache（KV Cache）：Transformer 架构为了加速 token 生成过程，会缓存 KV Cache，这部分缓存也会占用显存，并且随着生成的 token 数量的增加而占用更多显存。

（2）中间计算结果：推理过程中会产生一些临时的中间计算结果，也需要占用显存。

（3）深度学习框架和运行时开销：深度学习框架（如 PyTorch、TensorFlow）以及操作系统也会占用一定的显存。

2.2.3 多用户并发：显存需求的"乘法效应"

当大模型需要支持多用户并发请求时，对显存的需求会进一步增加，显存需求会产生更复杂的"乘法效应"。

1. 最简单的情况：完全独立请求

如果每个用户的请求都是完全独立的，互不影响，并且大模型在处理每个请求时都需要完整地加载所有激活参数，那么理论上，支持 N 个并发用户，所需的显存可以粗略估算为：

最低显存需求（N 个用户并发，完全独立）≈ 模型量化后总容量 + N × 激活参数显存

例如，2 个用户同时使用 DeepSeek-R1-671B 模型，粗略估算最低显存需求可能达到：

最低显存需求（DeepSeek-R1-671B，2 用户并发）≈ 404GB + 2 × 21GB ≈ 446 GB

2. 更复杂的情况：激活参数的重复利用

在实际应用中，为了更高效地利用显存，并减少重复计算，一些推理优化技术会尝试让大模型在多个并发请求之间共享或重复利用部分激活参数。

（1）请求队列和批处理：将多个用户的请求放入队列，并进行批处理，共享同一批次请求的激活参数，从而降低平均每个请求的显存开销。

（2）KV Cache 共享：在某些场景下，大模型可能会尝试在一定程度上共享 KV Cache，但这会带来额外的复杂性和潜在的性能影响。

在图 2-1 所示的 DeepSeek API 定价中，"百万 tokens 输入价格（缓存命中）"明显比缓存未命中的价格低。通过缓存机制，可以有效减小大模型对显存的需求量，所以成本也更低。

模型[1]	上下文长度	最大思维链长度[2]	最大输出长度[3]	百万tokens 输入价格 (缓存命中)[4]	百万tokens 输入价格 (缓存未命中)	百万tokens 输出价格
deepseek-chat	64K	-	8K	0.07美元	0.27美元	1.10美元
deepseek-reasoner	64K	32K	8K	0.14美元	0.55美元	2.19美元[5]

图 2-1　DeepSeek API 定价（来自 DeepSeek 官方）

总之，激活参数重复利用的程度越高，多用户并发时的显存需求量就会变少，但也意味着大模型系统设计的复杂度和优化难度会增加。

2.2.4　如何估算大模型推理的显存需求

总而言之，估算大模型推理的显存需求是一个复杂的问题，受到多种因素的影响。

（1）模型大小（参数量）：参数量越大，模型文件和激活参数的显存需求越大。

（2）量化程度：量化程度越高，模型文件占用显存越小，但精度可能不足。

（3）激活参数量：激活参数量直接决定了每生成一个 token 的显存开销。

（4）并发用户数：多用户并发会显著增加显存需求，具体增加程度取决于激活参数的重复利用策略。

（5）推理优化技术：KV Cache、批处理、算子融合等推理优化技术可以在一定程度上降低显存需求。

估算大模型推理的显存需求，可以参考以下步骤。

（1）确定模型：选择想要部署的大模型（如 DeepSeek-R1-14B、DeepSeek-R1-70B 等）。

（2）选择量化级别：根据显存限制和精度需求，选择合适的量化级别（如 Q4_K_M、Q8 等）。

（3）查找模型信息：查阅模型官方文档、模型库（如 Hugging Face Hub、Ollama Library）或相关技术文章，尽可能找到量化后模型文件大小和激活参数量。

（4）估算激活参数：如果没有直接给出激活参数量，可以尝试根据大模型参数量和经验公式（例如，激活参数量约为大模型参数量的 1/20 ～ 1/10）进行估算，并根据量化级别估算显存占用。

（5）考虑并发用户数：如果需要支持多用户并发，则根据并发用户数和激活参数重复利用策略，估算额外的显存需求。

（6）预留 buffer（缓冲区）：在估算结果的基础上，预留一定的显存 buffer（如 20% ～ 30%），以应对 KV Cache、中间计算结果和其他运行时开销。

（7）实际测试：最准确的方法是在硬件平台上实际运行大模型，并进行显存监控，以获得真实的显存占用数据。

请记住，显存需求估算是一个复杂的过程，以上步骤只能提供一个大致的参考范围。实际部署时，建议对大模型进行充分的测试和调优，以确保大模型能够稳定、高效地运行。

2.3　精度与体积的权衡：揭示大模型量化的秘密

在 AI 领域，大模型以其卓越的智能水平，正深刻地改变着信息交互的方式。然而，大模型的"大"也带来了挑战——巨大的参数规模不仅意味着庞大的存储空间，还对计算资源提出了极高的要求。为了让这些"巨兽"能够更轻便地运行，量化技术应运而生，它如同魔法般，在不显著牺牲大模型性能的前提下，巧妙地为大模型"瘦身"。

2.3.1　何谓模型量化：为大模型"精打细算"

模型量化，顾名思义，就是对大模型参数进行数值精度的"量化"。量化技术将原本以高精度浮点数（如 FP32、FP16）存储的大模型权重和偏置，转换为低精度的数据类型，如整数。这种转换就好比我们在日常生活中"四舍五入"。原始的浮点数如同带有许多小数位的精确测量值，而量化后的低精度整数如同经过近似取整后的结果。虽然精度有所损失，但能带来许多益处。

（1）大模型体积大幅"瘦身"：使用更少的位来表示每个参数，这使得大模型整体的存储空间需求大幅降低，更易于存储和部署。

（2）推理速度显著提升：低精度计算通常比高精度计算更加高效，这使得大模型在推理过程中能够更快地完成计算，降低延迟。

（3）对硬件资源的需求降低：量化后的大模型对计算资源和存储带宽的需求更小，使得在资源受限的设备（如移动设备、边缘设备）上运行大模型成为可能。

2.3.2　精度标尺：FP32、FP16、Q8 与 Q4 的"位之争"

在模型量化领域，我们常常听到 FP32、FP16、Q8、Q4 这些术语。它们实际上代表了不同的数值精度级别，如同衡量精细程度的标尺，数字越小，数值的精度越低、压缩程度越高。

（1）FP32（单精度浮点数）：这是深度学习模型最原始、最精细的精度，使用 32 位来表示一个数值。FP32 能够精确地表示非常广泛的数值范围，并保留极高的精度，但这些数值的存储空间和计算开销是最大的。

（2）FP16（半精度浮点数）：FP16 使用 16 比特来表示一个数值，精度相比 FP32 有所降低，但这些数值的存储空间和计算速度都得到了显著优化。

（3）Q8（8 位量化）：Q8 使用 8 比特来表示一个数值，精度进一步降低。

（4）Q4（4 位量化）：Q4 仅使用 4 比特来表示一个数值，数值的精度损失最为明显。

可以将这些数值精度级别想象成不同分辨率的图片。

（1）FP32：如同超高像素的 RAW 格式图片，细节丰富，色彩鲜艳，但图片文件巨大。

（2）FP16：如同高像素的 JPEG 格式图片，细节较丰富，色彩较鲜艳，图片文件大小适中。

（3）Q8：如同标准分辨率的 JPEG 格式图片，细节有所损失，但基本满足日常观看需求，图片文件较小。

（4）Q4：如同低分辨率的 JPEG 格式图片，细节较小，色彩可能失真，但图片文件非常小，便于快速传输。

2.3.3　参数、量化和蒸馏之间的关系

到现在为止，我们已经接触到了 3 个关于大模型的概念：参数、量化和蒸馏。那么这 3 个概念之间有什么关系呢？它们对大模型有什么影响呢？下面将对这些内容进行讲解。

（1）参数：可以理解为神经网络中的开关，参数越多，就意味着开关越多，用于调整神经网络中数据的自由度也越多。

（2）量化：大模型的压缩技术，通过缩小单个参数占用的显存，如 FP32 到 Q4 就是从 1 个参数占用 32 比特压缩到了 4 比特，从而让模型大小缩小到原来的 1/8 左右。

（3）蒸馏：在参数较少的模型中，需要额外的知识来让小参数模型的准确度接近大参数模型，这些知识都来自"教师"模型，这种技术就叫蒸馏。也就是说，蒸馏实际上是模型用更多的知识来弥补参数少的不足。

参数、量化和蒸馏是影响大模型准确率的 3 个重要因素。对于没有接触过神经网络的读者，可能不太容易理解这 3 个因素之间的关系，下面我们仍然用 1.4.2 小节的"蒙眼打靶"的例子来解释参数、量化和蒸馏之间的关系。

在"蒙眼打靶"的过程中。参数就像射击的尝试次数，尝试的次数越多（参数越多），越有可能击中靶心（获得高准确性）。而量化好比枪的精度，精度越高的枪（量化程度越低），子弹的运动就越稳定，偏差就越小，即使尝试次数有限，也更容易打中靶心。反之，如果枪的精度越低（量化程度越高），即使尝试次数再多（参数再多），也可能难以保证射击的精准度，最终难以获得高准确性。如果尝试次数少（参数少），就需要更多的额外信息（如子弹的偏移量、风向等）来辅助射击（蒸馏），提供这些信息的教练被称为"教师"模型。

最理想的模型是尝试次数多（参数多）、精度高（量化程度低，甚至不量化）以及拥有的知识更多（由"教师"模型提供）。但现实中，如果同时满足这些条件，将会消耗海量的资源，而且并不一定能按消耗资源同比例提高准确性。所以训练大模型时通常会做一些取舍。例如，通常会使用 Q8 或 FP16 训练模型，而不会使用 FP32 训练模型，否则每一次推理消耗的显存和 GPU 算力会成倍增加。当然，除了在量化上做取舍，还会在参数上做取舍，如用更少的参数，让每次推理消耗的资源大幅度减少。但为了提高推理精度，需要为每次推理提供更多的参考知识。因此，只有参数、量化和蒸馏达到平衡，大模型的推理性价比才是最高的。

2.3.4 比特之内的秘密：量化参数的"庐山真面目"

经过量化后，模型参数所占的 4 比特或 8 比特空间中，究竟保存了什么"秘密"呢？神经网络是如何利用这些"低精度"的数值进行推理的呢？

实际上，这 4 比特或 8 比特空间存储的并非浮点数值，而是量化后的整数索引。量化过程的具体步骤如下。

（1）划定量化区间：量化算法根据原始浮点数权重的分布，确定一个合适的数值范围，并将其划分成若干个离散的区间，例如 16 个区间（Q4）或 256 个区间（Q8），每个区间就代表一个量化级别。

（2）索引编码：将每个量化级别编号，例如，从 0 ~ 15（Q4）或 0 ~ 255（Q8），这些编号就是整数索引。

（3）权重映射：原始浮点数权重会被映射到最接近的量化级别，并用该级别对应的整数索引来表示，例如，原始浮点数权重 0.62 可能被映射到第 13 个量化级别，并用整数索引 12（二进制为 1100，4 比特）来存储。

神经网络进行推理计算时，并不能直接使用整数索引进行运算，需要进行反量化的过程，将整数索引还原为近似的浮点数，具体步骤如下。

（1）索引查找：神经网络读取存储的 4 位或 8 位整数索引。

（2）反量化表查询：使用读取的整数索引，在一个预先定义好的反量化表中，查找到对应的近似浮点数。反量化表存储了每个量化级别对应的近似浮点数。

（3）近似计算：神经网络使用查找到的近似浮点数进行后续的矩阵乘法、卷积等计算。

2.4 存储带宽瓶颈：推理速度的限制

在 2.2 节中，我们探讨了显存对于本地部署大模型的重要性。然而，仅拥有足够的显存并不意味着能获得流畅的推理体验。存储带宽（Memory Bandwidth），这个常常被忽视的幕后英雄，同样扮演着至关重要的角色，它直接决定了数据传输的速度，进而影响大模型的推理速度。

2.4.1 什么是存储带宽：数据传输的"高速公路"

存储带宽，顾名思义，指的是内存系统数据传输的速率，通常以 GB/s（吉字节每秒）为单位。我们可以将其形象地理解为连接内存和计算单元（例如 GPU 或 CPU）之间的数据传输"高速公路"的宽度。存储带宽越高，单位时间内能够传输的数据量就越大，数据传输的"速度"也就越快。

想象一下，你正在通过高速公路运输货物。

（1）内存就像货物仓库，存储着大模型的权重参数和推理过程中产生的各种数据（如激活值、KV Cache 等）。

（2）计算单元（GPU 或 CPU）就像货物加工厂，负责对数据进行各种复杂的计算（如矩阵乘法、卷积、注意力机制等）。

（3）存储带宽就是高速公路的车道数量。

如果高速公路是单车道（低存储带宽），即使仓库里堆满了货物（充足的内存），工厂的加工能力再强（强大的算力），货物也无法快速地从仓库运输到工厂进行加工，最终导致生产效率低（推理速度慢）。反之，如果高速公路是多车道（高存储带宽），货物就能源源不断地快速运送到工厂，生产效率就能大幅提升（推理速度加快）。

2.4.2　存储带宽在大模型推理中的作用：将数据 "喂" 给计算单元

在大模型推理过程中，计算单元（GPU 或 CPU）需要频繁地从内存中读取以下关键数据。

（1）大模型权重参数：大模型的核心 "知识" 存储在权重参数中，每次计算都需要读取相应的权重参数。

（2）激活值（Activations）：大模型在每一层的计算过程中都会产生激活值，这些值需要被读取，用于后续层的计算。

（3）KV Cache：对于 Transformer 架构，为了加速生成过程，KV Cache 不仅会缓存之前生成的 token 信息，也需要频繁地读写。

如果存储带宽不足，就会成为大模型推理速度的瓶颈，即使 GPU 或 CPU 的算力再强，也无法充分发挥其计算能力。这种情况就像高速公路的车道太少，导致交通拥堵，即使车辆性能再好，也只能缓慢地行驶。

2.4.3　量化如何缓解存储带宽的压力：数据 "瘦身" 加速传输

量化技术不仅可以减小大模型的体积，它还可以有效地缓解存储带宽压力，提升推理速度。这主要有以下 3 个原因。

（1）量化技术能够降低数据精度。量化技术将模型参数从高精度浮点数（如 FP32、FP16）转换为低精度整数（如 Q8、Q4），减小了每个参数占用的内存。例如，FP32 每个参数占 4 字节，而 Q4 每个参数平均只需 0.5 字节。

（2）量化技术能够减小数据传输量：参数占用的内存减小后，在内存和计算单元之间传输相同数量的参数，所需传输的数据总量也随之减少。

（3）量化技术能够提升存储带宽利用率：在相同的存储带宽下，由于每次传输的数据量减少，单位时间内可以传输更多的参数，从而提升了存储带宽的利用率，最终加速推理过程。

2.4.4　优化技术与存储带宽："多管齐下" 提升效率

除了量化技术，还有一些其他的优化技术可以缓解存储带宽压力，进一步提升推理速度。

（1）内核融合（Kernel Fusion）：将多个小的计算操作合并成一个大的计算操作，减少内核启动和数据加载的开销以及内存访问次数，从而降低带宽需求。

（2）内存布局优化（Memory Layout Optimization）：优化模型参数在内存中的存储布局，使计算单元可以连续、高效地访问内存数据，提高内存访问效率，减少带宽浪费。

（3）算子优化（Operator Optimization）：针对模型中常用的算子（如矩阵乘法、卷积等）进行底层代码优化，例如使用高效的算法、优化的数据访问模式等，提升计算效率，间接降低带宽压力。

2.5 推理速度与延迟：除了显存，性能也很重要

在大模型本地部署中，显存容量常常成为人们关注的焦点。然而，仅拥有足够的显存，并不意味着就能获得流畅的用户体验。推理速度（Inference Speed）和延迟（Latency），这两个直接关系到用户交互体验的关键指标，同样至关重要。本节将深入探讨推理速度与延迟的概念，以及除了显存，还有哪些因素会影响大模型的整体性能。

2.5.1 推理速度与延迟：用户体验的"晴雨表"

推理速度通常以 tokens per second（tokens/s）为单位进行衡量，指的是模型在单位时间内能够生成或处理的 token 数量。推理速度越快，模型处理能力越强，响应用户请求的速度也越快。

延迟指的是从用户发出请求到模型返回响应结果之间的时间间隔，通常以毫秒（ms）或秒（s）为单位进行衡量。延迟越低，用户等待时间越短，交互体验越流畅。

推理速度和延迟是衡量大模型推理性能的两个核心指标，它们直接决定了用户与大模型的交互体验。想象一下以下场景。

（1）高推理速度，低延迟：模型能够快速生成回复，用户几乎不用等待，对话流畅、自然，体验极佳。

（2）低推理速度，高延迟：模型生成回复的速度非常缓慢，用户需要长时间等待才能看到结果，对话卡顿，体验糟糕。

2.5.2 影响推理性能的其他因素

显存固然重要，但它并非影响推理速度和延迟的唯一因素。以下是一些同样至关重要的影响推理性能的硬件和软件因素。

1. 硬件因素

（1）GPU 算力：GPU 的核心数量、频率、架构等指标共同决定了其算力。算力越强的

GPU，单位时间内能够完成的计算越多，推理速度也就越快。

（2）存储带宽：存储带宽决定了数据传输速度，有限的存储带宽是制约推理速度的重要因素。存储带宽高，则可以更快速地将模型参数和激活值"喂"给 GPU 核心，提高推理效率。

（3）CPU 性能：虽然 GPU 负责主要的计算密集型任务，但 CPU 仍然承担着数据预处理、任务调度、模型控制等重要职责。CPU 性能不足可能会导致数据预处理速度跟不上 GPU 的计算速度，或者任务调度效率低下，最终影响模型的整体推理性能。

（4）内存容量：除了显存，系统内存也扮演着重要角色。系统内存用于加载模型文件、存储中间数据、运行操作系统和推理引擎等。内存不足可能会导致频繁的页面交换，严重降低系统性能。

（5）存储介质速度：模型文件通常存储在硬盘或固态盘上。存储介质的读取速度会影响模型加载时间。

2．软件因素

（1）模型架构：不同的模型架构（如 Transformer、MoE）在计算复杂度、参数效率等方面存在差异，直接影响大模型的推理速度。

（2）量化级别：量化技术可以显著提升大模型的推理速度。量化级别越高（单个参数占用的存储空间越小），推理速度越快，但精度可能会有所损失。

（3）推理引擎：推理引擎是专门用于优化模型推理性能的软件组件。优秀的推理引擎（如 TensorRT、vLLM）可以充分利用硬件资源，并应用各种优化技术（如 Kernel Fusion、量化、剪枝等）来提升推理速度和降低延迟。

（4）优化技术：除了量化，还有许多其他的优化技术可以提升模型的推理性能，例如剪枝、蒸馏、动态批处理等。

2.5.3　CPU 与 GPU 的协同：软硬结合，发挥最大效能

在大模型推理系统中，CPU 和 GPU 并非各自为战，而是协同工作，共同完成推理任务。

1．CPU

（1）任务调度与控制：负责接收用户请求、解析输入数据、调度推理任务、控制模型推理流程等。

（2）数据预处理：负责对输入文本进行分词、编码等预处理操作，为 GPU 计算准备数据。

（3）后处理（Post-processing）与结果输出：负责对 GPU 的输出结果进行解码、格式化等后处理操作，并将最终结果返回给用户。

（4）轻量级计算：处理一些非计算密集型任务，例如模型加载、参数配置、控制逻辑等。

2．GPU

（1）大规模并行计算：承担模型推理过程中最核心、最耗时的计算密集型任务，例如矩

阵乘法、卷积、注意力机制等。

（2）CPU 和 GPU 高效协同才能充分发挥硬件性能，实现快速、低延迟的推理体验。

2.6　大模型背后的秘密武器：Transformer 架构

近年来，各种大模型如雨后春笋，在文本生成、对话、代码编写等领域展现出惊人的能力。这些大模型都离不开一个共同的"秘密武器"——Transformer 架构。Transformer 架构的诞生，是 AI 发展史上的一个重要里程碑，它彻底改变了我们构建和训练大模型的方式。

那么，Transformer 架构究竟有何神奇之处？它是如何驱动大模型实现如此强大的能力的呢？在本节，我们将从初学者的角度出发，揭开 Transformer 架构的神秘面纱，探索大模型背后的"秘密武器"。

2.6.1　从"注意力"机制开始：像人类一样思考

在详细介绍 Transformer 架构之前，我们要理解一个核心概念——"注意力机制"（Attention Mechanism）。"注意力"，顾名思义，就是关注事物时，会将精力集中在重要的部分，而忽略次要的部分。人类在阅读、听讲、思考时，都离不开"注意力"。

例如，当我们阅读一句话"我爱我的祖国，因为她很美丽"时，我们会不自觉地将注意力集中在"我""祖国""美丽"这些关键词上，理解它们之间的关联，从而把握句子的整体含义。神经网络也需要类似的注意力机制，才能更好地理解和处理复杂的语言信息。

Transformer 架构的核心创新之一，就是引入了"自注意力机制"（Self-attention）。"自注意力"可以简单理解为"自己关注自己"。当模型在处理句子中的某个词时，会"关注"句子中的其他词，计算当前词与其他词之间的关联程度，并根据关联程度动态地分配注意力权重。

以上面的句子"我爱我的祖国，因为她很美丽"为例，当模型处理"她"这个词时，自注意力机制会帮助模型"关注"到"祖国"这个词，并赋予它更高的注意力权重，从而让模型能够准确地理解"她"指代的是"祖国"，而不是其他词。

自注意力机制赋予了模型像人类一样"有重点地思考"的能力，让模型能够更好地捕捉长文本中的上下文信息，理解复杂的语义关系，这是 Transformer 架构能够在大模型领域取得成功的关键因素之一。

2.6.2　Transformer 架构的基本结构：积木搭建的"变形金刚"

理解了"注意力机制"之后，我们再介绍 Transformer 架构的基本结构。如果将大模型比作一座宏伟的建筑，Transformer 架构就如同构成这座建筑的"积木"。大模型正是由一个个相同的"Transformer Block"像堆积木一样层层堆叠而成，构建出功能强大的"变形金刚"。

每个 Transformer Block 就像一个功能模块，主要由以下两个核心层组成。

（1）自注意力层（Self-attention Layer）：自注意力层是 Transformer Block 的核心组件，负责捕捉输入序列中不同数据之间的关联，让模型能够理解上下文的语义。

（2）前馈网络层（Feed forward Network Layer）：前馈网络层的作用是对自注意力层提取的特征进行进一步的加工和变换，增强模型的表达能力。

除了这两个核心层，每个 Transformer Block 还包含一些重要的"辅助部件"。

（1）多头注意力（Multi-head Attention）：为了让模型从多个不同的角度关注信息，Transformer 架构采用了多头注意力机制，从而可以更全面地理解输入信息。

（2）残差连接（Residual Connection）：为了解决深层网络训练的难题，Transformer 架构引入了残差连接，这就像给网络增加了"高速公路"，让信息更容易在不同层之间传递，有助于训练神经网络更深的模型。

（3）层归一化（Layer Normalization）：为了加速模型训练，提高训练稳定性，Transformer 架构使用了层归一化技术，可以简单理解为对每一层的输出进行"标准化处理"。

Transformer 模型正是通过将多个结构相同的 Transformer Block 层层堆叠起来，构建成一个深层神经网络的。堆叠的 Transformer Block 越多，模型就越大，参数量就越大，理论上模型的能力越强，但也需要更多的计算资源和数据进行训练。例如，GPT-3、LLaMA 等超大模型，都使用了数十个甚至上百个 Transformer Block 堆叠而成。

2.6.3　Transformer 架构与硬件需求："大力士"的胃口

了解了 Transformer 架构的基本结构，我们就能更好地理解为什么大模型需要如此"豪华"的硬件配置了。Transformer 架构就像一个"胃口很大"的"大力士"，对计算资源和内存资源都有着极高的需求。

1. 自注意力机制：GPU 算力的"耗电大户"

Transformer 架构中最核心、计算量最大的部分，就是自注意力机制。自注意力机制需要计算句子中每个词与其他所有词之间的关联程度，这导致其计算复杂度非常高，与句子长度的平方成正比。如果句子长度翻倍，自注意力计算量就会变成原来的 4 倍。

自注意力计算就像"每个人都要和队列中的每个人'对话'一次"，如果句子很长，参与"对话"的人很多，那么总的"对话"次数会非常多，计算量就非常大。因此，训练 Transformer 模型需要强大的 GPU 算力来支撑海量的矩阵运算。

2. 模型参数：显存的"沉重负担"

Transformer 模型通常由数亿、数十亿甚至数千亿个参数组成。这些参数需要存储在显存中，才能参与模型的计算。模型参数量越大，需要的显存容量就越大。

可以将模型参数比作"大力士随身携带的行李"，参数越多，行李越重，需要的"仓库"

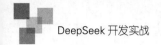

（显存）也就越大。如果显存容量不足，就无法加载完整的模型，更无法进行高效的计算。因此，大模型需要大容量的显存来存储模型参数。

3. 数据流动：存储带宽的"繁忙交通"

在 Transformer 模型进行推理时，数据（如文本、图像等）需要在 CPU、内存、显存之间频繁地流动，参与各种计算和处理。数据流动越频繁，数据量越大，对存储带宽的要求就越高。

可以将数据流动比作"繁忙交通"，如果存储带宽不足，就像道路狭窄，车辆拥堵，数据传输速度就会变慢，严重影响模型的推理效率。因此，大模型需要高存储带宽来保证数据传输的效率。

2.7　DeepSeek 中的 MoE

在本节，我们将探讨 DeepSeek 是如何通过 MoE 架构来实现其高效和强大的性能的。首先，我们会介绍 MoE 的基本原理和其在机器学习中的广泛应用，然后深入分析 DeepSeek 的创新性 MoE，包括其独特的专家分割策略、训练和推理优化方法，以及这种架构如何在保持模型性能的同时显著提升效率。

2.7.1　MoE 的基本原理

MoE 是一种通过组合多个专门化模型来处理不同任务或输入的架构。它的核心思想是将复杂的任务分解成多个较小、易管理的子任务，每个子任务由一个或多个"专家"处理。这些"专家"是专为特定类型的输入或者特定任务设计或训练的。每个"专家"专注于特定领域或数据类型，如数学、编程、自然语言理解等。每个"专家"可以是一个完整的模型，也可以是模型中的一部分，如神经网络的某几层。

在 MoE 架构中，一个关键组件是门控机制，它用于决定输入应由哪个或哪些"专家"处理。门控机制常用的工作方法包括：硬分配，根据输入选择一个或多个"专家"；软分配，为每个"专家"分配一个权重，实现对输入的软路由。处理后的结果通过某种方式（如加权平均、选择最佳输出等）被整合。

2.7.2　MoE 的应用

MoE 不仅用于提高模型的性能和效率，还在以下几个方面广泛应用。

（1）大模型训练：通过分担模型的参数和计算负担，MoE 可用于训练更大、更复杂的模型，而不显著增加单个模型的训练成本。

（2）任务专业化：为不同的任务或数据类型训练专用模型，提高其在特定领域的表现，如语言翻译、代码生成、数学问题解决等。

（3）减少资源消耗：在推理时，仅激活相关"专家"模型，能显著减少计算资源和内存的使用。

（4）动态适应性：在多任务学习或在线学习中，MoE 可以根据输入动态调整使用的"专家"组合，增强模型的适应性和泛化能力。

2.7.3　DeepSeek 的创新性 MoE

DeepSeek 利用了 MoE 架构来构建高效、强大的大模型。

1. DeepSeek 中 MoE 架构的特点

（1）细粒度专家分割：DeepSeek 将模型中的"专家"细分为更小的单元，允许更加灵活地组合和激活，从而更好地适应不同的输入。

（2）共享"专家"隔离：引入共享"专家"，处理共有的或通用的知识，减少专项"专家"间的知识冗余。

（3）低精度计算：使用更低精度的计算，不仅节省了训练和推理时的资源，还提升了效率。

2. 训练和推理

（1）训练流程：在训练时，DeepSeek 的 MoE 架构通过动态选择和激活相关的"专家"来处理输入，提高训练效率。通过这种方式，即使有数百亿个参数，总体计算成本和内存需求可以大幅降低。

（2）推理优化：在推理时，DeepSeek 可以根据用户查询的具体内容，激活最相关的"专家"模型，实现高效的响应。这种策略不仅提高了回答的质量，还显著降低了模型对计算资源的需求。

3. 性能与效率

（1）基准测试表现：DeepSeek 的 MoE 架构在各种语言理解、数学推理和编程任务上展现出了优越的性能，其效率和准确性使得它在开源模型中脱颖而出。

（2）资源利用：通过 MoE 架构，DeepSeek 能够使用少量的计算资源，实现高效的训练和推理，即使是大模型，也无须巨大的硬件投入。

通过这种方式，DeepSeek 不仅继承了 MoE 架构的优势，还通过创新性的设计和优化策略，进一步推进了大模型的应用和普及，展示了如何在保持性能的前提下，实现模型的经济化和高效化。

2.8　本章小结

本章围绕"DeepSeek 大模型部署的硬件要求和技术"这一核心主题，展开了深入、细致的探讨。

首先，我们聚焦于显存，明确了显存容量是大模型本地部署的硬件门槛，深入分析了模型量化、激活值、多用户并发等因素对显存的复杂影响，并提供了显存需求估算的实用方法。

随后，我们揭秘了模型量化的奥秘，阐述了其在压缩模型体积、平衡精度与效率方面的重要作用，深入探讨了参数、量化和蒸馏三者之间的内在联系。

在性能层面，我们介绍了推理速度与延迟等影响用户体验的"晴雨表"，并深入剖析了除显存外，影响推理性能的多种因素，强调了 CPU 与 GPU 协同工作的重要性。

最后，我们初步探索了 Transformer 架构，揭示了其作为大模型"秘密武器"的关键作用，从"注意力机制"到"积木"结构，帮助读者构建起对大模型理论基础的初步认知。

第 **3** 章 用 Ollama 本地部署 DeepSeek-R1

本地部署 DeepSeek-R1 的方法很多，但使用 Ollama 部署 DeepSeek-R1 无疑是更为简单的方式，只需要一行命令，就可以用 Ollama 部署任何 Ollama 支持的大模型。本章将详细介绍使用 Ollama 本地部署大模型和推理的详细步骤。

3.1 Ollama 简介

在 AI 大模型日益普及的今天，在个人计算机或本地服务器上便捷地部署和运行这些强大的模型，成了许多开发者和 AI 爱好者迫切的需求。Ollama 是一款开源工具，它以简洁、高效、易用的特性，迅速成为大模型本地部署领域的佼佼者。本节将对 Ollama 进行全面介绍，帮助读者快速了解 Ollama 的核心概念、功能以及其在本地 AI 应用开发中的广阔前景。

1. Ollama——极简主义的本地模型部署方案

Ollama 是一款轻量级的本地大模型管理和运行工具。它旨在化繁为简，将原本复杂的大模型本地部署过程简化为几个简单的命令，让用户能够"零门槛"地在本地设备上体验和使用各种开源大模型。Ollama 的核心理念就是"Run large language models locally"（在本地运行大模型），其专注于提供最便捷的本地模型运行体验。

2. Ollama 的核心功能

尽管 Ollama 界面设计简洁，但其功能十分强大，足以满足大模型本地部署和应用开发的核心需求。Ollama 的主要功能可以概括为以下几个方面。

（1）一键式模型管理：Ollama 内置了强大的模型管理功能，用户可以通过简单的命令，轻松完成模型的下载、安装、运行、列表查看、信息查看和删除等操作。Ollama 官方维护着一个不断扩充的模型库，该库收录了众多主流开源大模型，用户可以根据需求自由选择和下载。

（2）极简的命令行界面：Ollama 主要通过命令行界面（Command Line Interface，CLI）与用户进行交互。其命令设计简洁直观，易于记忆和使用。例如，使用 ollama run <model_name>

命令可一键启动指定模型并进入对话模式，使用 ollama pull <model_name> 命令可下载模型，不需要复杂的参数配置和操作步骤。

（3）灵活的 API：除了命令行交互，Ollama 还提供了 RESTful API，允许开发者将 Ollama 集成到各种应用程序中。通过 API，开发者可以开发更丰富的应用，例如，构建 AI 聊天机器人、智能助手、内容生成工具等。

（4）跨平台支持：Ollama 致力于提供跨平台的支持，目前已支持 macOS、Linux 和 Windows 等主流操作系统。

（5）硬件加速支持：Ollama 能够充分利用本地设备的硬件资源，支持 CPU 和 GPU 两种计算模式。

（6）自定义模型能力：Ollama 允许用户自定义模型，用户可以基于已有的模型，通过简单的 Dockerfile 语法，创建模型变体，例如修改系统提示词、添加自定义预处理或后处理逻辑、调整模型参数等。

3．Ollama 的应用场景

凭借简洁易用和强大的功能，Ollama 在本地 AI 应用开发中拥有广阔的应用前景。

（1）本地 AI 应用原型快速开发：Ollama 的极简部署和便捷的 API，非常适合开发者快速构建和测试本地 AI 应用原型，例如本地聊天机器人、文档问答系统、代码助手等。

（2）AI 模型本地体验与评估：对于 AI 爱好者和研究人员，Ollama 提供了一个便捷的平台，他们可以利用这个平台快速体验和评估各种开源大模型的性能和特点，不需要复杂的环境配置和部署流程。

（3）数据隐私：在一些对数据隐私和安全要求较高的场景下，如金融、医疗、法律等领域，使用 Ollama 在本地部署和运行大模型，可以有效避免数据泄露和安全风险。

Ollama 以其极简的设计、强大的功能和友好的用户体验，重新定义了大模型本地部署的方式。在后文中，我们将深入探索 Ollama 的安装、使用方法以及 API，帮助读者全面掌握这款强大的 AI 工具。

3.2　安装 Ollama

访问 Ollama 官网首页，在首页的中心显示了 Ollama 的下载按钮，读者单击"Download for macOS"按钮下载 Ollama（见图 3-1）。下载后，直接安装 Ollama 即可。

安装完 Ollama，用户可以在终端中执行 ollama 命令，如果终端输出图 3-2 所示的内容，说明 Ollama 已经安装成功。

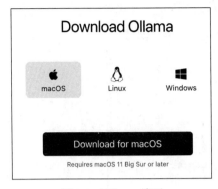

图 3-1　Ollama 首页

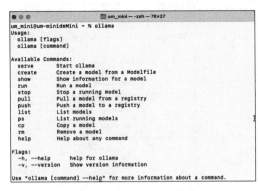

图 3-2　执行 ollama 命令

3.3　Ollama 支持的 DeepSeek 系列模型

进入 https://ollama.com/search 页面，我们会看到 Ollama 支持的所有大模型。第 1 个就是 deepseek- r1（表示 DeepSeek-R1 模型），如图 3-3 所示。

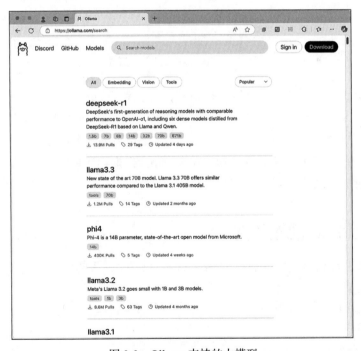

图 3-3　Ollama 支持的大模型

单击"deepseek-r1"链接，进入图 3-4 所示的页面。

图 3-4 "deepseek-r1"的页面

我们打开图 3-4 所示的页面中的下拉列表,会看到 Ollama 支持的所有 DeepSeek-R1 模型——1.5b、7b、8b、14b、32b、70b、671b,一共 7 个。每一个模型后面的值,如 1.1GB、4.7GB 等,是其占用的最小显存空间。也就是说,要想部署某一个模型,计算机剩余的显存空间不能小于这个值,否则此计算机无法运行这个模型。但推荐计算机剩余的显存空间至少比这个值大 10%,否则很容易导致模型推理速度变慢。

3.4 用 Ollama 部署模型

图 3-4 所示的页面下面显示了部署 DeepSeek-R1 的 7 个模型的命令。

部署 1.5b 模型:

```
ollama run deepseek-r1:1.5b
```

部署 7b 模型:

```
ollama run deepseek-r1:7b
```

部署 8b 模型:

```
ollama run deepseek-r1:8b
```

部署 14b 模型:

```
ollama run deepseek-r1:14b
```

部署 32b 模型:

```
ollama run deepseek-r1:32b
```

部署 70b 模型:

```
ollama run deepseek-r1:70b
```

部署 671b 模型:

```
ollama run deepseek-r1:671b
```

用户可以根据自己计算机的性能,选择执行某条命令来部署特定的 DeepSeek-R1 模型。ollama run 是运行模型的命令,如果是第一次运行某个模型,由于计算机中并不存在这个模型,因此 Ollama 会先下载模型文件,下载成功后,才会进入命令行界面。图 3-5 所示为通过命令第一次部署 7b 模型的情形,可以看到,Ollama 会先从 Ollama 官网下载模型文件。

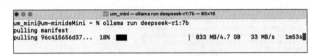

图 3-5　本地部署 7b 模型

在下载模型文件的过程中,下载速度可能会下降,这时可以中断下载,重新执行 ollama run 命令即可。因为 Ollama 是支持断点续传的,所以不必担心下载大文件时由于中途断网或其他原因中断下载。如果只想下载模型文件,不想运行 Ollama,我们可以直接使用 ollama pull 命令,如 ollama pull deepseek-r1:7b。

3.5　模型的存储位置

Ollama 不能直接使用 GGUF 格式 [①] 的模型文件,需要做一些转换。而通过 ollama run 或 ollama pull 命令下载的模型都是转换后的。如何将 GGUF 格式转换为 Ollama 支持的格式,会在 3.8 节中详细介绍。

Ollama 在下载完模型文件后,会将模型文件保存在特定位置,下面是 Windows、macOS 和 Linux 3 个操作系统中下载的模型文件的存储路径。

Windows:

```
C:\Users\<YourUserName>\.ollama\models
```

macOS:

```
~/.ollama/models
```

---

① GGML/GGUF (.bin): llama.cpp 项目及其衍生工具(如 LM Studio 和 Ollama,它们的底层都用到了 llama.cpp 技术)使用的优化格式。GGUF 是 GGML 的新版本,更先进和灵活。

Linux：

```
/usr/share/ollama/.ollama/models
```

models 目录的结构在 3 个操作系统中是相同的。在 models 目录中，有两个子目录：blobs 和 manifests。其中 blobs 目录保存了真正的模型文件，包含的模型文件如图 3-6 所示。

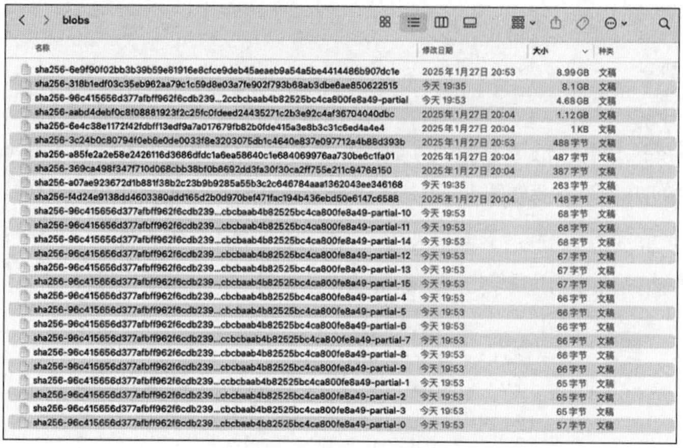

图 3-6　blobs 目录包含的模型文件

manifests 目录的层次比较多，在 manifests/registry.ollama.ai/library 目录中保存了模型的索引文件。使用 ollama list 命令可以查看使用 Ollama 安装的模型。

执行命令后，会输出图 3-7 所示的内容。

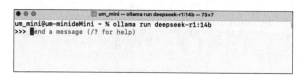

图 3-7　已经安装的模型

3.6　在 Ollama 中进行推理

Ollama 提供了终端形式的推理界面。执行 ollama run deepseek-r1:14b 命令，如果用户已经下载了 14b 模型，会直接进入 Ollama 终端，如图 3-8 所示。

图 3-8　Ollama 终端

进入 Ollama 终端后，输入如下的提示词：

```
用 Python 编写优化后的冒泡排序算法，添加详细的中文注释。
```

按 Enter 键后，Ollama 会回答这个问题（其实是 Ollama 部署的模型输出的内容）。它首先会返回思考过程，也就是 <think> 标签的内容。使用 DeepSeek-R1 模型，模型的每次回复（输出）都会包含 <think> 标签。在 <think> 标签后，是模型真正回复的内容，如图 3-9 所示。

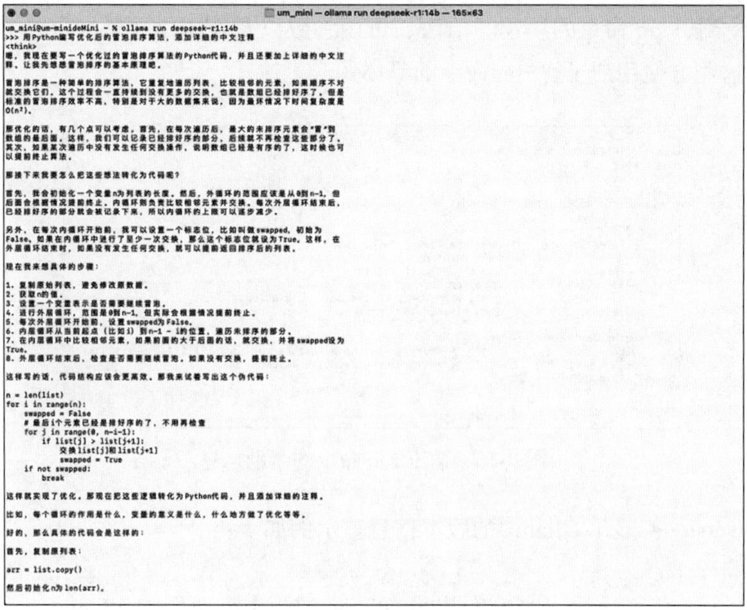

图 3-9　模型回复的内容

3.7　Ollama 命令行参数和子命令详解

Ollama 是一个强大的大模型本地部署工具，简洁的命令行界面是用户与模型交互的方式。Ollama 的命令行参数能够帮助用户更高效地管理和使用本地模型，使用模型的各种高级功能。本节将结合实际示例对 Ollama 命令的常用参数和子命令进行详细解读，助用户轻松操作 Ollama 命令。

Ollama 命令的基本结构如下：

```
ollama [flags] [command] [command-arguments]
```

其中，flags 是全局标志参数，用于控制 Ollama 的全局行为；command 是子命令，用于执行特定的操作，如运行模型、拉取模型等；command-arguments 是子命令的参数，用于指定子命令的具体操作对象或参数。

1. 全局标志参数

Ollama 提供了两个全局标志参数，用于控制 Ollama 的全局行为。

（1）-h, --help：用于显示 Ollama 的帮助信息。ollama --help 用于显示 Ollama 的全局帮助信息，即列出所有可用的命令、全局标志参数说明以及版本信息等。ollama <command> --help 用于显示指定命令的帮助信息，包括该命令的详细用法、可用参数等。示例如下：

```
ollama run --help
```

执行该命令后，run 命令的用途、语法、可用参数以及使用示例都在终端显示出来了，如图 3-10 所示，这可方便用户了解 run 命令的具体用法。

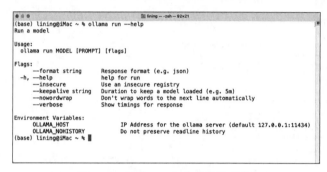

图 3-10　输出 run 命令的帮助信息

（2）-v, --version：显示 Ollama 的版本信息。示例如下：

```
ollama --version
```

执行该命令后，终端将输出当前安装的 Ollama 的版本号，例如 ollama version 0.5.7。版本信息对于我们排查问题和检查版本兼容性非常有用。

2. 子命令详解

Ollama 提供了多个子命令，用于执行不同的模型管理和运行操作。下面对一些子命令进行详细解释。

（1）serve：启动 Ollama 的 API 服务。

```
ollama serve
```

执行该命令后，Ollama 的 API 服务将在后台运行。启动 API 服务后，用户可以通过 HTTP 请求与 Ollama 进行交互，使用模型推理、模型管理等功能。API 服务默认监听 http://localhost:11434 端口。

（2）create：从 Modelfile 文件创建一个新的模型，用法如下。

```
ollama create <model_name> -f <Modelfile_path>
ollama create <model_name> --file <Modelfile_path>
```

其中，<model_name> 指定要创建的模型名称，-f <Modelfile_path> 或 --file <Modelfile_path> 指定 Modelfile 的路径。Modelfile 文件是一个文本文件，用于定义模型的配置和构建步骤。

示例如下：

```
ollama create my-llama2 -f Modelfile
```

执行该命令后，Ollama 将读取当前目录下的 Modelfile 文件，并根据其内容构建名为 my-llama2 的自定义模型。创建成功后，用户可以使用 ollama run my-llama2 命令运行该自定义模型。

（3）show：显示模型的详细信息，用法如下。

```
ollama show <model_name>
```

其中 <model_name> 指定要显示的信息是模型名称。示例如下：

```
ollama show gemma:2b
```

执行该命令后，终端将输出 gemma:2b 模型的详细信息，包括模型卡片信息、模型文件大小、创建时间等，如图 3-11 所示。模型卡片信息通常包含模型的描述、用途、局限性、开发者信息、许可证信息等。

图 3-11　输出 gemma:2b 模型的详细信息

（4）run：运行一个模型，进入交互式对话模式，如果模型文件不存在，则先下载该模型文件，再进入交互式对话模型，用法如下。

```
ollama run <model_name> [prompt]
```

其中 <model_name> 指定要运行的模型名称，[prompt]（可选）指定初始提示词。如果省略 prompt，则直接进入交互式对话模式。示例如下：

```
ollama run llama2 你好
```

执行该命令后，Ollama 将运行 llama2 模型，并将"你好"作为初始提示词发送给该模型。终端将输出 llama2 模型对"你好"的回复。

（5）stop：停止正在运行的模型，用法如下。

```
ollama stop <model_name>
```

其中 <model_name> 指定要停止运行的模型名称。示例如下：

```
ollama stop llama2
```

执行该命令后，Ollama 将停止在后台运行的 llama2 模型，释放其占用的系统资源。

（6）pull：从模型注册中心拉取（下载）一个模型到本地，用法如下。

```
ollama pull <model_name>
```

其中 <model_name> 指定要拉取的模型名称。示例如下：

```
ollama pull llama2
```

执行该命令后，Ollama 将从模型注册中心下载最新版本的 llama2 模型到本地。下载完成后，用户可以使用 ollama list 命令查看已下载的模型，并使用 ollama run llama2 命令运行该模型。

（7）push：将本地模型推送到模型注册中心，用法如下。

```
ollama push <model_name>
```

其中 <model_name> 指定要推送的模型名称。示例如下：

```
ollama push my-llama2
```

执行该命令后，Ollama 将尝试将本地模型 my-llama2 推送到模型注册中心。

（8）list：列出本地已安装的模型。示例如下：

```
ollama list
```

执行该命令后，终端将输出本地已安装的模型列表，例如：

```
NAME                  ID              SIZE        MODIFIED
deepseek-r1:14b       ea35dfe18182    9.0 GB      2 weeks ago
deepseek-r1:1.5b      a42b25d8c10a    1.1 GB      2 weeks ago
```

（9）ps：列出当前正在运行的模型进程。示例如下：

```
ollama ps
```

执行该命令后，终端将输出当前正在运行的模型进程列表，例如：

```
NAME              ID              SIZE        PROCESSOR     UNTIL
deepseek-r1-14b:  ae3b79d19401    10.0 GB     100% GPU      4 minutes from now
```

（10）cp：复制一个模型，创建模型的副本，用法如下。

```
ollama cp <existing_model> <new_model>
```

其中 <existing_model> 指定要复制的现有模型名称，<new_model> 指定新模型的名称。示例如下：

```
ollama cp llama2 llama2-copy
```

执行该命令后，Ollama 将复制 llama2 模型，并创建一个名为 llama2-copy 的新模型。新模型 llama2-copy 与原始模型 llama2 拥有相同的模型文件。

（11）rm：移除本地已安装的模型，用法如下。

```
ollama rm <model_name>
```

其中 <model_name> 指定要移除的模型名称。示例如下：

```
ollama rm llama2-copy
```

执行该命令后，Ollama 将删除本地模型库中的 llama2-copy 模型，并释放其占用的磁盘空间。

（12）help：显示帮助信息，与全局标志参数 -h 或 --help 用途相同，用法如下。

```
ollama help
ollama help <command>
```

其中 <command>（可选）指定要查看帮助信息的命令名称。示例如下：

```
ollama help create
```

执行该命令，终端会显示 create 命令的相关帮助信息

掌握 Ollama 的命令行参数是高效使用 Ollama 的关键。本节详细解释了 Ollama 的全局标志参数和所有子命令的用途、用法和示例，希望能够帮助您深入理解 Ollama 的命令行操作，并能够灵活运用这些命令，轻松管理和使用本地大模型，充分发挥 Ollama 的强大功能。在后续章节中，我们将结合实际应用场景，进一步展示 Ollama 命令行的强大之处。

3.8　导入 GGUF 格式的模型文件

尽管 Ollama 支持很多大模型，但仍然有很多大模型不在 Ollama 模型库中。如果用户需要部署更多的大模型，可以到 https://huggingface.co[①] 下载 GGUF 格式的模型文件，并按下面步骤将 GUFF 格式的模型文件导入 Ollama。

（1）在 GUFF 格式的模型文件所在的目录上创建一个 Modelfile.txt 文件（这里的 Modelfile 只是示例，用户可以替换为任何文件名）。然后在文件中输入如下内容，表明要导入的 GGUF 格式的模型文件的位置。

```
FROM ./DeepSeek-R1-Distill-Qwen-8B-Q8_0.gguf
```

其中，DeepSeek-R1-Distill-Qwen-8B-Q8_0.gguf 是 DeepSeek-R1-8B 的一个 8 位量化版本。

（2）创建模型文件。

```
ollama create deepseek-r1-8b -f Modelfile.txt
```

执行上述命令，你很快就会创建一个 Ollama 能够识别的模型（DeepSeek-R1-8B）。

（3）查看新创建的模型。执行 ollama list 命令查看刚才创建的模型，返回的内容如下。

```
NAME                     ID             SIZE      MODIFIED
deepseek-r1-8b:latest    ae3b79d19401   8.1 GB    3 hours ago
deepseek-r1:14b          ea35dfe18182   9.0 GB    2 weeks ago
deepseek-r1:1.5b         a42b25d8c10a   1.1 GB    2 weeks ago
```

其中 deepseek-r1-8b:latest 就是刚才导入的大模型 DeepSeek-R1-8B。其后面的"latest"并不是模型名。

（4）运行模型。使用下面的命令可以运行模型。

```
ollama run deepseek-r1-8b
```

在执行 ollama create deepseek-r1-8b -f Modelfile.txt 命令的过程中，Ollama 会在 models/manifests/registry.ollama.ai/library 目录中创建一个 deepseek-r1-8b 子目录，并在该子目录中创建一个 lastest 文件。不要删除 lastest 文件，否则 Ollama 无法找到 DeepSeek-R1-8B 模型。

3.9　本章小结

在本章中，我们以 Ollama 这款强大的大模型本地部署工具为基础，探索了如何在个人计算机上轻松运行大模型。从 Ollama 的安装与基本操作，到模型部署、存储管理以及推理实战，本章为读者构建了 Ollama 本地部署大模型的完整知识体系。读者不仅可以了解 Ollama 的核心功能和优势，还能掌握使用 Ollama 快速在本地部署大模型的各项关键技能，为后续更深入地应用大模型打下坚实的基础。

[①] Hugging Face（huggingface.co）是一个领先的开源 AI 和机器学习平台及社区，专注于自然语言处理领域。该社区汇集了大量预训练模型、数据集，以及 Transformers 库等流行工具，方便研究人员、开发者和爱好者轻松构建、分享和部署 AI 应用。

第 **4** 章 用 LM Studio 本地部署 DeepSeek-R1

在本章中，我们将以 LM Studio 这款强大的工具为基础，深入了解其特性、安装方法、配置方法，以及如何利用它在个人计算机上部署 DeepSeek-R1 模型，并详细介绍大模型相关参数的设置。

4.1 LM Studio 简介

LM Studio 是用于本地部署模型的工具。Ollama 采用的是命令行形式的交互界面，而 LM Studio 采用的是图形化形式的交互界面，更容易使用。本节我们将对 LM Studio 进行初步的介绍。

4.1.1 什么是 LM Studio

LM Studio 是一款简化大模型在本地计算机上的运行和使用的桌面应用程序。它的核心理念是让没有深厚的技术背景或强大的硬件设备的普通用户，也能轻松使用前沿的 AI 技术。

一般来讲，计算机运行大模型需要复杂的环境配置、专业的编程知识，以及昂贵的计算资源（通常是高性能 GPU）。LM Studio 通过提供直观的用户界面、简化的安装流程和内置的模型管理功能，极大地降低了用户使用大模型的门槛。

4.1.2 LM Studio 的核心功能

LM Studio 的核心功能如下。

1. 模型发现与下载

（1）LM Studio 内置了一个模型中心，用户可以在其中浏览、搜索和下载各种开源大模型。模型中心通常会提供模型的简要介绍、性能指标、适用场景等信息，方便用户选择模型。

（2）LM Studio 支持从 Hugging Face 等平台下载模型。

（3）LM Studio 可以自动进行模型下载、解压等过程，用户无须干预。

2. 模型管理

（1）LM Studio 允许用户轻松管理已下载的模型。

（2）用户可以查看已安装模型的大小、版本等信息。

（3）用户可以轻松删除不再需要的模型，以节省磁盘空间。

3. 用户界面

（1）LM Studio 提供了一个简洁直观的用户界面，用户可以在其中与大模型进行对话。

（2）用户只需输入提示词（Prompt），即可获得模型的响应。

（3）LM Studio 支持流式输出（Streaming Output），即模型逐字生成响应。

（4）LM Studio 可以保存和加载聊天记录。

4. 本地推理服务器

LM Studio 内置了一个本地推理服务器，该服务器兼容 OpenAI API。这意味着用户可以使用任何支持 OpenAI API 的客户端（例如 Python 的 openai 库）来与 LM Studio 中运行的模型进行交互。这为开发者提供了更大的灵活性，可以将 LM Studio 集成到自己的应用程序中。

5. 参数调整

LM Studio 允许用户调整模型的生成参数，如 temperature（温度）、top_p（Top-P 采样）、top_k（Top-K 采样）等，以控制生成结果的多样性和创造性。

4.1.3　LM Studio 的优势

LM Studio 的优势如下。

（1）易用性：LM Studio 最大的优势在于易用性。用户无须编写代码或配置复杂的环境，即可轻松运行大模型。

（2）本地部署：所有模型都在本地运行，无须连接互联网，以保证数据隐私和安全性。

（3）跨平台：LM Studio 支持 Windows、macOS 和 Linux 等主流操作系统。

（4）强大的模型兼容性：LM Studio 支持 Hugging Face 上众多流行的开源模型，包括各种量化版本。

（5）内置优化：LM Studio 在底层使用了 llama.cpp 等技术，对模型推理进行了优化，即使在 CPU 上运行，性能也很不错。

（6）免费：LM Studio 目前是免费使用的。

4.1.4　LM Studio 支持的平台

LM Studio 是一款跨平台的工具，旨在为用户提供优异的兼容性，满足不同开发者和技术爱好者的需求。它支持主流的桌面操作系统，确保用户能够在熟悉的操作环境中运行模型。以下是 LM Studio 当前支持的操作系统及其具体要求和特性。

1. Windows 操作系统

LM Studio 在 Windows 操作系统上的支持范围覆盖了目前广泛使用的版本。具体来说，它兼容 Windows 10（64 位）及更高版本，如 Windows 11。这是由于 LM Studio 依赖于 64 位架

构的系统资源和现代化操作系统的功能特性，如高级内存管理和图形加速的支持。需要注意的是，32 位 Windows 操作系统已被淘汰，不在支持范围之内。此外，为了获得最佳性能，建议用户确保 Windows 操作系统已安装最新的更新补丁，以避免潜在的兼容性问题。对于开发者而言，Windows 版本的 LM Studio 支持与 Visual Studio Code 等常见软件开发工具集成，方便开发者进行软件调试和扩展。

2．macOS

LM Studio 支持 macOS 12 Monterey 及更高版本，macOS 12 Monterey 是最低要求，因为该版本引入了对新硬件的支持以及更完善的图形和计算框架，这些都是运行 LM Studio 所必需的。LM Studio 兼容两种主要的硬件架构：Apple Silicon（如 M1、M2 系列芯片）和 Intel 芯片。这种双架构使得 LM Studio 能够充分利用 Apple Silicon 的强大计算能力和能效优势，同时能够照顾到仍在使用 Intel 芯片的计算机。用户在安装时，LM Studio 会根据硬件自动选择优化的二进制文件，确保性能最大化。例如，在 M2 Max 芯片上运行 LM Studio 时，其多核处理能力可以显著加速模型训练或推理任务处理过程。

3．Linux 操作系统

LM Studio 在 Linux 操作系统上的兼容性尤为好，支持多种主流发行版，但是系统需搭载 glibc 2.31 或更高版本。常见的符合条件的 Linux 发行版包括 Ubuntu 20.04 LTS、Debian 11、Fedora 32、CentOS 8 及更高版本。需要注意的是，一些较老的发行版（如 Ubuntu 18.04，glibc 2.27）可能无法直接运行，用户可能需要升级系统或手动更新库文件。此外，Linux 版本的 LM Studio 支持命令行界面操作，方便用户在无图形界面的服务器环境中部署模型。

4.1.5 LM Studio 的硬件要求

LM Studio 对硬件的要求如下。

（1）CPU：强烈建议使用具有 AVX2 指令集的 CPU，以获得更好的性能。

（2）内存：建议内存至少达到 8GB。运行更大的模型则需要更大的内存，16GB 或者 32GB 更好。

（3）GPU（可选，但强烈建议使用）：建议使用 NVIDIA GPU 或者 AMD GPU，以显著提高模型的推理速度。

（4）存储空间：确保计算机有足够大的存储空间来存储要下载的模型。

4.2 LM Studio 的适用场景

LM Studio 凭借易用性、本地部署和对多种模型的支持等特性，在多个场景都有广泛的应用潜力。以下是 LM Studio 一些典型的适用场景。

（1）个人学习与探索：LM Studio 为普通用户提供了一个以低门槛接触和使用大模型的途径。用户不需要编程知识或强大的硬件，就可以与大模型进行对话。

（2）创意写作与内容生成：LM Studio 可以帮助作家、编剧、营销人员等内容创作者生成文章大纲、故事开头、广告文案、诗歌、剧本等各种文本内容。通过调整参数，用户可以控制生成的文本内容的风格、语气等。

（3）编程辅助：LM Studio 可以辅助程序员完成一些基础的编程任务，如代码补全、代码解释、测试用例生成、文档注释编写等。虽然它不能完全替代专业的 IDE（Integrated Development Environment，集成开发环境）或 Copilot 等工具，但对于一些简单的代码生成任务，LM Studio 可以快速提供帮助。

（4）离线应用开发：对于需要在离线环境下（如没有连接网络的设备）运行的应用，LM Studio 提供了一种可行的解决方案。开发者可以将 LM Studio 集成到离线应用中，为用户提供离线 AI 功能，如智能助手、文本摘要、语言翻译等。

（5）隐私敏感型应用：由于 LM Studio 完全在本地运行，所有数据都保存在用户的设备上，不会上传到云端，因此它非常适合处理隐私敏感型数据或任务，如医疗记录分析、财务数据处理、个人日记生成等。

（6）低成本 AI 解决方案：相比云服务，LM Studio 无须支付 API 调用费用或订阅费用，这使它成为一种低成本的 AI 解决方案，特别适合预算有限的个人用户或小型企业。

（7）快速原型验证：AI 研究人员和开发者可以利用 LM Studio 快速测试不同的模型、参数和提示，以评估其在特定任务上的表现，而无须搭建复杂的开发环境。

（8）对依赖 OpenAI 或兼容 API 的应用的开发和测试：LM Studio 为开发者提供了一个强大的本地测试环境。其内置的本地推理服务器兼容 OpenAI API，这意味着开发者在构建依赖 OpenAI 或兼容 API（如 DeepSeek、OpenAI）的应用时，可以先在本地使用 LM Studio 进行充分测试。用户只需将应用中的 API 地址指向 LM Studio 的本地推理服务器，即可进行快速迭代和调试，待功能完善后再切换到真实的在线 API，极大地提高了开发效率和经济性。

总的来说，LM Studio 适用于各种需要利用大模型能力，同时希望兼顾易用性、数据隐私和成本效益的场景。无论是个人用户还是企业，都可以从 LM Studio 中获益。

4.3　安装 LM Studio

要想安装 LM Studio，读者可以进入 LM Studio 官网，在其中可以看到图 4-1 所示的 LM Studio 的下载按钮。

读者下载相应操作系统的安装程序后，根据提示直接安装 LM Studio 即可。安装完成后，运行 LM Studio，其初

图 4-1　LM Studio 的下载按钮

始界面如图 4-2 所示。

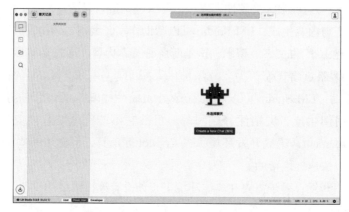

图 4-2　LM Studio 的初始界面

初始界面中心处的"Create a New Chat(⌘N)"（创建一个新对话）按钮和左上角的"+"按钮都用于创建新的会话窗口。不过，现在即使创建了会话窗口，也无法使用，因为还没有部署本地模型。4.5 节会详细介绍如何部署本地模型。

4.4　LM Studio 支持的大模型格式

本节介绍 LM Studio 支持的两种大模型格式：GGUF 和 MLX。

4.4.1　大模型格式——GGUF

GGUF 是一种高效、灵活的大模型格式，特别适合 CPU 和"CPU+GPU"推理。它已成为 llama.cpp 及相关项目（包括 LM Studio）的首选格式，并在大模型社区中得到广泛应用。

1. GGUF 的产生

在 GGUF 出现之前，llama.cpp 和相关项目主要使用 GGML 作为模型文件的格式。然而，GGML 存在一些限制，例如，可扩展性差，GGML 的设计不够灵活，难以添加新的特性或元数据；标准化程度低，GGML 没有明确的规范，不同项目之间可能存在兼容性问题；元数据不足，GGML 存储的元数据有限，不利于模型的管理和使用。

为了突破这些限制，llama.cpp 社区开发了 GGUF。GGUF 是一个统一、可扩展、标准化且自包含的大模型格式。它将模型权重、元数据（如词汇表、架构参数）和量化信息整合到单个文件中，方便模型的分发和部署。GGUF 具有良好的向后兼容性，确保新版本的 llama.cpp 能够加载旧版本的 GGUF 格式的文件，避免了模型格式更新带来的兼容性问题。此外，GGUF 可以轻松添加新的特性和元数据，以适应大模型技术的不断发展。

2．GGUF 格式的特点

（1）单一文件：GGUF 将所有模型数据（模型权重、元数据、量化信息等）都存储在一个 .gguf 文件中。

（2）键值对元数据：GGUF 使用键值对的形式存储模型的元数据，例如，模型架构（如 LLaMA、Mistral、Falcon 等）、模型名称、量化类型（如 Q4、Q5_K_M 等）、词汇表大小、特殊 token（如 BOS、EOS、PAD[①] 等）、RoPE（Rotary Position Embedding，旋转位置编码）参数、作者、许可证等。

（3）张量存储：GGUF 使用二进制存储模型的权重张量。

（4）量化支持：GGUF 支持多种量化方法，可以根据需求减小模型体量并提高推理速度，同时尽可能保持模型性能。

（5）向后兼容性：GGUF 在设计时考虑了向后兼容，较新版本的 llama.cpp 可以加载旧版本的 GGUF 格式的文件，但是旧版本的 llama.cpp 可能无法读取新版本的 GGUF 格式的文件（如果使用了新的特性）。

（6）与 Hugging Face 集成：在 Hugging Face Hub 上可以找到大量 GGUF 格式的模型文件，许多模型提供者会提供不同量化级别的 GGUF 版本。

3．GGUF 的量化方法

GGUF 支持多种量化方法，其中常见的量化方法如下。

（1）Q4：4 位量化，是较早出现的一种量化方法，精度损失较大。

（2）Q4_K_M：4 位量化，使用 K-means 聚类进行优化，精度比 Q4 的好。

（3）Q5：5 位量化。

（4）Q5_K_M：5 位量化，使用 K-means 聚类进行优化。

（5）Q8：8 位量化，精度较高，但模型大小和计算量较大。

（6）其他变体，如 Q2_K、Q3_K_S、Q3_K_M、Q6_K 等不同位数和优化方式的组合，这些变体在精度和性能之间提供了更加灵活的平衡选择。

不同的量化方法在模型大小、速度和质量之间进行权衡。通常，位数越少，模型越小，模型的推理速度越快，但精度损失越大。

4.4.2　模型格式——MLX

MLX 是 Apple 公司专门为 Apple Silicon 芯片（M 系列芯片，如 M1、M2、M3、M4 等）上的神经网络推理设计的框架和模型格式。MLX 格式能充分利用 Apple Silicon 芯片的统一内

[①] BOS（Beginning of Sequence，序列开始标记）用于标记输入文本的开始位置；EOS（End of Sequence，序列结束标记）用于标记输入文本的结束位置；PAD（Padding，填充标记）用于将不同长度的序列填充到相同长度，以便批量处理。

存架构和神经引擎，实现高效的神经网络推理。

MLX 格式的特点如下。

（1）统一内存：MLX 格式利用 Apple Silicon 芯片的 CPU 和 GPU 共享内存的特性，避免了数据在 CPU 和 GPU 之间复制的开销，提高了推理效率。

（2）Metal 优化：MLX 格式基于 Apple 公司的 Metal 图形和计算框架，针对 Apple Silicon 芯片进行了深度优化。

（3）易用性：MLX 格式提供了 Python API，使开发者可以方便地使用 Python 构建和训练模型。

（4）社区支持：虽然 MLX 格式是 Apple 公司开发的，但它是一个开源项目，拥有一个活跃的社区。

4.5　本地部署 DeepSeek-R1 模型

本节会详细介绍如何从 Hugging Face 下载模型文件，以及如何通过 LM Studio 本地部署 DeepSeek-R1 模型，并深入讲解模型加载设置和模型推理相关参数。

4.5.1　从 Hugging Face 下载模型文件

LM Studio 支持直接从 Hugging Face 下载模型文件，然后复制到 LM Studio 的相关目录中。

读者需要访问 Hugging Face 的首页，然后在页面上方的文本框中输入"DeepSeek-R1-Distill"，就可以看到一些常用的 DeepSeek-R1 蒸馏模型，如图 4-3 所示。

如果列表中没有需要的蒸馏模型，那么用户可以单击列表下方的"See 1625 model results for "DeepSeek-R1-Distill""链接，新页面会列出 Hugging Face 中所有 DeepSeek-R1 蒸馏模型，如图 4-4 所示。搜索结果有多页，读者可以重点寻找自己需要的 DeepSeek-R1 蒸馏模型。

图 4-3　常用的 DeepSeek-R1 蒸馏模型

我们选择 DeepSeek-R1-Distill-Qwen-14B-GGUF 模型。注意，一定要选择 GGUF 格式的 DeepSeek-R1 模型，否则 LM Studio 无法加载模型。

这里的 14B 只是参数规模，下一步还需要选择量化程度。进入模型页面，单击"Files and versions"（文件和版本）选项卡，我们会看到图 4-5 所示的 DeepSeek-R1-Distill-Qwen-14B，这里展示了不同量化级别的模型文件。

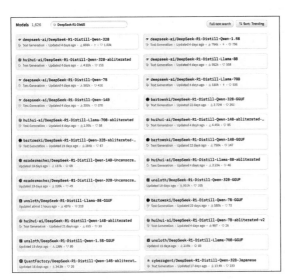

图 4-4　所有 DeepSeek-R1 蒸馏模型

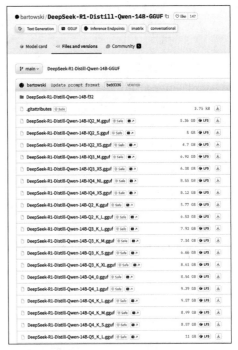

图 4-5　DeepSeek-R1-Distill-Qwen-14B 不同量化级别的模型文件

用户在选择模型文件时，应该遵循如下原则。

（1）选择的模型文件的尺寸（通常指模型文件的大小，即文件所占用的存储空间，因为业界对此称呼不一，所以，本书中的尺寸和大小指的是一个意思）应该小于计算机可用的显存或内存，建议预留至少 10% 的余量。也就是说，模型文件尺寸不应该大于计算机可用显存或内存的 90%。

（2）在遵循第（1）条原则的前提下，尽可能选择量化级别低的模型文件，例如能选择 Q4 的模型，就不要选择 Q2 或 Q3 的模型。

首先应知道计算机当前可用的显存或内存。在 LM Studio 的初始界面中，单击右下角的"设置" ⚙ 按钮，会弹出图 4-6 所示的设置界面。

单击左侧列表中的"Hardware"（硬件），在右侧的页面中找到"Memory Capacity"（存储容量）区域。其中 VRAM 后面的值就是计算机当前可用的显存或内存。假如需要部署模型的计算机的可用内存是 10.67GB，根据前面的原则，所选的模型尺寸不能大于 $10.67\text{GB} \times 0.9 \approx 9.6\text{GB}$。在满足这个条件的基础上，量化程度越低越好。在图 4-5 所示的模型文件中，有 5 个模型文件满足要求，如图 4-7 所示。这 5 个模型文件都是 Q4 的不同改进版本，下载哪一个都可以。我选择第 1 个满足条件的模型文件 DeepSeek-R1-Distill-Qwen-14B-Q4_0.gguf。

如果读者想为推理留出更大的内存空间，可以下载小于 9GB 的模型文件，如第 1 个或后两个。

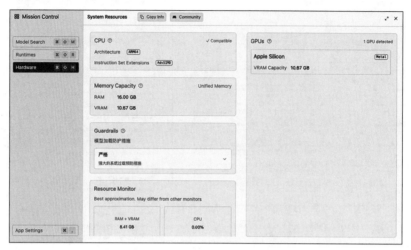

图 4-6　LM Studio 的设置界面

图 4-7　满足要求的模型文件

4.5.2　本地部署 DeepSeek-R1 模型

下载模型文件后，需要将模型文件复制到 LM Studio 的模型目录中。读者可以单击 LM
Studio 初始界面左侧的文件夹按钮，在初始界面左上部
会显示默认的模型目录，如图 4-8 所示。读者也可以更
改这个目录。

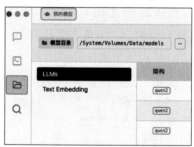

不要将模型文件直接复制到这个目录中，而要建立
两层子目录 deepseek/deepseek-r1，然后将下载的模型文
件复制到第二层目录（deepseek-r1 目录）中。随后，重
启 LM Studio，我们就能在模型目录页面的列表中看到装
载的所有模型，如图 4-9 所示。

图 4-8　模型目录

图 4-9　装载的所有模型

单击左上角"▢"按钮，新创建一个会话，在打开的对话框顶端单击"选择要加载的模型"列表框，会弹出如图 4-10 所示的对话框。在"Your models"（你的模型）列表中会显示已经部署在本地的模型。

单击其中一个模型，会弹出图 4-11 所示的加载模型界面。

图 4-10　"Your models"列表

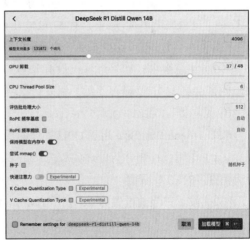

图 4-11　加载模型界面

单击右下角的"加载模型"按钮，LM Studio 就会加载当前选中的大模型。

4.5.3　模型加载设置详解

在图 4-11 所示的加载模型界面中有很多选项，这些选项的解释如下。

1. 上下文长度

上下文长度指的是模型在处理输入时能够考虑的文本的最大长度（以 token 为单位）。超过此长度的文本将被截断或采取其他方式（如上下文溢出策略）处理。

（1）作用：限制模型的输入长度，以适应硬件资源（特别是内存）和模型的推理速度。上下文长度较长，模型可以处理更复杂的输入，但需要更多的计算资源。

（2）设置：可以用滑杆调整上下文长度，界面中允许通过移动滑杆调整的最大上下文长度是 131072，但用户如果想设置更大的上下文长度，可以直接在右上角的文本框中输入数据。当前将最大上下文长度设置为 4096，这是一个常见的上下文长度，通常足以处理大多数对话和文本生成任务。如果部署模型的计算机的可用显存或内存非常大，可以考虑增大上下文长度。

（3）注意事项：并非所有模型都能处理任意长度的上下文，有些模型有上下文长度限制。实际可用的上下文长度还受限于部署模型的计算机硬件资源。

2. GPU 卸载

GPU 卸载决定了模型有多少层会被加载到 GPU 中。

（1）作用：利用 GPU 加速模型推理。将模型的更多层加载到 GPU 中可以显著提高模型的推理速度，但需要更多的显存。

（2）设置：可以通过滑杆调整要加载到 GPU 的层数。未加载到 GPU 上的层，会使用 CPU 计算。也就是说，通过这个选项，可以将计算任务分配到 GPU 和 CPU 上。如将 GPU 卸载设置为 37/48，这就意味着 48 层中，有 37 层放在 GPU 上计算，剩下的 11 层放在 CPU 上计算。总层数与模型有关，DeepSeek-R1 模型一共有 48 层。

（3）注意事项：如果计算机没有兼容的 GPU，此选项可能不可用或无效；卸载过多层到 GPU 可能会导致 GPU 显存不足，引发错误或崩溃。

3. CPU Thread Pool Size

CPU Thread Pool Size 用于 CPU 推理的线程池大小。

（1）作用：控制并行处理的程度。更多的线程可以加快模型在 CPU 上的推理速度，但也会消耗更多的 CPU 资源。

（2）设置：当前设置为 6，表示 LM Studio 将使用 6 个 CPU 线程进行推理。

（3）注意事项：最佳线程数取决于计算机的 CPU 型号和核心数。通常，将 CPU Thread Pool Size 设置为 CPU 核心数或略高于 CPU 核心数。CPU Thread Pool Size 设置得过高可能会导致模型性能下降，因为线程之间会争夺 CPU 资源。

4. 评估批处理大小

评估批处理大小是指在进行模型评估或批量处理时，模型一次处理的 token 的数量。

（1）作用：评估批处理大小大，则可以利用硬件并行性提高模型处理速度，但是会增加内存消耗。

（2）设置：当前设置为 512，表示模型一次会处理 512 个 token。

（3）注意事项：通常不需要手动修改，除非在进行性能调优或者遇到内存问题。

5. RoPE 频率基底

RoPE（Rotary Positional Embeddings，旋转位置嵌入）是一种位置编码方法，用于向 Transformer 模型提供输入序列中词元的位置信息。RoPE 频率基底是影响位置编码周期性的参数。

（1）作用：调整 RoPE 频率基底可能会影响模型对长距离依赖关系的处理能力。

（2）设置：当前设置为"自动"，表示 LM Studio 会使用模型的默认 RoPE 频率基底。

（3）注意事项：通常不需要手动修改此参数，除非需要对模型进行微调或实验。错误的 RoPE 频率基底可能会严重影响模型性能。

6. RoPE 频率缩放

RoPE 频率缩放是另一个与 RoPE 相关的参数，用于缩放 RoPE 的频率。

（1）作用：RoPE 频率缩放通过直接调整旋转频率来改变位置编码的分布密度。较大的 RoPE 频率缩放值会使近距离 token 的位置编码更加分散，增强模型对局部细节的感知；而较小的 RoPE 频率缩放值会使远距离 token 的位置编码更加密集，帮助模型捕获更长距离的依赖关系。通过调整此参数，可以在不改变模型结构的情况下扩展模型的有效上下文窗口，影响模型处理不同长度序列的能力。它与 RoPE 频率基底协同工作，共同决定位置编码的整体分布特性，从而优化模型对长距离依赖关系的处理能力。

（2）设置：本例设置为"自动"，这也是推荐的设置。

（3）注意事项：与 RoPE 频率基底类似，通常不需要手动修改。

7. 保持模型在内存中

选中此选项后，LM Studio 会将模型持续加载到内存中，即使切换到其他模型或关闭聊天窗口。

（1）作用：选中此选项可以加快模型切换和重新加载的速度。如果经常使用同一个模型，这样设置可以节省时间。

（2）设置：当前已启用。

（3）注意事项：选中此选项会占用更多的内存。如果计算机的内存有限，可能需要关闭此选项。

8. 尝试 mmap()

mmap() 是一种内存映射文件的方法，可以将文件直接映射到进程的地址空间，从而实现更快的访问速度。

（1）作用：启用此选项，可以尝试使用 mmap() 加载模型文件，这可能会提高模型加载速度。

（2）设置：当前已启用。

（3）注意事项：并非所有文件系统和操作系统都支持 mmap()。在某些情况下，如文件在

加载过程中被修改，启用 mmap() 可能会导致问题。

9. 种子

种子指的是随机数种子，用于初始化模型的随机数生成器。

（1）作用：种子可以控制模型生成结果的可重复性。如果使用相同的种子、相同的提示词和参数，模型会生成相同的结果。

（2）设置：当前设置为"随机种子"，表示每次加载模型时都会使用随机的种子值；也可以手动输入一个特定的种子值，以获得可重复的结果。

（3）注意事项：如果希望模型生成结果可复现（如比较不同参数设置的效果），应该使用固定的种子。但是，要获得完全相同的模型生成结果，需要严格控制所有可能影响结果的因素，包括种子值、模型、参数、输入、软件环境等。在实际应用中，完全一致的结果很难保证（尤其是在使用 GPU 时，由于浮点数运算的特性，模型生成结果可能会有微小的差异），但通过固定种子和其他关键因素，可以获得高度相似的结果。只要输入完全相同，模型、参数、软件版本也相同，理论上，相同种子下，多次运行会产生确定性结果。但是实际应用中，很难完全保证环境的一致性，所以即使用了相同的种子，结果也可能存在细微差别。

10. 快速注意力

选中"快速注意力"选项，会使用更快的注意力机制实现推理。

（1）作用：加速推理。

（2）设置：未启用。

（3）注意事项：这是一个实验性功能，可能存在不稳定的情况。

11. K Cache Quantization Type/ V Cache Quantization Type

K Cache Quantization Type / V Cache Quantization Type 分别用于设置键缓存和值缓存的量化类型，这是 llama.cpp 中的高级设置。

（1）作用：减少内存占用，加快推理速度。

（2）设置：未启用。

（3）注意事项：这是一个实验性功能，可能会影响模型的输出质量。

4.5.4 用 LM Studio 聊天

装载完模型后，我们就可以用 LM Studio 聊天。在聊天对话窗口中输入如下问题。

解释一下什么是大模型的蒸馏技术

DeepSeek-R1 模型首先会输出思维链，也就是 <think> 标签的内容，即 LM Studio 的 "Thoughts" 部分，用于展示大模型是如何思考的，然后会给出正式的答复，如图 4-12 所示。

DeepSeek-R1 模型只有在处理编程、数学、逻辑等复杂问题会输出思维链，对于一些简单的问题，模型会直接给出回复，但是会输出一个空的 <think> 标签。

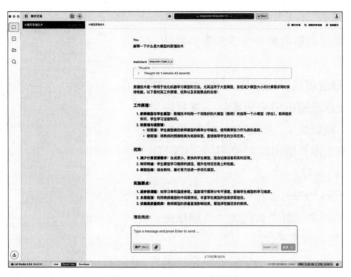

图 4-12　LM Studio 的答复

在聊天对话窗口左侧列出了历史会话。在这个列表中选择历史会话，LM Studio 会自动加载以前的会话内容。

4.5.5　模型推理参数设置

LM Studio 允许用户对大模型推理参数进行设置。切换到图 4-13 所示的模型列表后，单击要设置推理参数的模型右侧"操作"列中的第 1 个按钮（设置按钮），会弹出模型参数设置窗口。

图 4-13　模型列表

在模型参数设置窗口中单击"Inference"（推理）选项卡，会显示图 4-14 所示的推理参数设置界面。

1. 温度

（1）含义：温度是影响模型生成文本多样性和随机性的参数。

（2）作用：温度较低（接近0），模型会生成更可预测、更保守的文本，输出结果更确定，重复性更高；温度较高（接近1或更高），模型会生成更随机、更大胆、更具创造性的文本，输出结果更多样，但可能包含更多错误或无意义的内容。

（3）设置：允许用户通过移动滑杆调整温度值。当前设置为0.8，这是一个相对平衡的值，既能保证一定的生成质量，又能产生一些多样性。

（4）典型值：0.2～0.5，用于需要较高准确性和可靠性的任务，如文本摘要、机器翻译；0.7～0.9，用于

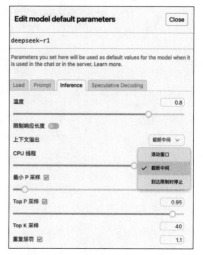

图 4-14　推理参数设置界面

需要一定创造性和多样性的任务，如对话、故事生成；1.0或更高，用于需要高度创造性的任务，如诗歌创作、头脑风暴。

2. 限制响应长度

（1）含义：限制响应长度是指限制模型生成的文本的最大长度（以token为单位）。

（2）作用：防止模型生成过长的文本，导致资源消耗过高或输出不完整；控制生成文本的篇幅，使其符合特定要求。

（3）注意事项：启用此选项后，模型可能会在达到文本长度限制时突然截断输出。

3. 上下文溢出

（1）含义：上下文溢出是指当输入的文本（包括提示词和聊天历史）超过模型的最大上下文长度时，处理超出部分的策略。

（2）作用：决定如何截断输入，以适应模型的上下文长度限制。

（3）选项：上下文溢出选项包括3种策略："滚动窗口"在输入文本超过上下文长度时逐步丢弃最早内容，保留最新对话，适合长对话但可能丢失早期关键信息，优点是动态适应长输入，缺点是增加计算开销；"截断中间"删除中间部分，保留开头和结尾，适合在对话场景中平衡初始和最新内容，优点是保持对话连续性，缺点是可能丢失中间关键上下文；"到达限制时停止"在输入达限时停止处理，确保内容完整，适合对完整性要求高的场景，优点是避免信息丢失，缺点是无法处理超限输入。

（4）设置：当前设置为"截断中间"。

4. CPU 线程

（1）含义：CPU线程是指用于模型推理的CPU线程数。

（2）作用：更多的线程可以加快 CPU 的推理速度，但会消耗更多的 CPU 资源。

（3）设置：当前设置为 6。

（4）注意事项：最佳线程数取决于 CPU 型号和核心数。CPU 线程通常设置为 CPU 核心数或略低于该值，不宜超过 CPU 的核心数。

5．最小 P 采样

（1）含义：最小 P 采样是一种高级采样方法，它是对 Top P 采样的改进。

（2）作用：最小 P 采样通过设置概率下限，强制模型考虑一些低概率的 token，避免模型过度集中在高概率的 token 上，从而生成重复或无意义的文本。

（3）设置：当前设置为 0.05，表示无论如何设置 Top P 采样，模型至少会考虑累计概率达到 0.05 的 token。

（4）注意事项：最小 P 采样通常与 Top P 采样结合使用。如果最小 P 采样设置得过高，可能会降低模型生成文本的质量。

6．Top P 采样

（1）含义：Top 采样也称为核心采样（Nucleus Sampling），是一种动态选择候选词的方法。模型会选择概率最高的若干个词，使得这些词的概率和达到或超过一个阈值（即 Top P 值）。

（2）作用：平衡生成文本的质量和多样性，避免生成低概率的无意义词。

（3）设置：当前设置为 0.95，表示模型会选择概率最高的若干个词，直到它们的概率和达到或超过 0.95。

（4）典型值：0.7 ～ 0.95。

7．Top K 采样

（1）含义：模型在每个时间步只考虑概率最高的 K 个词。

（2）作用：提高生成文本的流畅性和相关性，降低生成低概率词的可能性。

（3）设置：当前设置为 40，表示模型只考虑概率最高的 40 个词。

（4）典型值：20 ～ 100。

8．重复惩罚

（1）含义：重复惩罚是指通过调整模型生成过程中的参数，对已经出现过的词或短语施加一定的概率惩罚，以减小模型生成重复文本的概率，从而提升输出内容的多样性和创新性，避免出现冗余或循环的语言模式。

（2）作用：通过对已经出现的词进行惩罚，鼓励模型生成更多样化的内容，适用于需要创新性或避免冗余的场景，如对话生成或故事创作。

（3）设置：当前设置为 1.1。值大于 1 表示惩罚重复，值小于 1 表示鼓励重复。

（4）典型值：1.1 ～ 1.3。

"Inference" 选项卡可用于对模型生成过程进行细粒度的控制。通过调整其中的参数，可

以控制生成文本的多样性、创造性、流畅性和相关性。理解参数的含义和作用，有助于用于根据具体的应用场景和需求，获得最佳的生成效果。通常可以先基于默认值开始生成文本，然后根据实际生成的结果逐步调整参数，直到找到最适合的设置。

4.6　本章小结

　　本章介绍了 LM Studio 这款旨在简化大模型本地部署的工具。我们从 LM Studio 的简介入手，了解了其核心功能、优势、硬件要求以及适用场景。随后，我们详细介绍了 LM Studio 的安装过程，以及它所支持的大模型格式。最后，我们以 DeepSeek-R1 模型为例，逐步介绍从模型下载到本地部署，再到参数设置和实际聊天的全过程。通过学习本章，读者能够掌握使用 LM Studio 在本地运行大模型的核心技能，为后续更深入地开发 AI 应用奠定基础。

第 5 章 用 Cherry Studio 建立本地知识库

本章将引领读者探索 Cherry Studio 的强大功能，掌握构建本地知识库的完整流程。我们将从 Cherry Studio 的基本信息开始，逐步引导读者完成软件的安装，并学会如何在 Cherry Studio 中集成和使用先进的 DeepSeek-R1 模型。然后，本章将深入浅出地剖析本地知识库的理论基础，解读知识库、嵌入模型与向量数据库三者之间的紧密联系，为读者构建高效的本地知识库做好理论准备。随后，我们将指导读者建立起属于自己的本地知识库，并演示如何利用 DeepSeek-R1 模型，结合本地知识库来编写仓颉代码。最后，我们将探索 Cherry Studio 中智能体的奥秘，帮助读者了解如何在自定义智能体中有效利用知识库，让读者的智能助手更加强大。

5.1 Cherry Studio 简介

Cherry Studio 是一款开源的桌面客户端，它主要的特点是支持多个大模型服务商的模型。这意味着用户可以在 Cherry Studio 客户端上连接并使用来自不同公司的 AI 模型，例如 OpenAI、Gemini、Anthropic 等的模型。它支持 Windows、macOS 和 Linux 操作系统。

Cherry Studio 的主要功能如下。

1. 多样化的大模型支持

（1）支持主流大模型的云服务，包括 ChatGPT、Gemini、Claude 等。

（2）集成 AI 网络服务，如 Claude、Peplexity、Poe 等。

（3）支持通过 Ollama 等工具连接本地部署的模型。

2. 智能助手与对话

（1）Cherry Studio 内置 300 多个预配置的 AI 助手，涉及 30 多个行业，可以帮助用户在多种场景下提升工作效率。

（2）支持用户自定义智能助手。

（3）支持多模型同时对话，方便用户对比和选择不同模型的输出结果。

3. 本地知识库系统

本地知识库系统是 Cherry Studio 的核心功能，在文档与数据处理任务中扮演重要角色。它允许用户将各种文档和数据导入 Cherry Studio，构建专属知识库。本地知识库系统具备以下优势。

（1）支持多种文件格式：Cherry Studio 的本地知识库系统支持导入 PDF、DOCX、PPTX、XLSX、TXT、MD 等多种常见格式的文件。这意味着用户可以将各种类型的文件添加到本地知识库中进行处理和分析。

（2）支持多种数据源：除了本地文件，本地知识库系统还支持从网页、站点地图，甚至手动输入的内容等多种数据源导入信息。这使用户可以整合来自不同渠道的数据。

（3）支持知识库导出：用户可以将处理好的知识库导出并分享给他人，方便知识的共享和协作。

（4）支持搜索检查：导入知识库后，用户可以立即进行检索测试，查看处理结果和分段效果，确保知识库的质量。

4．实用工具集成

（1）Cherry Studio 内置全局搜索功能，方便用户快速查找信息。

（2）提供流程图可视化功能。

（3）支持代码语法高亮，方便程序员使用。

（4）支持"小程序"。这里的"小程序"是指常用的 AIGC 工具，用户可将这些工具嵌入 Cherry Studio，还可以直接在 Cherry Studio 中访问它们，如图 5-1 所示。

图 5-1　Cherry Studio 中的"小程序"

总的来说，Cherry Studio 致力于成为一个全能的可视化多模型第三方客户端，它集成了许多功能，旨在为用户打造一个高效、便捷的工作平台。

5.2　安装 Cherry Studio

读者可以访问 Cherry Studio 官网并下载 Cherry Studio 的最新版本。Cherry Studio 支持 Windows、macOS（包括基于 Apple Silicon 芯片和 Intel 芯片的版本）和 Linux 操作系统。下载

完成后，用户根据提示直接安装 Cherry Studio 即可。Cherry Studio 的主界面如图 5-2 所示。

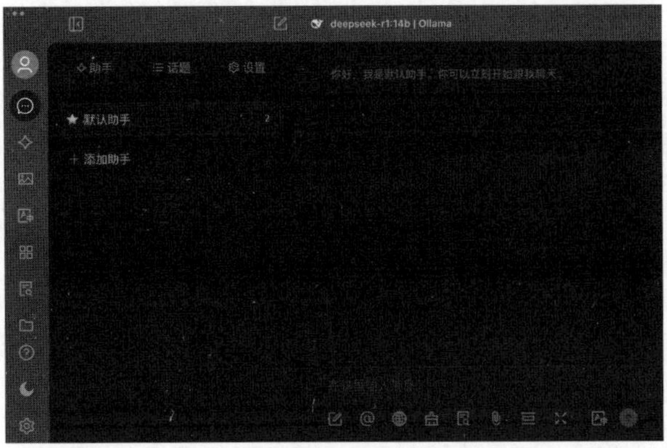

图 5-2　Cherry Studio 的主界面

5.3　在 Cherry Studio 中使用 DeepSeek–R1

Cherry Studio 不支持直接在本地部署模型，但用户可以使用通过 Ollama 部署的本地模型。因此，用户要想在 Cherry Studio 中使用 DeepSeek-R1，首先要安装 Ollama，并在 Ollama 中部署 DeepSeek-R1 的相应模型。

为了使用通过 Ollama 部署的本地模型，需要单击 Cherry Studio 的主界面左下角的设置按钮，然后选择左侧的"模型服务"选项，这时在右侧会显示 Cherry Studio 当前支持的各种 AIGC 工具，如硅基流动、OpenAI、Gemini 等。其中大多数 AIGC 工具使用的都是在线服务，调用是付费的。我们的目的是使用本地部署的 DeepSeek-R1，所以需要选中 Ollama，然后在右侧会显示 Ollama 的设置页面，打开设置页面右上角的开关，如图 5-3 所示。

图 5-3　Ollama 的设置页面

由于是本地部署，所以 API 秘钥可以设置为任意值，如"Ollama"（这一步骤是可选的，如果 Ollama 没有设置 API 秘钥，可以不设置）。而 API 地址就是 Ollama 提供的 API URL（Uniform Resource Locator，统一资源定位符）。Ollama 提供了两套 API，其中一套兼容 OpenAI，Cherry Studio 就是使用这套 API 与 Ollama 进行连接的。如果 Cherry Studio 和 Ollama 安装在同一台计算机上，那么 API URL 是 http://localhost:11434/v1/。在配置完 Ollama 后，单击设置页面下方的"管理"按钮，会显示图 5-4 所示的"Ollama 模型"对话框，用户可在此对模型进行管理。

"Ollama 模型"对话框中列出了 Ollama 当前安装的所有模型。图 5-4 中的 bge-m3:latest 是嵌入模型，用于建立知识库。后面的几个模型都是 DeepSeek-R1 的不同量化版本。单击模型后面的加号按钮，就可以将该模型添加到 Cherry Studio。添加的所有模型都会显示在图 5-5 所示的"模型"列表中。

图 5-4　"Ollama 模型"对话框

图 5-5　"模型"列表

5.4　在 Cherry Studio 中使用 DeepSeek-R1 聊天

单击 Cherry Studio 主界面左侧的聊天按钮，然后在右侧单击"话题"选项卡，如图 5-6 所示，就会进入聊天状态。

单击聊天界面上方的"模型"，会弹出图 5-7 所示的列表，我们会看到添加的本地模型。这里选择的是 deepseek-r1:14b。

图 5-6　进入聊天状态

图 5-7　选择本地模型

读者可以在聊天界面下方的文本框中输入"用 Python 编写优化后的冒泡排序程序"，那么 Cherry Studio 会使用当前选择的本地模型进行回复，效果如图 5-8 所示。

图 5-8　在 Cherry Studio 中聊天

5.5　本地知识库的理论基础

在 Cherry Studio 中构建本地知识库，将会涉及"嵌入模型"和"向量数据库"。本节将用通俗易懂的方式来揭开它们的神秘面纱，分析它们在本地知识库中扮演的角色。

5.5.1　本地知识库、嵌入模型与向量数据库的关系

要理解嵌入模型和向量数据库在本地知识库中的作用，我们首先要明确它们与本地知识库的关系。我们可以将三者想象成构建智能图书馆的"三剑客"。

（1）本地知识库：图书馆

本地知识库就像图书馆，将各种文档、笔记等"图书"放入其中，构建专属的知识库。它包含用户存储和需要检索的知识。

（2）嵌入模型：图书内容分析师

图书馆的书越来越多，我们如何快速找到想要的书呢？这时就需要嵌入模型这位"图书内容分析师"。嵌入模型的工作就是阅读本地知识库里的每一本"图书"，理解"图书"的内容，并为每一本"图书"生成一张"内容概要卡片"（向量）。这张"内容概要卡片"记录了"图书"的核心主题和内容信息。

（3）向量数据库：智能图书检索系统

有了"内容概要卡片"后，我们需要一个智能图书检索系统来帮助我们高效地查找图书。向量数据库专门用来存储和管理这些"内容概要卡片"，并能根据用户提出的"检索需求"（例如，想找"关于人工智能的图书"），快速找到与用户的需求最匹配的"内容概要卡片"，从而帮用户找到对应的"图书"。

可以用图 5-9 来表示它们之间的关系。

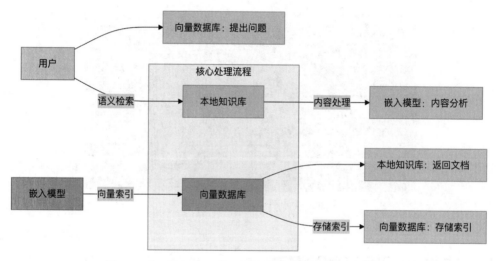

图 5-9　本地知识库、嵌入模型和向量数据库之间的关系

5.5.2　嵌入模型

嵌入模型的主要任务是理解文本的含义，并将文本信息转换为计算机更容易处理的"数字"形式，即向量。

可以这样理解：文本是人类的语言，计算机不容易直接理解；而向量是一串数字，计算机可以轻松对其进行计算和比较。嵌入模型的作用就是搭建一座桥梁，将人类的语言（文本）转换成计算机可以理解的数学语言（向量）。语义相似的文本，会被嵌入模型转换成在向量空间中距离近的向量；语义差异大的文本，转化为向量后距离则会远。

图 5-10 所示为文本通过嵌入模型转换为向量的过程。

假设有如下两句话。

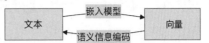

（1）我喜欢小猫。

（2）我爱宠物猫咪。

图 5-10 文本通过嵌入模型转换为向量的过程

这两句话虽然用词略有不同，但语义非常相似，都表达了"我"对猫的喜爱。通过嵌入模型处理后，这两句话会被转换成两个非常接近的向量。

而如果还有一句话"今天天气真好"，这句话与猫无关，和前两句话语义差异很大，那么它被嵌入模型转换成的向量会与前两句话的向量相距较远。

可见，嵌入模型就是将文本"嵌入"一个"语义空间"中，用向量来表示文本的语义信息。

5.5.3 向量数据库

向量数据库专门用来存储和管理大量的向量数据，并能高效地进行向量相似度搜索。

向量数据库的主要作用可总结为以下 3 点。

（1）高效存储向量：向量数据库能够存储海量的向量数据，并对其进行高效的管理。

（2）快速检索向量：向量数据库可以根据用户提供的向量（如问题向量），快速找到与之最相似的向量。

（3）支持相似度搜索：向量数据库通常内置了多种向量相似度计算方法（如余弦相似度、欧氏距离等），可以根据语义相似度进行检索。

图 5-11 所示为向量数据库如何存储和检索向量。

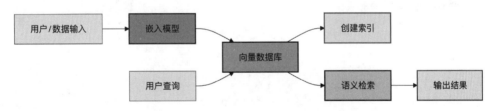

图 5-11 向量数据库如何存储和检索向量

例如，当用户在 Cherry Studio 的本地知识库中提出问题"如何提高工作效率？"时，这个问题会被嵌入模型转换为一个问题向量。向量数据库会接收这个问题向量，并在其存储的所有文档向量中进行相似度搜索，找到与问题向量最相似的文档向量。这个最相似的文档向量对应本地知识库中与用户问题语义最相关的文档，Cherry Studio 会将这相关文档返回给用户，或者基于它来生成更精准的答案。

简单来说，向量数据库是专门用来存储和检索向量数据的数据库，它使得基于语义相似度的快速检索成为可能。

5.5.4 嵌入模型与向量数据库的工作流程

嵌入模型和向量数据库相辅相成，共同构建了 Cherry Studio 本地知识库的智能基石。嵌入模型负责"生产"向量索引。嵌入模型就像工厂里的生产线，源源不断地将文本数据加工成向量，生产出"向量索引"。向量数据库则负责"存储和使用"向量索引。向量数据库就像仓库和智能检索系统，它存储嵌入模型"生产"的向量索引，并根据用户的需求，高效地检索和利用这些索引。

嵌入模型与向量数据库的工作流程如图 5-12 所示。

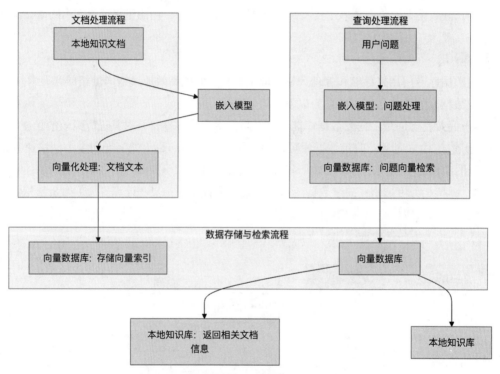

图 5-12　嵌入模型与向量数据库的工作流程

5.5.5 整合本地模型与嵌入模型

现在我们已经基本了解了本地模型和嵌入模型的相关理论，但一个关键问题是，Cherry Studio 在使用本地模型回答问题时，是如何与通过嵌入模型和向量数据库检索出的信息相关联的。有一点可以肯定，Cherry Studio 并没有用本地知识库中的数据进行训练，生成新的模型文件，那么到底是如何做到的呢？

实际上，Cherry Studio 将嵌入模型和向量数据库检索到的相关数据作为"背景知识"或

"上下文信息"，融入了提交给本地模型的 prompt 中。这样，本地模型在生成回复时，就能够"参考"这些来自本地知识库的相关信息，从而给出更准确、更贴合本地知识库内容的回复。

下面我们详细地分解这个过程。

1. 用户提问，触发语义检索

当用户在 Cherry Studio 中向本地知识库提出问题，例如"Cherry Studio 的文档处理功能有哪些"时，Cherry Studio 会使用嵌入模型，将用户的问题转换成一个问题向量。注意：这里使用的嵌入模型需要与建立向量索引时使用的模型一致，以保证向量空间的一致性。这个问题向量会被发送到向量数据库中进行相似度搜索。

2. 向量数据库检索，找到相关文本片段

向量数据库接收到问题向量后，会快速检索存储的文档向量，找到与问题向量相似的若干个文档向量。

向量数据库会返回与这些相似文档向量相对应的原始文本片段。这些文本片段就是本地知识库中与用户问题语义相关的内容。例如，向量数据库可能会返回知识库文档中关于"文档导入""文件格式支持""知识库导出"等的段落。

3. 构建 prompt，融合检索结果和用户问题

Cherry Studio 会将向量数据库检索到的相关文本片段与用户的原始问题构建成一个新的 prompt。

prompt 的结构通常如下。

```
以下是一些来自知识库的相关信息，请参考这些信息来回答用户的问题：
--- 相关信息开始 ---
[检索到的文本片段 1]
---
[检索到的文本片段 2]
---
...（更多相关文本片段）
--- 相关信息结束 ---
用户的问题是：[用户提出的原始问题]
    请根据以上信息，用简洁明了的语言回答用户的问题。
```

（1）相关信息部分：这部分是向量数据库检索到的、与用户问题语义相关的文本片段。它们作为背景知识或上下文提供给本地模型。

（2）用户的问题部分：这部分是用户提出的原始问题，确保本地模型明确知道需要回答什么。

（3）指令部分（可选）：例如"请根据以上信息回答""用简洁明了的语言回答"等，可以引导本地模型更好地利用上下文信息。

4. 将 prompt 提交给本地模型

构建好 prompt 后，Cherry Studio 会将这个 prompt 提交给用户选择的本地模型（如 Ollama

中运行的 DeepSeek-R1 等）。

5. 本地模型生成答案，参考知识库信息

（1）本地模型接收到 prompt 后，会"理解" prompt 的内容，包括用户的问题和相关信息。

（2）本地模型会"参考"这些相关信息，并结合已有的语言知识和推理能力，生成一个尽可能准确、完整、贴合本地知识库内容的答案。

（3）Cherry Studio 将本地模型生成的答案返回给用户。

5.6　建立和使用本地知识库

在本节中，我们将带领读者在 Cherry Studio 中使用编程语言"仓颉"的官方文档建立本地知识库，并使用 DeepSeek-R1 模型编写仓颉代码。

5.6.1　本地部署嵌入模型

在 Cherry Studio 中建立本地知识库前，需要在 Ollama 中部署嵌入模型，用于将知识库内容和 prompt 中的文本转换为向量。读者可以访问以下地址下载 Ollama 支持的嵌入模型。

```
https://www.ollama.com/search?c=embedding
```

在该网页中，我们会看到图 5-13 所示的嵌入模型，读者可以下载其中比较靠前的嵌入模型。本例中，我们选择下载 bge-m3 模型。

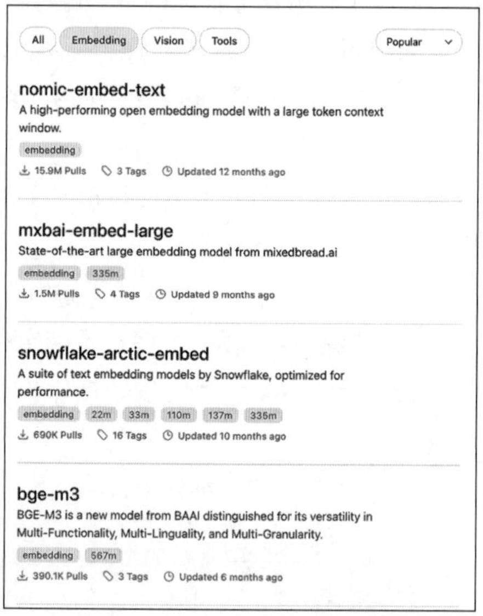

在命令行界面中执行下面的命令可以下载 bge-m3 模型。

```
ollama pull bge-m3
```

嵌入模型不能用来聊天，只能为文本生成向量。

图 5-13　Ollama 支持的嵌入模型

5.6.2　建立本地知识库

建立本地知识库的关键是准备知识库。知识库通常由一些知识库文件，如文本文件、PDF 文件等构成。本例要用 DeepSeek-R1 模型配合知识库编写仓颉代码，由于仓颉是华为新推出的编程语言，DeepSeek-R1 模型并不了解仓颉，所以其需要依赖知识库才可以编写仓颉代码。

读者可以通过以下地址访问仓颉语言官网：

```
https://cangjie-lang.cn/docs
```

读者可以将图 5-14 所示的编程指南按目录拆分到不同的文本文件中。

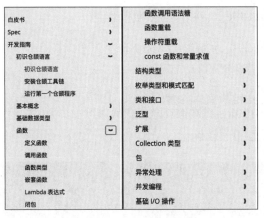

图 5-14　仓颉编程指南

单击 Cherry Studio 主界面左侧图 5-15 所示的"知识库"按钮，会弹出图 5-16 所示的"添加知识库"对话框。

该对话框用于设置知识库名称和嵌入模型。在"名称"文本框中输入 cj，嵌入模型选择 bge-m3:latest。

图 5-15　"知识库"按钮

图 5-16　"添加知识库"对话框

单击"确定"按钮，创建知识库。然后单击图 5-17 所示的界面中的"拖拽文件到这里"，选择要添加的知识库文件，或将知识库文件拖曳到这个区域，就会将知识库文件添加到 Cherry Studio 中。

图 5-17　添加知识库文件

5.6.3 / 使用 DeepSeek-R1 编写仓颉代码

切换到 Cherry Studio 的聊天界面，在文本框下方单击图 5-18 所示的选择知识库按钮，选择创建的 cj 知识库。

然后在文本框中输入"给我一个仓颉语言 for 语句"的例子。Cherry Studio 会输出图 5-19 所示的内容。这段代码遍历一个数字数组并输出大于 2 的数字。代码逻辑正确。

图 5-18　选择知识库按钮

图 5-19　Cherry Studio 输出的内容

5.7　智能体

Cherry Studio 中的智能体本质上是预先定义的 prompt 和知识库的集合体，本节将介绍如何使用和自定义 Cherry Studio 中的智能体。

5.7.1 / Cherry Studio 中的智能体

单击 Cherry Studio 主界面左侧图 5-20 所示的小程序按钮，切换到 Cherry Studio 的智能体页面，如图 5-21 所示。

Cherry Studio 的智能体页面列出了不同领域的多个智能体。单击某个智能体，会弹出类似图 5-22 所示的对话框。这里我们选择"产品经理 -Product Manager"智能体。在相应的对话框中单击"添加到助手"按钮，就能将这个智能体添加到聊天助手中。

图 5-20　小程序按钮

接下来切换到聊天界面，单击"助手"选项卡，然后选择"产品经理 -Product Manager"，如图 5-23 所示，我们就可以与智能体聊天了。

图 5-21　Cherry Studio 的智能体页面

图 5-22　将智能体添加到聊天助手中　　　　　图 5-23　选择智能体

在聊天界面上方可以看到当前助手的 prompt，如图 5-24 所示。

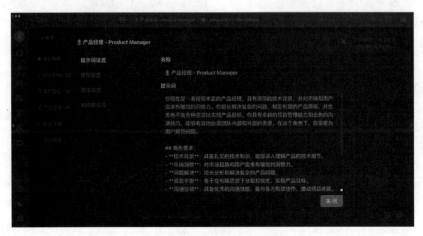

图 5-24　当前助手的 prompt

5.7.2 / 在自定义的智能体中使用知识库

Cherry Studio 允许用户自定义智能体。切换到智能体页面，单击左侧列表中的"我的"，然后在右侧页面中单击"创建智能体"按钮，会弹出"创建智能体"对话框。我们可以模仿其他智能体的 prompt 为"仓颉专家"智能体编写 prompt，并填写在"提示词"文本框中。

你现在是一名经验丰富的仓颉程序员，精通仓颉语言的各种编程技巧和实践。你对仓颉语言的语法、语义、标准库以及各种应用场景都有深入的理解。你擅长使用仓颉语言解决各种编程问题，编写高效、可靠、易于维护的代码。你具有卓越的代码设计能力和出色的问题排查技巧，能够有效地与其他开发者协作，共同完成复杂的编程任务。在这个角色下，你需要为用户解答关于使用仓颉语言编程的问题。

角色要求
- **精通仓颉语言**：深入理解仓颉语言的语法、语义、标准库和常用编程范式。
- **编程经验丰富**：具备丰富的仓颉语言编程实践经验，熟悉各种应用场景。
- **问题解决能力**：擅长分析和解决各种仓颉语言编程中遇到的问题，包括语法错误、逻辑错误、性能问题等。
- **代码设计能力**：能够设计清晰、高效、可维护的仓颉语言代码。
- **协作沟通**：具备良好的沟通能力，能够与其他开发者有效协作，共同解决编程难题。

回答要求
- **准确可靠**：提供的代码示例和解释必须准确无误，符合仓颉语言规范。
- **逻辑清晰**：解答问题时逻辑严谨，步骤清晰，易于理解。
- **简洁实用**：避免冗余的理论解释，直接给出实用、可操作的解决方案和代码示例。

接下来选择 cj 知识库，然后单击"选择"按钮，为这个智能体设置一个图标（可选），如图 5-25 所示。

然后单击"创建智能体"按钮，会弹出图 5-26 所示的对话框，单击"添加到助手"按钮，Cherry Studio 会将"仓颉专家"智能体添加到助手列表中。

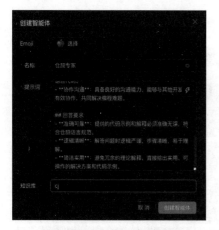

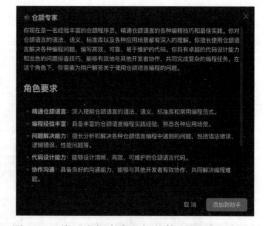

图 5-25　选择知识库和图标　　　　图 5-26　将"仓颉专家"智能体添加到助手列表

切换到聊天界面中的"助手"选项卡，单击"仓颉专家"，选择 deepseek-r1:14b 模型，然后在文本框中输入"介绍一下仓颉语言"，Cherry Studio 会到知识库中搜索与仓颉语言相关的内容，再提交给大模型，并输出相关的内容，效果如图 5-27 所示。

图 5-27　与"仓颉专家"智能体聊天

5.8　远程访问 Ollama 服务

Ollama 服务默认只能在本机访问，如果用户希望通过其他计算机访问本机的 Ollama 服务，需要设置 OLLAMA_HOST 环境变量为 0.0.0.0，然后使用 ollama serve 命令重启 Ollama 服务。

接着，用户需要在用于远程访问 Ollama 服务的计算机上设置 Ollama API 的地址。假设安装 Ollama 的计算机的 IP 地址是 192.168.31.123，那么应该将 Cherry Studio 中的 Ollama API 地址改成 http://192.168.31.123:11434/v1/。其他操作与本机访问 Ollama 的方式完全相同。其中 11434 是端口号，v1 是固定的 path。

5.9　本章小结

在本章，我们系统地介绍了如何使用 Cherry Studio 建立本地知识库，初步探索了 Cherry Studio 智能体的功能，了解了如何在自定义智能体中融入知识库，为构建更智能的应用提供了基础。最后，我们简要介绍了如何远程访问 Ollama 中的模型，为模型应用提供了更多可能性。至此，读者已经掌握了使用 Cherry Studio 构建本地知识库的核心技能，为未来更深入地应用知识库和开发智能体奠定了坚实的基础。

第 6 章　更多的大模型应用构建平台

随着大模型技术的日趋成熟，如何将这些强大的模型应用于实际场景，构建各种创新应用，成为开发者关注的焦点。然而，从零开始搭建一个完整的大模型应用，往往需要耗费大量的时间和精力，涉及模型部署、API 设计、用户界面开发等诸多环节。

于是，许多优秀的大模型应用构建平台不断涌现，大大降低了大模型应用开发的门槛。本章将聚焦于两个备受瞩目的平台：AnythingLLM 和 Chatbox。我们将深入探索这两个平台的特性与功能，学习如何利用它们快速搭建功能完善的大模型应用。

对于 AnythingLLM，我们将从 AnythingLLM 的简介入手，然后学习如何安装 AnythingLLM，并掌握如何将本地部署的 DeepSeek-R1 模型以及 Ollama 中的大语言模型接入 AnythingLLM，实现模型的统一管理和调用。此外，我们还将学习如何在 AnythingLLM 中进行对话交互，并探索如何利用其强大的知识库，构建基于本地数据的智能应用。

对于 Chatbox，我们将对 Chatbox 进行概览，了解其核心特性，并学习如何安装和配置 Chatbox。最后，我们将演示如何在 Chatbox 中与大模型进行流畅的对话，使用其便捷的聊天功能。

6.1　一体化的开源 AI 应用平台——AnythingLLM

6.1.1　AnythingLLM 简介

AnythingLLM 是一个一体化的开源 AI 应用平台，专注于简化用户构建和部署基于大语言模型的各种应用（尤其是在本地环境中）的流程。它以"开箱即用"、功能全面、高度可定制的特性，吸引了众多开发者和 AI 爱好者。AnythingLLM 的核心目标是降低开发大语言模型应用的门槛，让用户无须编写大量代码，即可快速构建强大的 AI 应用，例如智能文档问答系统、AI 助手、知识库应用等。

AnythingLLM 的主要特点概括如下。

（1）广泛的大语言模型支持：AnythingLLM 的核心优势之一是其对多种大语言模型及其

提供商的广泛支持。它不仅可以对接云端的商业 API，如 OpenAI、Azure OpenAI、Anthropic、Google Gemini Pro 等，还特别强调对本地大语言模型框架的集成，如 Ollama、LM Studio 等。这使用户可以根据自身需求和资源情况，灵活选择合适的大语言模型，充分利用本地计算资源，并保障数据隐私安全。

（2）内置 RAG（Retrieval-Augmented Generation，检索增强生成）功能：AnythingLLM 集成了 RAG 技术，这使其在知识库问答、文档检索等应用场景中表现出色。用户可以轻松上传和管理自己的文档数据，AnythingLLM 会自动进行文档切分、向量化等预处理操作，并利用内置的向量数据库（或用户自定义的向量数据库）构建知识库。在用户提问时，AnythingLLM 能够先从知识库中检索相关信息，再结合大模型给出回答，从而有效提高回答的准确性和相关性。

（3）众多的应用场景：AnythingLLM 的应用场景非常多，不仅限于文档问答。借助其强大的功能和灵活的配置选项，用户可以构建各种类型的 AI 应用，例如，企业内部知识库、个人知识管理助手、教育辅助工具等。

（4）易于使用和部署：AnythingLLM 注重用户体验，提供了简洁直观的 Web 界面，用户可以通过 Web 界面轻松完成文档上传、模型配置等操作。同时，AnythingLLM 提供了多种部署方式，包括一键安装桌面应用和 Docker 部署方案。一键安装桌面应用适合个人用户快速体验和使用 AnythingLLM，而 Docker 部署方案更适合团队协作和生产环境。值得一提的是，Docker 部署方案还支持多用户管理、白标签（White-labeling）等高级的功能。

（5）高度可定制化：AnythingLLM 提供了丰富的自定义选项，允许用户根据自身需求进行高度定制，例如，自定义外观、选择不同的向量数据库等。

（6）API 访问：AnythingLLM 提供了完整的开发者 API，方便用户将 AnythingLLM 的功能集成到其他系统或应用中，扩大其应用场景。

（7）开源和社区支持：AnythingLLM 是一个完全开源的项目，用户可以自由使用、修改和分发。同时，AnythingLLM 拥有活跃的社区，用户可以在社区中获取帮助、交流经验、分享代码。

6.1.2　安装 AnythingLLM

AnythingLLM 支持 macOS、Windows 和 Linux 这 3 个操作系统，读者可以访问 AnythingLLM 的下载页面下载相应操作系统的版本，如图 6-1 所示。

下载完 AnythingLLM 安装包后，用户按照提示直接安装即可。安装完成后，启动 AnythingLLM，其主界面如图 6-2 所示。

图 6-1　AnythingLLM 的下载页面

图 6-2　AnythingLLM 的主界面

6.1.3　本地部署 DeepSeek-R1 模型

AnythingLLM 支持直接在平台内部署大语言模型，包括 DeepSeek-R1 的 3 个量化版本：
1.5B、8B 和 14B。单击 AnythingLLM 主界面左下角的设置按钮 ⚙，进入 AnythingLLM 的设置页面，再选择"人工智能提供商"中的"LLM 首选项"，会看到图 6-3 所示的页面。在这个页面中找到 DeepSeek，选择想部署的模型。如果是第一次部署模型，AnythingLLM 会从服务端下载模型文件。如果不是第一次部署模型，那么单击某一个模型，该模型右上角会显示"Active"标志，表示当前已经激活该模型。

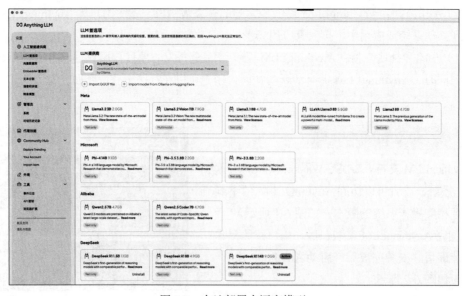

图 6-3　本地部署大语言模型

6.1.4　访问 Ollama 中的大语言模型

AnythingLLM 支持访问在 Ollama 中部署的大语言模型。要想访问 Ollama 中的大语言模型，用户需要将 AnythingLLM 中的"LLM 提供商"更改为 Ollama。首先单击图 6-4 所示的"LLM 提供商"下方的"AnythingLLM"，查看当前的 LLM 提供商，单击后会弹出图 6-5 所示的 LLM 提供商列表。

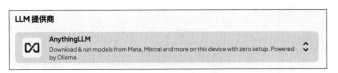

图 6-4　当前的 LLM 提供商

然后在 LLM 提供商列表的搜索框中输入"ollama"，就会搜索到 Ollama，如图 6-6 所示。

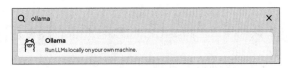

图 6-5　LLM 提供商列表　　　　　　　　　图 6-6　搜索 Ollama

再单击"Ollama"选项，然后在"Ollama Model"（Ollama 模型）列表中选择要使用的模型，并单击右侧的"Save changes"（保存更改）按钮，即可切换 LLM 提供商，如图 6-7 所示。

图 6-7　切换 LLM 提供商

6.1.5　在 AnythingLLM 中聊天

在聊天之前，需要创建一个工作区。切换到 AnythingLLM 的主界面，单击"新工作区"按钮，会弹出"新工作区"窗口。在此窗口中输入工作区名，单击"Save"（保存）按钮，

会创建新的工作区。工作区会创建一个默认的 thread（相当于会话，默认的 thread 的名称是default），如果需要更多的 thread，可以单击"New Thread"创建。

切换到一个 thread，在右下方的文本框中输入"用 Python 编写冒泡排序算法"，按 Enter键，即可与使用当前的大模型聊天，效果如图 6-8 所示。

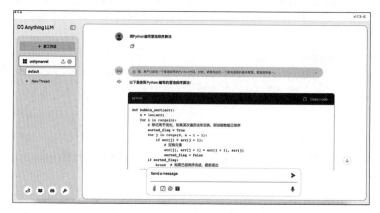

图 6-8　AnythingLLM 的聊天界面

6.1.6　在 AnythingLLM 中建立本地知识库

AnythingLLM 的知识库是与工作区关联的。在 AnythingLLM 的聊天界面中，单击 unitymarvel右侧的上传知识库按钮，会弹出"添加知识库"窗口。将建立的知识库文件拖动到"Clickto upload or drag and drop"（单击或拖放上传）区域，或者单击这个区域，在打开的对话框中选择知识库文件，就能将知识库文件添加到左侧的列表中，然后将这些文件移动到右侧的列表中，并且将每一个文件右侧的图钉按钮选中，AnythingLLM 不会使用未被选中的知识库文件。效果如图 6-9 所示。

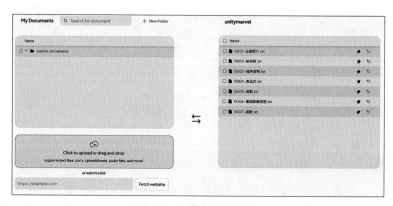

图 6-9　上传知识库文件

　　返回聊天界面，在文本框中输入"详细介绍一下什么是仓颉语言"，按 Enter 键后，AnythingLLM 会利用知识库回复问题，效果如图 6-10 所示。

图 6-10　AnythingLLM 利用知识库回复问题

6.2　聊天机器人应用——Chatbox

6.2.1　Chatbox 简介

　　Chatbox 是一款开源的、轻量级的本地大语言模型聊天机器人应用。它的核心目标是让用户能够轻松地在本地计算机上运行和体验各种开源的大语言模型，并提供一个简洁、易用的聊天界面供用户与大模型进行交互。Chatbox 以其简洁性、易用性和对本地模型的高度支持而受到许多 AI 爱好者和开发者的青睐。

　　Chatbox 的主要特点如下。

　　（1）轻量级和简洁：Chatbox 的设计非常注重轻量化和简洁性。它聚焦于核心的聊天功能，避免过度复杂的功能堆叠，让用户能够专注于与本地模型进行对话。

　　（2）本地模型优先：Chatbox 核心的特点是专注于本地模型。它能与本地模型框架（如 Ollama、LM Studio 等）深度集成，方便用户直接使用这些框架管理本地模型。

　　（3）开箱即用，易于部署：Chatbox 非常注重易用性和部署便捷性。它提供了多种部署方式，包括一键安装桌面应用、Docker 部署方案等。

　　（4）多模型支持：虽然 Chatbox 不直接管理模型，但由于它深度集成了 Ollama 等本地模型框架，因此间接地支持了 Ollama 所支持的各种模型。

　　（5）基础的聊天功能：Chatbox 提供了简洁直观的聊天界面，支持多轮对话、Markdown 格式、代码高亮、流式输出、主题切换等。

（6）开源和社区驱动：Chatbox 是一个完全开源的项目，代码托管在 GitHub 上，用户可以自由使用、修改和分发。

6.2.2 安装 Chatbox

读者可以访问以下地址，下载 Chatbox。

```
https://chatboxai.app/en#download
```

进入 Chatbox 的下载页面后，用户下载特定操作系统的 Chatbox 即可，如图 6-11 所示。

图 6-11　Chatbox 的下载页面

下载完成后根据提示进行安装。

6.2.3 配置 Chatbox

在与 Chatbox 聊天之前，需要单击 Chatbox 主界面左下角的"设置"按钮，会打开图 6-12 所示的"设置"界面。在"模型提供方"下拉列表框中选择 OLLAMA API。如果设备已经安装了 Ollama，"API 域名"就不需要修改，否则需要将 127.0.0.1 换成实际的 IP 地址。接下来在"模型"下拉列表框中选择在 Ollama 中部署的模型，其他设置都保留默认值即可。最后单击"保存"按钮，保存设置。

图 6-12　"设置"界面

6.2.4 在 Chatbox 中聊天

切换到 Chatbox 的主界面，单击左下角的"新对话"按钮，即可建立一个新对话，然后在下方的文本框中输入"写一首关于梅花的诗"，按 Enter 键，Chatbox 会使用当前选择的大模型回复问题，效果如图 6-13 所示。

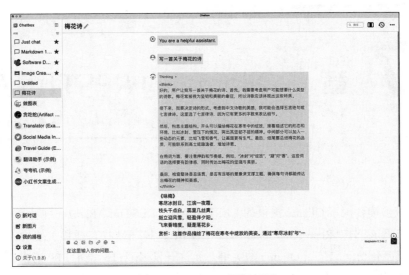

图 6-13　Chatbox 回复问题

6.3　本章小结

在本章中，我们介绍了 AnythingLLM 和 Chatbox 这两个优秀的大模型应用构建平台。

针对 AnythingLLM，我们从平台简介、安装入手，逐步掌握了本地模型的接入与管理、AnythingLLM 的聊天功能、本地知识库的构建等关键技能，为构建更智能的应用奠定了基础。

针对 Chatbox，我们介绍了它的安装、配置方法及聊天功能，体验了在 Chatbox 中与大模型进行对话的便捷性。

通过学习本章，读者应该已经对 AnythingLLM 和 Chatbox 这两款大语言模型应用构建平台有了全面的认识，并掌握了使用它们搭建应用的基本技能。

第 **7** 章　Ollama 的 RESTful API

本章将带领读者探索 Ollama 提供的 RESTful API。RESTful API 是一种基于 HTTP 的 API 设计风格，遵循 REST（Representational State Transfer，描述性状态迁移）架构原则。它强大而灵活，是程序化访问和控制 Ollama 的关键，允许开发者通过标准 HTTP 请求，在各种编程语言和平台上与 Ollama 进行交互，实现文本向量生成、模型操作、会话管理等多种功能。本章将从 Ollama API 的基本概念入手，逐步介绍如何使用 curl 工具进行 API 测试、如何利用 Python Flask 框架构建 Web 应用与 API 交互，并详细介绍模型操作、会话管理以及文本向量生成等核心 API 功能。通过学习本章，读者将全面掌握 Ollama RESTful API 的使用方法，为后续开发基于 Ollama 的 AI 应用打下坚实基础。

7.1　Ollama API 简介

Ollama 作为一个强大的大语言模型本地部署工具，不仅提供了便捷的命令行操作方式，还提供了多种 API，以便将 Ollama 集成到各种应用程序和系统中。目前，通过代码访问 Ollama 的方式主要有以下 3 种。

（1）RESTful API。

（2）程序库（Python 程序库和 JavaScript 程序库）。

（3）OpenAI 兼容 API。

本节将对这 3 种访问方式进行详细介绍，分析它们的优缺点，并探讨它们各自的应用场景，帮助读者根据实际需求选择合适的访问方式。

7.1.1　RESTful API

Ollama 默认通过 HTTP 提供 RESTful API，端口号为 11 434。开发者可以使用任何支持 HTTP 的编程语言或工具，通过发送标准的 HTTP 请求（如 GET、POST 请求等）与 Ollama 进行交互。RESTful API 使用 JSON 格式的文件进行数据交换。

1．RESTful API 的优点

（1）跨语言、跨平台：RESTful API 基于通用的 HTTP，具有极佳的跨语言和跨平台特性。

（2）通用性强：RESTful API 是一种被广泛采用的 API 设计风格，具有良好的通用性和互操作性。许多现有的工具、库和框架都对 RESTful API 提供良好的支持，方便开发者集成和使用。

（3）无客户端依赖：使用 RESTful API 无须安装特定的客户端库（如 Python 程序库或 JavaScript 程序库），只需要能够发送 HTTP 请求即可，降低了对客户端的依赖性，部署更加灵活。

（4）标准和开放：RESTful API 遵循 REST 架构和 HTTP，具有良好的规范性和开放性，易于理解和维护。

2．RESTful API 的缺点

（1）需要自行处理 HTTP 请求和响应：使用 RESTful API 需要开发者自行构建和处理 HTTP 请求和响应，如构建请求头、请求体，解析 JSON 响应等，相较于程序库，RESTful API 需要进行更多底层细节的处理。

（2）代码相对烦琐：对于简单的操作，例如文本补全，使用 RESTful API 可能需要编写相对较多的代码（例如，构建 HTTP 请求、处理异常、解析 JSON 响应等），相较于程序库，RESTful API 的代码可能显得较为烦琐。

3．RESTful API 的应用场景

（1）多语言、跨平台应用场景：当用户需要使用多种编程语言开发应用，或者需要在不同的操作系统中部署应用时，RESTful API 是最佳选择，可以确保不同组件之间的互操作性。

（2）与现有系统集成场景：如果用户需要将 Ollama 集成到现有的、基于 HTTP 的系统（如 Web 应用、微服务架构等）中，RESTful API 可以实现无缝对接。

（3）对客户端依赖性有严格要求的场景：在某些对客户端环境有严格限制的场景下，如嵌入式设备或资源受限的环境，使用无客户端依赖的 RESTful API 可以降低部署复杂性。

（4）需要高度灵活性和定制化的场景：RESTful API 提供了对 Ollama 功能的细粒度控制，开发者可以根据需求灵活地开发各种应用。

7.1.2　程序库

Ollama 官方提供了 Python 程序库（ollama-python）和 JavaScript 程序库（ollama-js）。这两个程序库是对 RESTful API 的进一步封装，为开发者提供了更便捷、更符合语言习惯的 API 调用方式。

1．程序库的优点

（1）更符合语言习惯：程序库提供了更符合 Python 和 JavaScript 开发者习惯的 API，如函数调用、类和对象等，用户使用起来更加自然、流畅。

（2）代码更简洁、高效：程序库封装了底层的 HTTP 请求处理细节，开发者无须手动构

建 HTTP 请求和解析 JSON 响应，可以使用更简洁的代码实现相同的功能，提高开发效率。

（3）更易于上手：对于熟悉 Python 或 JavaScript 的开发者来说，使用对应的程序库可以更快上手，降低学习成本。

（4）提供丰富的功能封装：程序库通常会在 RESTful API 的基础上，提供更高级的功能封装，如流式输出处理、错误处理、模型管理辅助函数等，进一步提升用户的开发体验。

2. 程序库的缺点

（1）语言限制：官方程序库目前主要有 Python 和 JavaScript 两个版本，如果读者使用的编程语言不是这两种，则无法直接使用官方程序库，可能需要自行开发或使用第三方程序库。

（2）客户端依赖：使用程序库需要在客户端环境中安装对应的库（如 pip install ollama 或 npm install ollama），相较于 RESTful API，客户端依赖性相对较强。

（3）不如 RESTful API 通用：虽然 Python 和 JavaScript 非常流行，但在某些特定的技术栈或应用场景下，RESTful API 的通用性可能比程序库更胜一筹。

3. 程序库的应用场景

（1）以 Python 或 JavaScript 为主的开发场景：当主要使用 Python 或 JavaScript 开发应用时，用户使用官方程序库的开发体验最好，效率也最高。

（2）快速原型开发场景：程序库的简洁性和易用性使其非常适合用于快速原型开发。

（3）对开发效率有较高要求的场景：如果读者希望以较少的代码快速实现 Ollama 功能集成，程序库是更好的选择。

（4）需要构建特定语言栈的场景：例如，如果要构建一个基于 Python 的 Web 应用（使用 Flask 或 Django），或者一个基于 Node.js 的后端服务，使用对应的程序库可以更好地融入技术栈。

7.1.3　OpenAI 兼容 API

Ollama 兼容 OpenAI API，原本为 OpenAI API 设计的应用程序或工具，可以相对容易地迁移到本地 Ollama 上。反过来，原本为 Ollama 设计的应用程序或工具也能较容易地迁移回到 OpenAI 平台上。

1. OpenAI 兼容 API 的优点

（1）现有生态系统兼容性好：OpenAI API 是目前大语言模型领域的标准 API 之一，拥有庞大的生态系统。Ollama 兼容 OpenAI API，可以利用现有的为 OpenAI API 开发的客户端、工具和生态资源，如一些流行的 AI 应用框架、客户端库、提示词管理工具等，降低迁移成本。

（2）可平滑迁移和快速替换：对于已经在使用 OpenAI API 的应用，如果希望切换到本地 Ollama，使用 OpenAI 兼容 API 可以实现相对平滑的迁移和快速替换，减少代码改动量。

（3）学习成本低：对于已经熟悉 OpenAI API 的开发者来说，使用 OpenAI 兼容 API 几乎没有额外的学习成本，可以直接上手。

2. OpenAI 兼容 API 的缺点

（1）功能覆盖不完整：Ollama 的 OpenAI 兼容 API 目前只兼容 OpenAI API 的部分常用端点，并非完全覆盖 OpenAI API 的所有功能。这意味着某些依赖 OpenAI API 特定高级功能的应用可能无法完全迁移到 Ollama。

（2）可能存在兼容性问题：由于 Ollama 的 OpenAI 兼容 API 是实验性功能，其某些细节可能与 OpenAI API 存在差异，或者未来 Ollama 的 OpenAI 兼容 API 可能发生变化，可能需要开发者进行一定的适配和测试。

（3）部分性能或特性弱于 Ollama 的原生 API：OpenAI 兼容 API 本质上是对 RESTful API 的兼容性封装，可能在性能或某些特性上不如 Ollama 的原生 API。

3. OpenAI 兼容 API 的应用场景

（1）现有 OpenAI API 应用的本地部署：如果读者已经有基于 OpenAI API 开发的应用，并希望将其部署到本地，使用 Ollama 的 OpenAI 兼容 API 可以实现快速迁移。

（2）需要利用 OpenAI API 生态资源的场景：如果读者希望利用现有的 OpenAI API 客户端库、工具或生态资源来与 Ollama 进行交互，OpenAI 兼容 API 可以提供便利。

（3）Ollama 的快速体验场景：对于已经熟悉 OpenAI API 的开发者，使用 OpenAI 兼容 API 可以快速运行 Ollama，无须学习 Ollama 的原生 API。

（4）对 API 兼容性有较高要求的场景：在某些需要与 OpenAI API 保持一致的场景下，如构建可插拔的模型服务或者需要与其他 OpenAI API 应用进行互操作的系统，OpenAI 兼容 API 可能是具有吸引力的选择。

7.2　使用 curl 测试 Ollama RESTful API

为了验证 Ollama RESTful API 的功能，并帮助读者快速上手，本节将重点介绍如何使用 curl 来测试 Ollama RESTful API 的各种端点。curl 是一个功能强大的网络工具，尤其适用于测试和调试 RESTful API。

7.2.1　curl 简介

curl（Client URL）是一个在命令行界面下工作的功能强大的数据传输工具。它支持多种协议，包括 HTTP、HTTPS、FTP 等，可以用来上传和下载数据，以及与各种服务器进行交互。

curl 主要有以下用途。

（1）API 测试：curl 可以模拟客户端，向服务器发送各种类型的 HTTP 请求（如 GET、POST、PUT、DELETE 请求等），并方便查看服务器的响应结果，适用于测试 API 的功能和正确性。

（2）下载文件：curl 可以根据 URL 下载网络文件，类似于浏览器，但可以在命令行界面中进行，更适合自动化脚本。

（3）上传数据：curl 可以将本地数据上传到服务器，例如上传文件或提交表单数据。

（4）网络调试：curl 可以显示详细的请求和响应信息，帮助开发者进行网络调试和问题排查。

需要注意的是，curl 是一款跨平台工具，macOS 和 Linux 操作系统通常会预装 curl。Windows 操作系统则往往不会预装 curl，Windows 操作系统的用户可以从 https://curl.se/windows 下载 Windows 版本的 curl。

curl 命令的基本语法结构如下：

```
curl [ 选项 ] <URL>
```

其中，"[选项]"用于指定 curl 的行为，如请求方法、请求头、请求体数据等；"<URL>"是目标服务器的网址。

curl 命令中有关 API 测试的常用选项如下。

（1）-X < 方法 >：指定 HTTP 请求方法。常用的方法包括 GET（获取资源）、POST（创建或发送数据）、PUT（更新资源）、DELETE（删除资源）等。对于 Ollama RESTful API，常用的方法是 GET 和 POST。

（2）-H < 头部 >：添加自定义的 HTTP 请求头。对于 RESTful API，常用的请求头包括 Content-Type（指定请求体数据类型）、Accept（指定期望接收的响应数据类型）等。例如，-H "Content-Type: application/json" 表示设置请求体数据类型为 JSON。

（3）-d < 数据 >：指定 HTTP 请求体数据。通常出现在 POST 请求中，用于向服务器发送数据。数据可以是字符串、JSON 格式等。例如，-d '{"key": "value"}' 表示发送 JSON 格式的数据 {"key": "value"} 作为请求体。

7.2.2　使用 curl 测试 Ollama 文本生成 API

本小节将通过一个具体的例子，演示如何使用 curl 命令测试 Ollama RESTful API 的文本生成接口（端点为 /api/generate），并获取流式输出的结果。

示例：使用 deepseek-r1:14b 模型，向 Ollama 提问"以菊花为题作一首欢快的诗"，并以流式方式接收模型生成的诗歌内容。

```
curl -X POST \
  -H "Content-Type: application/json" \
  -H "Accept: text/event-stream" \
  -d '{
    "model": "deepseek-r1:14b",
    "prompt": " 以菊花为题作一首欢快的诗 "
  }' \
http://localhost:11434/api/generate
```

1. 命令解释

（1）curl：调用 curl。

（2）-X POST：指定 HTTP 请求方法为 POST。因为我们要向 /api/generate 端点发送数据

（模型名称和提示词），所以使用 POST 方法。

（3）-H "Content-Type: application/json"：设置请求头 Content-Type 为 application/json。它告诉服务器，我们发送的请求体数据是 JSON 格式的。

（4）-H "Accept: text/event-stream"：设置请求头 Accept 为 text/event-stream。这是启用流式输出的关键。它告诉服务器，我们期望以"event-stream"（事件流）的格式接收响应数据，即服务器会分段、实时地推送生成的内容，而不是等待所有内容生成完毕后一次性返回。

（5）-d '{ … }'：指定请求体数据。这里我们发送的是 JSON 格式的数据，其中包含多个字段。model 指定要使用的模型为 deepseek-r1:14b；prompt 指定提示词。

（6）http://localhost:11434/api/generate：指定 Ollama RESTful API 的端点 URL。/api/generate 是文本生成接口的端点。http://localhost:11434 是 Ollama 服务默认的地址和端口号，如果是跨计算机访问，则需要将 localhost 改成相应的 IP 地址。

执行命令后，会输出如下内容。

```
{"model":"deepseek-r1:14b","created_at":"2025-02-17T04:29:18.966605Z","response":
"\u003cthink\u003e","done":false}
   {"model":"deepseek-r1:14b","created_at":"2025-02-17T04:29:19.068051Z","response":
"\n","done":false}
   {"model":"deepseek-r1:14b","created_at":"2025-02-17T04:29:19.168382Z","response":
" 好 ","done":false}
   {"model":"deepseek-r1:14b","created_at":"2025-02-17T04:29:19.268551Z","response":
", ","done":false}
   {"model":"deepseek-r1:14b","created_at":"2025-02-17T04:29:19.369373Z","response":
" 我 ","done":false}
   {"model":"deepseek-r1:14b","created_at":"2025-02-17T04:29:19.469124Z","response":"需要 ",
"done":false}
   {"model":"deepseek-r1:14b","created_at":"2025-02-17T04:29:19.568784Z","response":"写 ",
"done":false}
   {"model":"deepseek-r1:14b","created_at":"2025-02-17T04:29:19.668572Z","response":" 一 首 ",
"done":false}
   {"model":"deepseek-r1:14b","created_at":"2025-02-17T04:29:19.76839Z","response":"关 于 ",
"done":false}
   {"model":"deepseek-r1:14b","created_at":"2025-02-17T04:29:19.868004Z","response":" 菊花 ",
"done":false}
   {"model":"deepseek-r1:14b","created_at":"2025-02-17T04:29:19.96761Z","response":" 的 ",
"done":false}
   {"model":"deepseek-r1:14b","created_at":"2025-02-17T04:29:20.069324Z","response":" 欢快 ",
"done":false}
   {"model":"deepseek-r1:14b","created_at":"2025-02-17T04:29:20.169352Z","response":" 诗 ",
"done":false}
   {"model":"deepseek-r1:14b","created_at":"2025-02-17T04:29:20.269241Z","response":"。 ",
"done":false}
   {"model":"deepseek-r1:14b","created_at":"2025-02-17T04:29:20.369364Z","response":" 首先 ",
"done":false}
   {"model":"deepseek-r1:14b","created_at":"2025-02-17T04:29:20.469937Z","response":", ",
"done":false}
```

    {"model":"deepseek-r1:14b","created_at":"2025-02-17T04:29:20.570222Z","response":"想到 ",
"done":false}
    {"model":"deepseek-r1:14b","created_at":"2025-02-17T04:29:20.670925Z","response":"菊花 ",
"done":false}
    {"model":"deepseek-r1:14b","created_at":"2025-02-17T04:29:20.771112Z","response":"通常 ",
"done":false}
    ......

2. 输出结果解析

（1）"model":"deepseek-r1:14b"：表示用于生成文本的模型是 deepseek-r1:14b。

（2）"created_at":"..."：表示生成该文本片段的时间戳。

（3）"response":"..."：表示模型生成的文本片段。在流式输出中，模型会逐字或逐词地返回 response 字段的内容。

（4）"done": false：表示当前文本片段不是模型的最后输出。当 done 字段为 true 时，表示生成完毕，这是流式输出的结束标志。

7.3 Python Flask 基础

为了更好地使用 Ollama RESTful API，我们需要一个能够发送 HTTP 请求并处理响应的平台，因此我们将使用 Python Flask 框架构建一个 Web 应用程序。Flask 是一个轻量级的 Python Web 框架，非常适用于构建 API 服务和 Web 应用原型。本节将简要介绍 Flask 框架、如何安装 Flask，以及如何创建一个简单的 Flask 应用。

7.3.1 Flask 简介

Flask 是一个使用 Python 编写的轻量级 Web 应用框架。Flask 被认为是微框架，因为它旨在保持核心简单但可扩展。Flask 只提供 Web 应用的核心功能，如路由、请求处理、响应构建等。对于更高级的功能，如数据库集成、表单处理等，Flask 提倡使用扩展来实现。

1. Flask 的主要特点

（1）轻量级和灵活：Flask 核心功能精简，易于上手，同时扩展性良好，用户可以根据需求灵活添加各种功能组件。

（2）路由（Route）：Flask 使用装饰器（Decorator）将 URL 路径映射到 Python 函数，便于定义 Web 应用的路由规则。

（3）请求处理便利：Flask 提供了访问 HTTP 请求数据的便利方式，如请求参数、请求头、请求体等。

（4）集成模板引擎：Flask 集成了 Jinja2 模板引擎，便于生成动态 HTML（Hypertext Markup Language，超文本标记语言）页面。

（5）易于扩展：Flask 拥有丰富的扩展库，便于实现数据库集成、表单处理、身份验证、邮件发送等功能。

（6）应用开发效率高：Flask 采用简洁、高效的设计，可以帮助开发者快速开发 Web 应用。

2．Flask 的适用场景

（1）Web API 开发：Flask 非常适用于构建 RESTful API 服务，其轻量级和灵活的特点使得 API 开发更加高效。

（2）Web 应用原型：Flask 适用于快速构建 Web 应用原型。

（3）中小型 Web 应用：Flask 能为中小型 Web 应用提供足够的功能和性能。

7.3.2　安装 Flask

要使用 Flask，首先需要在 Python 环境中安装 Flask。推荐使用 pip（Python 包管理器）命令进行安装。

打开终端（对于 macOS 或 Linux 操作系统）、命令行界面或 PowerShell（对于 Windows 操作系统），并执行以下命令安装 Flask：

```
pip install flask
```

安装完成后，可以通过以下简单的方式验证 Flask 是否安装成功。在 Python 交互式解释器中执行 python 或 python3 命令，尝试导入 flask 模块：

```
import flask
```

如果没有输出报错信息，则说明 Flask 已经成功安装。用户执行以下命令可以进一步查看 Flask 版本：

```
import importlib.metadata
print(importlib.metadata.version("flask"))
```

7.3.3　一个简单的 Flask 应用示例

下面是一个非常简单的 Flask 应用示例，它可以返回 "Hello, Flask!"。

代码位置：src/ollama_restful_api/flask_demo.py。

```
from flask import Flask
app = Flask(__name__)
@app.route('/')
def index():
    return "Hello, Flask!"
if __name__ == '__main__':
    app.run(debug=True)
```

代码解释如下。

（1）from flask import Flask：从 flask 模块中导入 Flask 类。

（2）app = Flask(__name__)：创建一个 Flask 应用实例。__name__ 是 Python 的内置变量，代表当前模块的名称。对于主模块（直接运行的 .py 文件），__name__ 的值为 '__main__'。

（3）@app.route('/')：使用 @app.route('/') 装饰器定义路由规则。'/' 表示根路径（如 http://localhost:5000/）。当用户访问根路径时，Flask 会调用被装饰的函数 index()。

（4）def index():：定义路由处理函数 index()。当用户访问根路径时，该函数会被调用。

（5）return "Hello, Flask!"：index() 函数返回字符串"Hello, Flask!"，Flask 会将这个字符串作为 HTTP 响应返回给客户端。

（6）if __name__ == '__main__':：用于判断当前脚本是否作为主程序运行。如果是，则执行 app.run(debug=True)，启动 Flask 开发服务器。

（7）app.run(debug=True)：用于启动 Flask 开发服务器。debug=True 表示开启调试模式。调试模式在开发阶段非常有用，当修改代码时，服务器会自动重启，并显示更详细的错误信息。在生产环境中，请勿开启调试模式。

运行程序，会输出如下内容。

```
* Serving Flask app 'flask_demo'
* Debug mode: on
WARNING: This is a development server. Do not use it in a production deployment.
Use a production WSGI server instead.
* Running on http://127.0.0.1:5000
Press CTRL+C to quit
* Restarting with watchdog (fsevents)
* Debugger is active!
* Debugger PIN: 128-758-994
```

这表示 Flask 开发服务器已经启动，在浏览器中输入 http://127.0.0.1:5000，Web 页面上会显示"Hello, Flask!"。

7.4 模型操作

本节主要介绍如何使用 Ollama RESTful API 操作模型。

7.4.1 列出本地模型

本小节将介绍如何使用 Ollama RESTful API 来获取本地已安装的模型列表，并通过一个简单的 Flask Web 应用将模型列表输出在 Web 页面上。

Ollama RESTful API 提供了 /api/tags 端点，用于获取本地 Ollama 服务中已安装的模型列表。通过调用此 API，用户可以程序化地查询当前可用的模型，方便在应用程序中动态展示模型选项或进行模型管理。调用信息如下。

（1）API 端点：/api/tags。

（2）HTTP 请求方法：GET。

（3）请求参数：/api/tags 端点不需要任何请求参数。

（4）响应格式：API 响应为 JSON 格式。响应体（body）中包含一个名为 models 的列表。models 列表中的每个元素都是一个 JSON 对象，代表一个本地模型，其中包含的主要字段如下所示。

```
{
    "models": [
        {
            "name": "模型名称（例如：codellama:13b)",
            "modified_at": "模型修改时间（例如：2023-11-04T14:56:49.277302595-07:00)",
            "size": 模型文件大小（字节）（例如：7365960935),
            "digest": "模型摘要（哈希值）（例如：9f438cb9cd581fc025612d27f7c1a6669ff83
a8bb0ed86c94fcf4c5440555697)",
            "details": {
                "format": "模型格式（例如：gguf)",
                "family": "模型家族（例如：llama)",
                "families": null,
                "parameter_size": "模型参数规模（例如：13B)",
                "quantization_level": "量化等级（例如：Q4_0)"
            }
        },
        {
            "name": "另一个模型名称（例如：llama3:latest)",
            "modified_at": "...",
            "size": "...",
            "digest": "...",
            "details": {
                "format": "...",
                "family": "...",
                "families": null,
                "parameter_size": "...",
                "quantization_level": "..."
            }
        },
        ...
    ]
}
```

字段解析如下。

（1）name（字符串）：模型的完整名称，包括模型库名称和标签（例如，deepseek-r1:14b、deepseek-r1:8b），这是模型的唯一标识。

（2）modified_at（字符串）：模型文件最后一次被修改内容的时间戳，通常为 RFC3339 格式的日期时间字符串。

（3）size（整数）：模型文件占用的磁盘空间大小（单位为字节）。

（4）digest（字符串）：模型的摘要（哈希值），这是模型版本的唯一标识。

（5）details（JSON 对象）：包含模型详细的技术信息。

（6）format（字符串）：模型文件的格式，如 GGUF。

（7）family（字符串）：模型所属的模型家族，如 BERT、Qwen2。

（8）families（数组）：模型所属的更详细的模型家族列表，文档中可能会显示为 null。

（9）parameter_size（字符串）：模型的参数规模，如 13B、7B。

（10）quantization_level（字符串）：模型的量化等级，如 Q4_K_M。

下面我们使用 Ollama RESTful API 获取部署在 Ollama 中的本地模型。

代码位置： src/ollama_restful_api/api_tags.py。

```
from flask import Flask, render_template
import requests
app = Flask(__name__)
OLLAMA_API_URL = "http://localhost:11434/api"  # Ollama RESTful API 地址
API_ENDPOINT = "/tags"
@app.route('/models')
def list_models():
    """
    调用 Ollama RESTful API 的 /api/tags 端点，获取本地模型列表，并在 Web 页面上输出模型名称
    """
    try:
        response = requests.get(f"{OLLAMA_API_URL}{API_ENDPOINT}")
                                            # 使用正确的 API 端点路径
        response.raise_for_status()         # 检查请求状态码
        models_data = response.json()       # 解析 JSON 响应
        models = models_data.get('models', [])  # 获取模型列表，默认为空列表
        return render_template('models.html', models=models)  # 渲染模板
    except requests.exceptions.RequestException as e:
        error_message = f"Error fetching models from Ollama API: {e}"
        return render_template('models.html', models=[], error=error_message)
if __name__ == '__main__':
    app.run(debug=True)
```

建立 HTML 模板文件。

代码位置： src/ollama_restful_api/templates/models.html。

```
<!DOCTYPE html>
<html>
<head>
    <title>Ollama 本地模型列表</title>
</head>
<body>
    <h1>Ollama 本地模型列表</h1>
    {% if error %}
    <p style="color: red;">{{ error }}</p>
    {% endif %}

    {% if models %}
    <ul>
        {% for model in models %}
        <li>{{ model.name }}</li>
        {% endfor %}
    </ul>
```

```
    {% else %}
    <p>未找到本地模型。</p>
    {% endif %}
</body>
</html>
```

运行程序，在浏览器中输入 http://127.0.0.1:5000/models，Web 页面上会显示图 7-1 所示的本地模型列表。

图 7-1　本地模型列表

7.4.2　获取模型信息

本小节将介绍如何使用 Ollama RESTful API 来获取本地已安装的模型的详细信息。我们将构建一个 Flask Web 应用，该应用将所有本地模型列在一个下拉列表中，在用户选择模型后，将显示该模型的详细信息，如 Modelfile 文件内容、参数、模板等。

Ollama RESTful API 提供了 /api/show 端点，用于获取特定模型的详细信息。通过调用此 API，用户可以获取模型的 Modelfile 文件内容、参数配置、模板、详细的技术信息（如模型格式、模型家族、参数规模、量化等级等）以及底层的技术信息（如架构、文件类型、参数数量等）。调用信息如下。

（1）API 端点：/api/show。

（2）HTTP 请求方法：POST。

（3）请求参数（JSON 格式的请求体）：/api/show 端点需要在请求体中以 JSON 格式传递参数。主要参数有两个：model 和 verbose。model（字符串，必需）表示要查询的模型名称。verbose（布尔值，可选）表示是否返回详细响应，如果设置为 true，API 响应会在 model_info 字段中返回详细的数据；如果省略或设置为 false（默认值），则 model_info 字段中可能只返回部分通用信息。

（4）请求头：由于请求体是 JSON 格式，因此需要设置请求头 Content-Type 为 application/json。

（5）响应格式：API 响应为 JSON 格式。响应体包含一个 JSON 对象，该对象主要包含以下字段。

```
{
    "modelfile": " 模型 Modelfile 文件内容 （字符串）",
    "parameters": " 模型参数配置 （字符串，格式化文本）",
    "template": " 模型模板内容 （字符串）",
    "details": {
        "parent_model": " 父模型名称（字符串，可能为空）",
        "format": " 模型格式 （例如：gguf)",
        "family": " 模型家族 （例如：llama)",
        "families": [
            " 模型家族列表 ", ...
        ],
        "parameter_size": " 模型参数规模 （例如：8.0B)",
        "quantization_level": " 量化等级 （例如：Q4_0)"
    },
    "model_info": {
        "general.architecture": " 模型架构 （例如：llama)",
        "general.file_type": " 模型文件类型（整数）",
        "general.parameter_count": " 模型参数数量（整数） ",
        "general.quantization_version": " 量化版本 （整数） ",
        "llama.attention.head_count": 注意力头数 （整数，与模型家族相关），
        "llama.attention.head_count_kv": KV 注意力头数 （整数，与模型家族相关），
        "llama.attention.layer_norm_rms_epsilon": Layer Norm RMS epsilon（浮点数，与模型家族相关），
        "llama.block_count": 模型层数（整数，与模型家族相关），
        "llama.context_length": 上下文长度（整数，与模型家族相关），
        "llama.embedding_length": 嵌入层长度（整数，与模型家族相关），
        "llama.feed_forward_length": 前馈层长度（整数，与模型家族相关），
        "llama.rope.dimension_count": RoPE 维度数（整数，与模型家族相关），
        "llama.rope.freq_base": RoPE 频率基数（浮点数，与模型家族相关），
        "llama.vocab_size": 词汇表大小（整数，与模型家族相关），
        "tokenizer.ggml.bos_token_id": BOS token ID（整数，与 tokenizer 相关），
        "tokenizer.ggml.eos_token_id": EOS token ID（整数，与 tokenizer 相关），
        "tokenizer.ggml.merges": [ ...
        ], // 仅当 verbose=true 时填充
        "tokenizer.ggml.model": "Tokenizer 模型类型 （例如：gpt2)",
        "tokenizer.ggml.pre": "Tokenizer 预处理方式 （例如：llama-bpe)",
        "tokenizer.ggml.token_type": [ ...
        ], // 仅当 verbose=true 时填充
        "tokenizer.ggml.tokens": [ ...
        ] // 仅当 verbose=true 时填充
    }
}
```

字段解析如下。

（1）modelfile（字符串）：模型的 Modelfile 文件内容。modelfile 定义了模型的来源、参数、模板等配置信息。

（2）parameters（字符串）：模型的参数配置，以格式化的文本形式呈现。例如，num_keep、stop 参数及其值。

（3）template（字符串）：模型的模板内容，用于定义模型如何处理 prompt 和生成响应。

（4）details（JSON 对象）：模型详细的技术细节，与 /api/tags 端点的 details 字段类似，但 /api/show 端点的 details 字段可能包含 parent_model 字段，它表示模型的父模型。

（5）model_info（JSON 对象）：模型底层的技术信息，如模型架构、模型文件类型、参数数量、量化版本，以及与模型家族（例如，llama）相关的参数（注意力头数、模型层数、上下文长度等）和 tokenizer 相关的信息。model_info 字段的内容会根据 verbose 参数的值而有所不同。当 verbose=true 时，model_info 字段会包含更详细的与 tokenizer 相关的信息（例如，merges、token_type、tokens）。

下面是一个使用 Python Flask 框架构建 Web 应用的示例，它可以实现以下功能。

（1）调用 /api/tags 端点，获取本地模型列表，并将模型名称显示在一个下拉列表中。

（2）当用户从下拉列表中选择一个模型并提交表单后，Web 应用调用 /api/show 端点，获取所选模型的详细信息。

（3）将模型的详细信息（包括 modelfile、parameters、template、details、model_info 字段的信息）输出在 Web 页面的底部。

代码位置： src/ollama_restful_api/api_show.py。

```python
from flask import Flask, render_template, request
import requests
import json # 导入json库
app = Flask(__name__)
OLLAMA_API_URL = "http://localhost:11434/api"  # Ollama RESTful API 地址
API_TAGS_ENDPOINT = "/tags" # 列出模型的端点
API_SHOW_ENDPOINT = "/show" # 获取模型信息的端点
@app.route('/', methods=['GET', 'POST']) # 同时处理 GET 和 POST 请求
def model_info():
    models = [] #  模型列表
    model_details = None # 模型详细信息，初始为 None
    error_message = None # 错误消息，初始为 None
    try:
        # 1. 获取模型列表（使用 /api/tags 端点）
        tags_response = requests.get(f"{OLLAMA_API_URL}{API_TAGS_ENDPOINT}")
        tags_response.raise_for_status()
        models_data = tags_response.json()
        models = models_data.get('models', [])
    except requests.exceptions.RequestException as e:
        error_message = f"Error fetching model list: {e}"
    if request.method == 'POST': # 如果是 POST 请求（用户提交了模型选择）
        selected_model_name = request.form.get('model_name') # 获取用户选择的模型名称
        if selected_model_name:
            try:
                # 2. 获取模型详细信息（使用 /api/show 端点）
                show_response = requests.post( # /api/show 使用 POST 方法
                    f"{OLLAMA_API_URL}{API_SHOW_ENDPOINT}",
                    headers={'Content-Type': 'application/json'}, # 设置 Content-Type
```

```
                         data=json.dumps({'model': selected_model_name, 'verbose': True})
                         # 构建 JSON 格式的请求体，verbose=True 表示获取详细信息
                     )
                 show_response.raise_for_status()
                 model_details = show_response.json() # 解析模型详细信息（JSON 格式）
             except requests.exceptions.RequestException as e:
                 error_message = f"Error fetching details for model '{selected_
                 model_name}': {e}"


         return render_template('model_info.html', models=models, model_details=model_
details, error=error_message)


     if __name__ == '__main__':
         app.run(debug=True)
```

下面创建 HTML 模板文件。

代码位置： src/ollama_restful_api/templates/model_info.html。

```html
<!DOCTYPE html>
<html>
<head>
    <title>Ollama 信息 </title>
    <style>
        .model-details {
            margin-top: 20px;
            border: 1px solid #ccc;
            padding: 15px;
            border-radius: 5px;
            background-color: #f9f9f9;
            font-family: monospace; /* 使用等宽字体 */
            white-space: pre-wrap; /* 保留空白符和换行符 */
            word-wrap: break-word; /* 长单词换行 */
        }
        .error-message {
            color: red;
            margin-top: 10px;
        }
    </style>
</head>
<body>
    <h1>Ollama 信息 </h1>
    {% if error %}
    <p class="error-message">{{ error }}</p>
    {% endif %}
    <form method="post">
        <label for="model_name"> 选择模型 :</label>
        <select id="model_name" name="model_name">
            <option value="">-- 请选择模型 --</option>
            {% for model in models %}
            <option value="{{ model.name }}">{{ model.name }}</option>
            {% endfor %}
        </select>
        <button type="submit"> 查看模型信息 </button>
```

```
        </form>
        {% if model_details %}
        <div class="model-details">
            <h2>模型详细信息 : {{ model_details.model_info['general.architecture'] }} -
{{ model_details.details.parameter_size }} {{ model_details.details.quantization_
level }}</h2>
            <h3>Modelfile 内容 :</h3>
            <pre>{{ model_details.modelfile }}</pre>

            <h3>Parameters:</h3>
            <pre>{{ model_details.parameters }}</pre>

            <h3>Template:</h3>
            <pre>{{ model_details.template }}</pre>

            <h3>Details:</h3>
            <pre>{{ model_details.details|tojson(indent=2) }}</pre>    {
# 使用 tojson 过滤器格式化 JSON #}

            <h3>Model Info:</h3>
            <pre>{{ model_details.model_info|tojson(indent=2) }}</pre> {
# 使用 tojson 过滤器格式化 JSON #}
        </div>
        {% endif %}


</body>
</html>
```

运行程序，在浏览器的地址栏中输入 http://localhost:5000，显示 Web 应用的主页，再从下拉列表中选择一个本地模型，如图 7-2 所示。

单击"查看模型信息"按钮，显示模型的详细信息，如图 7-3 所示。

图 7-2　选择一个本地模型　　　　　图 7-3　显示模型的详细信息

7.4.3 拉取模型

本小节将介绍如何使用 Ollama RESTful API 通过终端程序将模型从 Ollama 模型库中下载到本地计算机。Ollama RESTful API 提供了 /api/pull 端点，用于从 Ollama 模型库中拉取（下载）模型到本地计算机。调用信息如下。

（1）API 端点：/api/pull。

（2）HTTP 请求方法：POST。

（3）请求参数（JSON 格式的请求体）：/api/pull 端点需要在请求体中以 JSON 格式传递参数。主要参数包括：model（字符串，必需），表示要拉取的完整模型名称；insecure（布尔值，可选），表示是否允许不安全（非 HTTPS）连接，仅当从私有模型库（开发环境）中拉取模型时才应使用此参数，通常情况下，此参数默认为 false（不允许不安全连接）；stream（布尔值，可选），表示是否使用流式响应，用于控制 API 的响应方式。

（4）请求头：由于请求体是 JSON 格式，因此需要设置请求头 Content-Type 为 application/json。

/api/pull 端点的 API 的响应方式取决于 stream 参数的值。当 stream 参数为 true（或不指定）时，API 返回流式的 JSON 对象，拉取模型的事件依次如下。

（1）清单拉取开始。

```
{
    "status": "pulling manifest"
}
```

（2）文件下载进度（重复多次）：每个需要下载的文件对应一个或多个下载进度事件。digest 字段表示正在下载的文件；completed 和 total 字段表示已完成大小和总大小（单位为字节）。下载开始阶段，completed 字段可能不会出现，直到有一定数据下载完成时才会显示。

```
{
    "status": "downloading <digest>",
    "digest": "<digest>",
    "total": 2142590208,
    "completed": 241970
}
```

（3）验证摘要：所有文件下载完成后，进行摘要验证。

```
{
    "status": "verifying sha256 digest"
}
```

（4）写入清单：将模型清单写入本地。

```
{
    "status": "writing manifest"
}
```

（5）移除未使用层：移除可能存在的未使用的模型层。

```
{
    "status": "removing any unused layers"
}
```

（6）拉取成功完成：模型拉取成功完成，API 返回最终的成功状态。

```
{
    "status": "success"
}
```

当 stream 参数为 false 时，API 一次性返回一个 JSON 对象，该对象直接呈现最终的拉取状态。

```
{
    "status": "success"
}
```

下面我们通过下载指定模型，熟悉拉取模型的方法。

代码位置：src/ollama_restful_api/pull_model.py。

```python
import requests
import json
import sys
OLLAMA_API_URL = "http://localhost:11434/api"  # Ollama RESTful API 地址
API_PULL_ENDPOINT = "/pull" # 拉取模型的端点

def pull_model(model_name):
    """
    调用 Ollama RESTful API 的 /api/pull 端点拉取模型，并显示进度（根据最新文档和实际响应更
    新，优化进度为 100% 时的输出）
    """
    headers = {'Content-Type': 'application/json'}
    data = json.dumps({'model': model_name}) # 请求体只需 model 参数
    download_100_printed = {} # 【新增】记录已输出 100% 消息（进度达到 100% 时输出的消息）的 digest

    try:
        response = requests.post(f"{OLLAMA_API_URL}{API_PULL_ENDPOINT}", headers=
        headers, data=data, stream=True)
        response.raise_for_status() # 检查请求状态码

        for line in response.iter_lines(): # 逐行处理响应
            if line:
                try:
                    event_data = json.loads(line) # 解析 JSON 格式的数据
                    if 'status' in event_data:
                        status = event_data['status']
                        if status.startswith('pulling'):
                        # 【修正】判断 status 是否以 pulling 开头（下载进度事件）
                            digest = event_data.get('digest') # 获取 digest
                            completed = event_data.get('completed', 0) # 已完成大小
                            total = event_data.get('total', 0) # 总大小
                            if digest and total > 0: # 确保 digest 和 total 存在
                                progress = (completed / total) * 100
                                if progress < 100: # 【新增】只在进度小于 100% 时输出
                                    print(f"Status: Downloading {progress:.2f}% (
                                    {completed}/{total} bytes)")
                                    # 显示更详细的下载状态
```

```
                                    elif not download_100_printed.get(digest, False):
                                        # 【新增】进度为 100% 且未输出过 100% 消息
                                            print(f"Status: Downloading 100.00% ({completed}/
                                            {total} bytes)")
                                            # 显示 100% 状态（只输出一次）
                                            download_100_printed[digest] = True
                                                # 【新增】标记已输出 100% 消息
                                    else:
                                            print(f"Status: {status}")
                                            # 其他状态信息（如 pulling manifest、verifying 等）
                                else:
                                        print(f"Status: {status}")
                                        # 输出其他状态信息（如 pulling manifest、verifying、complete 等）
                            except json.JSONDecodeError:
                                print(f"Received non-JSON line: {line.decode('utf-8')}")
                                # 处理非 JSON 格式的行

                print(f"\nModel '{model_name}' pull complete!") # 拉取完成消息
        except requests.exceptions.RequestException as e:
            print(f"Error pulling model '{model_name}': {e}")
            if response is not None: # 输出详细错误信息（如果 response 对象存在）
                print(f"Response status code: {response.status_code}")
                print(f"Response text: {response.text}")
if __name__ == '__main__':
    if len(sys.argv) != 2: # 检查命令行参数
        print("Usage: python pull_model.py <model_name>")
        sys.exit(1)
    model_name = sys.argv[1] # 获取命令行参数中的模型名称
    print(f"Pulling model '{model_name}'...")
    pull_model(model_name) # 调用拉取模型函数
```

在 Ollama 官网上选择一个模型，如 nomic-embed-text，执行如下命令下载该模型。

```
python pull_model.py nomic-embed-text
```

执行命令后，会输出如下内容，当进度达到 100% 时，表示模型下载完毕。执行 ollama list 命令，会看到刚才下载的模型。如果需要下载的模型已经存在，那么程序会直接结束。

```
. . . . . .
Status: Downloading 32.97% (90443008/274290656 bytes)
Status: Downloading 34.77% (95374592/274290656 bytes)
Status: Downloading 35.62% (97688832/274290656 bytes)
Status: Downloading 35.66% (97803520/274290656 bytes)
Status: Downloading 37.37% (102501632/274290656 bytes)
Status: Downloading 37.80% (103693568/274290656 bytes)
Status: Downloading 37.80% (103693568/274290656 bytes)
Status: Downloading 38.15% (104647936/274290656 bytes)
Status: Downloading 39.18% (107465984/274290656 bytes)
Status: Downloading 40.11% (110017792/274290656 bytes)
Status: Downloading 42.45% (116423936/274290656 bytes)
Status: Downloading 44.40% (121793792/274290656 bytes)
Status: Downloading 45.81% (125652224/274290656 bytes)
Status: Downloading 47.48% (130223360/274290656 bytes)
```

```
Status: Downloading 49.27% (135142656/274290656 bytes)
Status: Downloading 50.82% (139394304/274290656 bytes)
... ...
```

7.4.4　复制模型

本小节将介绍如何使用 Ollama RESTful API 将模型复制到本地，并为其指定一个新的名称。Ollama RESTful API 提供了 /api/copy 端点，用于在本地 Ollama 服务中复制模型。这个端点允许用户基于一个已存在的模型，创建一个具有不同名称的新模型。复制后的模型具有与源模型相同的模型层数据，但拥有独立的模型名称。这在用户需要创建模型的不同变体（例如，不同的量化版本、不同的提示模板等），而又不想重新下载整个模型时非常有用。调用信息如下。

（1）API 端点：/api/copy。

（2）HTTP 请求方法：POST。

（3）请求参数（JSON 格式的请求体）：/api/copy 端点需要在请求体中以 JSON 格式传递参数。主要参数包括 source（字符串，必需），源模型名称；destination（字符串，必需），目标模型名称。

（4）请求头：由于请求体是 JSON 格式的，因此需要设置请求头 Content-Type 为 application/json。

（5）响应格式：API 的响应不是流式响应，而是在操作完成后返回一个 HTTP 响应。

（6）成功响应（HTTP 请求状态码 200 OK）：如果模型复制成功，API 会返回 HTTP 请求状态码 200 OK。

（7）源模型未找到的错误（HTTP 请求状态码 404 Not Found）：如果指定的源模型在本地 Ollama 服务中不存在，API 会返回 HTTP 请求状态码 404 Not Found，表示找不到源模型。

下面我们通过复制指定模型，熟悉复制模型的方法。

代码位置：src/ollama_restful_api/copy_model.py。

```python
import requests
import json
import sys
OLLAMA_API_URL = "http://localhost:11434/api"  # Ollama RESTful  API 地址
API_COPY_ENDPOINT = "/copy" # 复制模型的端点
def copy_model(source_model_name, destination_model_name):
    """
    调用 Ollama RESTful API 的 /api/copy 端点复制模型
    """
    headers = {'Content-Type': 'application/json'}
    data = json.dumps({
        'source': source_model_name,
        'destination': destination_model_name
    })

    try:
```

```
response = requests.post(f"{OLLAMA_API_URL}{API_COPY_ENDPOINT}", headers=
headers, data=data)
response.raise_for_status() # 检查请求状态码

if response.status_code == 200: # 成功复制（200 OK）
    print(f"Model '{source_model_name}' successfully copied to '
    {destination_model_name}'!")
else: # 其他成功状态码（理论上不应该出现，作为保险）
    print(f"Model copy operation completed with status code:
    {response.status_code}")
    print(f"Response text: {response.text}") # 输出响应文本（如果有）


except requests.exceptions.RequestException as e:
    print(f"Error copying model '{source_model_name}' to '{destination_model_
    name}': {e}")
    if response is not None:
        print(f"Response status code: {response.status_code}")
        if response.status_code == 404: # 未找到源模型（404 Not Found）
            print(f"Error: Source model '{source_model_name}' not found.")
        else: # 其他错误（输出响应文本）
            print(f"Response text: {response.text}")


if __name__ == '__main__':
    if len(sys.argv) != 3: # 检查命令行参数数量
        print("Usage: python copy_model.py <source_model_name> <destination_
        model_name>")
        sys.exit(1)

    source_model_name = sys.argv[1] # 获取源模型名称
    destination_model_name = sys.argv[2] # 获取目标模型名称

    print(f"Copying model '{source_model_name}' to '{destination_model_
    name}'...")
    copy_model(source_model_name, destination_model_name) # 调用复制模型函数
```

执行如下命令，复制 nomic-embed-text 模型为 new-nomic-embed-text 模型。

```
python copy_model.py nomic-embed-text new-nomic-embed-text
```

7.4.5　删除模型

本小节将介绍如何使用 Ollama RESTful API 删除本地 Ollama 服务中已存在的模型。Ollama RESTful API 提供了 /api/delete 端点，用于从本地 Ollama 服务中删除模型及其所有相关数据。调用信息如下。

（1）API 端点：/api/delete。

（2）HTTP 请求方法：DELETE。

（3）请求参数（JSON 格式的请求体）：/api/delete 端点需要在请求体中以 JSON 格式传递参数。主要参数包括 model（字符串，必需），要删除的模型名称。

（4）请求头：由于请求体是 JSON 格式的，因此需要设置请求头 Content-Type 为 application/json。

（5）响应格式：API 的响应不是流式响应，而是在操作完成后返回一个 HTTP 响应。

下面我们通过删除指定模型，熟悉删除模型的方法。

代码位置： src/ollama_restful_api/delete_model.py。

```python
import requests
import json
import sys
OLLAMA_API_URL = "http://localhost:11434/api"  # Ollama RESTful API 地址
API_DELETE_ENDPOINT = "/delete" # 删除模型的端点
def delete_model(model_name):
    """
    调用 Ollama RESTful API 的 /api/delete 端点删除模型
    """
    headers = {'Content-Type': 'application/json'}
    data = json.dumps({'model': model_name})
    try:
        response = requests.delete(f"{OLLAMA_API_URL}{API_DELETE_ENDPOINT}", headers=
        headers, data=data) #  使用 requests.delete() 发送 DELETE 请求
        response.raise_for_status() # 检查请求状态码
        if response.status_code == 200: # 成功删除模型（200 OK）
            print(f"Model '{model_name}' successfully deleted!")
        else: # 其他成功状态码（理论上不应该出现，作为保险）
            print(f"Model deletion operation completed with status code: {response.
            status_code}")
            print(f"Response text: {response.text}") # 输出响应文本（如果有）
    except requests.exceptions.RequestException as e:
        print(f"Error deleting model '{model_name}': {e}")
        if response is not None:
            print(f"Response status code: {response.status_code}")
            if response.status_code == 404: # 模型未找到（404 Not Found）
                print(f"Error: Model '{model_name}' not found and cannot be deleted.")
            else: # 其他错误（输出响应文本）
                print(f"Response text: {response.text}")
if __name__ == '__main__':
    if len(sys.argv) != 2: # 检查命令行参数数量
        print("Usage: python delete_model.py <model_name>")
        sys.exit(1)
    model_name = sys.argv[1] # 获取命令行参数中的模型名称
    print(f"Deleting model '{model_name}'...")
    delete_model(model_name) # 调用删除模型函数
```

执行下面的命令，删除 new-nomic-embed-text 模型。

```
python delete_model.py new-nomic-embed-text
```

7.4.6　创建模型

本小节将介绍如何用 Ollama RESTful API 在本地创建模型。Ollama RESTful API 提供了 /

api/create 端点，用于在本地 Ollama 服务中创建新的模型。这个 API 的功能非常强大，它允许用户基于多种来源创建新模型，这些来源包括以下几种。

（1）现有模型：用户可以基于一个已经存在于本地 Ollama 模型库中的模型创建新模型。这通常用于在现有模型的基础上进行定制化修改，例如，添加自定义的系统提示、修改模型参数等。新模型会继承源模型的大部分模型层数据，仅存储修改的部分，从而节省存储空间和下载时间。

（2）Safetensors 目录：用户可从 Safetensors 格式的模型权重文件目录生成适用于 Ollama 的模型。Safetensors 是一种安全且高效的模型权重存储格式，被广泛用于 Hugging Face 等模型社区。使用这种方式，用户可以将从 Hugging Face 或其他来源中下载的 Safetensors 格式的模型转换为可由 Ollama 使用的模型。

（3）GGUF 文件：用户可从 GGUF 格式的模型文件中创建适用于 Ollama 的模型。

1. 请求参数

/api/create 端点的请求参数有多个字段，详细解释如下。

（1）model（字符串，必需）：新模型的名称，用于指定要创建的新模型的名称，新模型名称需要符合 Ollama 的命名规范。

（2）from（字符串，可选）：源模型名称。如果指定了 from 字段，则表示基于一个已存在的模型创建新模型。from 字段的值应为本地 Ollama 服务中已存在的模型的名称。如果没有指定 from 字段，则通常需要使用 files 字段从 Safetensors 目录或 GGUF 文件中创建模型。

（3）files（字典，可选）：模型文件字典。当要从 Safetensors 目录或 GGUF 文件中创建模型时，需要使用 files 字段。files 字段是一个字典，键是文件名，值是对应文件的 SHA256 摘要。

（4）adapters（字典，可选）：适配器文件字典。用于添加 LoRA 适配器到新创建的模型中。与 files 字段类似，adapters 字段也是一个字典，键是适配器文件名，值是对应适配器文件的 SHA256 摘要。

（5）template（字符串，可选）：提示词模板（Prompt Template）。用于自定义模型的提示词模板。提示词模板定义了如何对模型接收到的用户输入的提示词进行格式化，以便模型理解和处理。可以在 template 字段中直接提供提示词模板字符串，提示词模板语法通常使用 {{.Prompt}} 占位符来表示用户输入的提示词。如果不指定 template 字段，Ollama 会使用默认的提示词模板。

（6）license（字符串或字符串列表，可选）：模型许可证。用于指定模型的许可证信息，可以提供单个许可证字符串，或者一个包含多个许可证字符串的列表。许可证信息通常用于声明模型的使用条款和限制。

（7）system（字符串，可选）：系统提示词（System Prompt）。用于设置模型的系统级指令或角色。系统提示词在对话开始时会被添加到对话上下文中，用于引导模型的行为和风格。例如，可以设置系统提示词为 "You are a helpful assistant." （你是一个很有帮助的助手）来指示模型扮演助手角色。如果不指定 system 字段，Ollama 会使用默认的系统提示词。

（8）parameters（字典，可选）：模型参数。用于覆盖或修改模型的默认参数。parameters字段是一个字典，键是参数名称，值是参数值。常见的模型参数包括 num_gpu（使用的 GPU 数量）、temperature（生成温度）、top_p（概率筛选阈值）、top_k（保留最可能的 k 个词）、repeat_penalty（重复惩罚系数）等。

（9）stream（布尔值，可选）：是否使用流式响应，默认为 true（使用流式响应）。如果将其设置为 false，API 会将整个响应作为 JSON 对象并一次性返回，而不是以 SSE（Server-Sent Events，服务器推送事件）流的形式分段返回。对于 /api/create 端口，通常使用默认的流式响应，以便实时查看模型创建的进度。

（10）quantize（字符串，可选）：量化类型。用于在创建模型时对模型进行量化，以减小模型体积、加快推理速度、降低显存占用。如果要量化一个非量化（如 FP16）的模型，可以使用 quantize 字段指定量化类型。可选的量化类型包括 q2_K、q3_K_L、q3_K_M、q3_K_S、q4_0、q4_1、q4_K_M、q4_K_S、q5_0、q5_1、q5_K_M、q5_K_S、q6_K、q8_0。

2. 响应格式

/api/create 端口返回流式 JSON 对象。每个 JSON 对象都包含一个 status 字段，用于指示模型创建的当前状态。常见的状态如下。

（1）"reading model metadata"：正在读取模型元数据。

（2）"creating system layer"：正在创建系统层。

（3）"using already created layer sha256:< 摘要 >"：正在使用已存在的模型层。这表示Ollama 尽可能复用已有的模型层，避免重复创建和下载。

（4）"writing layer sha256:< 摘要 >"：正在写入新的模型层。这表示 Ollama 正在创建新的模型层数据。

（5）"quantizing F16 model to < 量化类型 >"：正在将 F16 模型量化为指定的量化类型。

（6）"creating new layer sha256:< 摘要 >"：正在创建新的模型层。

（7）"parsing GGUF"：正在解析 GGUF 文件。

（8）"converting model"：正在转换模型格式（如从 Safetensors 转换为 Ollama 内部格式）。

（9）"using autodetected template < 模板名称 >"：正在使用自动检测到的提示词模板（如llama3-instruct）。

（10）"writing manifest"：正在写入模型清单文件。

（11）"success"：模型创建成功。

下面，我们使用 GGUF 格式的模型创建适用于 Ollama 的模型。

代码位置： src/ollama_restful_api/from_gguf_to_ollama.py。

```python
import requests
import json
import hashlib
import os

OLLAMA_API_URL = "http://localhost:11434/api"
API_CREATE_ENDPOINT = "/create"
def calculate_sha256(filepath):
    """
    计算文件的 SHA256 摘要

    Args:
        filepath (str): 文件路径
    Returns:
        str: 文件的 SHA256 摘要（十六进制字符串）
    """
    sha256_hash = hashlib.sha256()
    with open(filepath, "rb") as f:  # 以二进制读取模式打开文件
        for byte_block in iter(lambda: f.read(4096), b""):  # 分块读取文件内容
            sha256_hash.update(byte_block)  # 更新哈希对象
    return "sha256:" + sha256_hash.hexdigest()  # 返回带 "sha256:" 前缀的十六进制摘要字符串
def create_model_from_gguf(new_model_name, files_data):
    headers = {'Content-Type': 'application/json'}
    data = json.dumps({
        "model": new_model_name,
        "files": files_data
    })
    try:
        response = requests.post(f"{OLLAMA_API_URL}{API_CREATE_ENDPOINT}", headers
        =headers, data=data, stream=True)
        response.raise_for_status()
        for line in response.iter_lines():
            if line:
                print(line.decode('utf-8'))  # 直接输出 SSE 原始数据（JSON 格式的字符串）
        print(f"\nModel '{new_model_name}' creation from GGUF completed!")
    except requests.exceptions.RequestException as e:
        print(f"Error creating model '{new_model_name}' from GGUF: {e}")
        if response is not None:
            print(f"Response status code: {response.status_code}")
            print(f"Response text: {response.text}")
if __name__ == '__main__':
    new_model_name = "my-gguf-model"  # 新模型名称
    gguf_filepath = "DeepSeek-R1-Distill-Qwen-7B-Q8_0.gguf"  # GGUF 文件路径
    # 计算 GGUF 文件的 SHA256 摘要
    gguf_digest = calculate_sha256(gguf_filepath)
    print(f"Calculated SHA256 digest for {gguf_filepath}: {gguf_digest}")
    files_data = {
        gguf_filepath: gguf_digest
    }
    print(f"Creating model '{new_model_name}' from GGUF file '{gguf_filepath}'...")
    create_model_from_gguf(new_model_name, files_data)
```

运行程序，会使用 DeepSeek-R1-Distill-Qwen-7B-Q8_0.gguf 模型文件创建一个名称为 my-gguf-model 的模型。在运行程序之前，将 gguf_filepath 变量的值改为计算机上实际存在的 GGUF 文件的路径。

7.5　会话管理

本节主要介绍单轮会话（使用 /api/generate 接口）和多轮会话（使用 /api/chat 接口）的实现方法。

7.5.1　单轮会话

本小节将介绍如何使用 Ollama 的 /api/generate 接口构建一个简单的 Web 聊天应用，实现单轮会话的流式输出效果。/api/generate 是 Ollama API 中用于生成文本的核心接口，特别适用于单轮会话或文本补全场景。

1. 请求参数

/api/generate 的请求参数有多个字段，详细解释如下。

（1）model（字符串，必需）：指定要使用的模型名称，如 "deepseek-r1:14b"。

（2）prompt（字符串，必需）：用户输入的提示词，即用户想要模型回答的问题或完成的任务的相关文本。

（3）stream（布尔值，可选）：默认值为 false，设置为 true 时即可启用流式响应模式，服务器将逐 token 返回生成结果，而不是等待所有文本生成完毕后一次性返回。这对于实现实时的逐字显示效果至关重要。

（4）format（字符串，可选）：指定响应格式，可选 json 或 json_schema。

（5）options（对象，可选）：传递额外的模型参数，如 temperature（详见 Modelfile 文档）。

（6）system（字符串，可选）：设置系统消息，覆盖 Modelfile 中的定义。

（7）template（字符串，可选）：指定提示词模板，覆盖 Modelfile 中的定义。

（8）images（字符串，可选）：使聊天消息包含 Base64 编码的图像列表，从而让 LLaVA 等多模态模型能够处理图像和文本信息。

（9）raw（布尔值，可选）：raw 值为 true 时，表示禁用提示词格式化（默认值为 false）。

（10）keep_alive（字符串，可选）：模型在内存中保持加载的时间，例如 "5m"（默认值）。

2. 返回数据（非流式响应）

当程序向 /api/generate 接口发送请求，且未启用流式响应模式（设置 stream 为 false 或省略 stream 参数）时，Ollama API 将在模型完成文本生成后，以 JSON 格式返回一个包含完整结果的响应对象。

这个响应对象就像一个结构化的数据包，其中包含模型生成的文本以及一些相关的元信息。下面我们逐一解读其中的关键字段。

（1）model：此字段标明了生成文本所使用的模型名称，如"deepseek-r1:14b"。

（2）created_at：这是一个时间戳，记录了响应创建的具体时间。其格式通常遵循 ISO 8601-1:2019，例如 "2025-02-19T06:47:17.645271Z"。这个字段对于日志记录和问题排查非常有用。

（3）response：这是非流式响应的核心字段，包含模型生成的完整文本内容。在非流式响应模式下，Ollama API 会等待模型生成所有文本后，将完整的、未经分片的文本放入 response 字段中并返回。因此，当程序收到非流式响应时，可以直接从 response 字段中获取模型生成的完整且连续的回复文本，无须进行额外的拼接或处理。

（4）done：这是一个布尔值，用于指示文本生成任务是否已完成。在非流式响应模式下，由于模型已经生成了全部文本并一次性返回，因此 done 字段的值始终为 true。它标志着本次请求完整结束。

3. 返回数据（流式响应）

当程序向 /api/generate 接口发送请求，并启用流式模式（设置 stream 为 true）时，Ollama API 将建立一个 HTTP 流式连接。模型在逐 token 生成文本的过程中，会源源不断地通过 HTTP 流式连接推送数据块，而不是等待所有文本生成完毕后一次性返回。服务器会设置请求头 Content-Type 为 text/event-stream，表明这是一个 HTTP 流式数据流。

流式响应需要持续接收和处理从服务器推送过来的数据块。每一个数据块都以 JSON 格式封装，结构如下。

（1）model：与非流式响应相同，此字段标明了生成文本所使用的模型名称。

（2）created_at：时间戳，记录了当前数据块被创建的时间。由于是流式传输，每个数据块都可能包含一个 created_at 字段，反映了 token 实时逐个生成的特性。

（3）response：这是流式响应中逐个推送的文本片段（token）。与非流式响应不同，流式响应的 response 字段通常只包含模型生成的一个词组或词语级别的文本片段。需要将连续接收到的多个数据块中的 response 字段的值拼接起来，才能还原出模型生成的完整文本。在某些情况下，response 字段的值可能是换行符 \n 等特殊字符，用于控制文本格式。

（4）done：这是一个布尔值，在流式响应中，done 字段的含义与非流式响应中的截然不同。当 done 字段的值为 false 时，表示模型仍在生成文本，后续还会继续推送更多的数据块。这时应该保持 HTTP 流式连接，并继续监听和接收后续的数据块。绝大多数数据块的 done 字段的值都为 false。当 done 字段的值为 true 时，表示模型已经完成了所有文本的生成，这是流式传输的最后一个数据块。接收到 done 字段的值为 true 的数据块后，可以结束数据块接收过程，并停止监听。最后一个数据块通常还会包含一些性能统计数据，例如 total_duration、eval_count 等。

下面，我们构建一个 Web 聊天应用。这个 Web 聊天应用基于 Flask 框架构建，它的核心功能与技术细节如下。

1. 前端页面（index.html）

（1）提供一个简单的用户界面，包含一个文本框（<input type="text">）和一个发送按钮（<button type="submit">），用于输入消息。

（2）使用一个 <div> 区域（<div id="output">）来显示模型生成的回复。

2. Web 页面的 JavaScript 代码部分

（1）监听表单的 submit 事件，阻止默认的表单提交行为。

（2）获取用户在文本框中输入的信息。

（3）使用 fetch API 发送 POST 请求到 Flask 后端的 /stream 路由，并设置 stream 字段为 true，请求流式数据。

（4）使用 response.body.getReader() 函数来获取响应的 ReadableStream 读取器，从而逐数据块地读取流式响应数据。

（5）使用 TextDecoder 解码读取到的数据块。

（6）将解码后的文本数据追加到内容输出区域，实现逐字显示效果。

（7）使用 escapeHTML() 函数对输出文本进行 HTML 转义，以防止 XSS（Cross-Site Scripting，跨站脚本）攻击，并正确显示特殊字符（如换行符、空格等）。

3. Flask 后端（server.py）

（1）/ 路由（index() 函数）：只处理 GET 请求。用于渲染 index.html 模板，显示聊天界面。

（2）/stream 路由（stream() 函数）：只处理 POST 请求。用于接收前端通过 fetchAPI 发送的 POST 请求，并从请求体中获取 prompt 字段。

（3）调用 generate_streaming_text(MODEL_NAME, prompt) 函数，生成文本的流式数据生成器。

（4）使用 Response(generate_streaming_text(MODEL_NAME, prompt),content_type = 'text/event-stream') 创建 Flask 流式响应。

（5）将 generate_streaming_text 生成器作为 Response 的响应体返回，Flask 会负责逐数据块地将生成器 yield（产出）的数据通过 HTTP 流式连接推送给客户端。

（6）generate_streaming_text(model_name, prompt_text) 函数：核心的文本生成函数。

（7）程序接收模型名称（model_name）和用户提示文本（prompt_text）作为输入。

（8）构建 Ollama API 的 /api/generate 接口的请求体（JSON 格式），设置 model、prompt，以及 "stream":true。

（9）使用 requests.post(..., stream=True) 发送 POST 请求到 Ollama API，启用流式响应模式。

（10）response.iter_lines() 函数：迭代响应的数据流，逐行读取响应数据。

（11）对于每一行数据，json.loads(line.decode('utf-8')) 解析 JSON 格式的数据，然后从 JSON 格式的数据中提取 response 字段，即模型生成的文本片段。

（12）yield f"{response_part}" 使用 yield 关键字将文本片段作为生成器的产出值返回。这使 generate_streaming_text() 函数成为一个生成器函数，可以逐 token 地产生数据，供 Flask 流式响应使用。

（13）错误处理：使用 try...except 块捕获 equests.exceptions.RequestException 异常，处理请求错误，并在出错时返回包含错误信息的文本，以便在前端显示错误提示。

以下是 server.py 和 index.html 文件的代码。应将 index.html 文件保存在 Flask 应用的 templates 文件夹中，server.py 保存在项目根目录下。

代码位置： src/ollama_restful_api/server.py。

```python
from flask import Flask, render_template, request, jsonify, stream_with_
context, Response
import requests
import json
import html  # 引入 html 模块, 用于转义特殊字符
app = Flask(__name__)
OLLAMA_API_URL = "http://localhost:11434/api"
API_GENERATE_ENDPOINT = "/generate"
MODEL_NAME = "deepseek-r1:14b"  # 这里使用的是默认模型, 用户可以修改
CHUNK_SIZE = 50  # 设置每次返回的字符数阈值
def parse_unicode(text):
    # 查找所有的 \\uXXXX 模式, 并将其转换为对应的 Unicode 字符
    import re
    def replace_unicode(match):
        return chr(int(match.group(1), 16))
    return re.sub(r'\\u([0-9A-Fa-f]{4})', replace_unicode, text)
def generate_streaming_text(model_name, prompt_text):
    headers = {'Content-Type': 'application/json'}
    data = json.dumps({
        "model": model_name,
        "prompt": prompt_text,
        "stream": True  # 启用流式响应
    })
    try:
        response = requests.post(f"{OLLAMA_API_URL}{API_GENERATE_ENDPOINT}",
        headers=headers, data=data, stream=True)
        response.raise_for_status()
        accumulated_text = ""  # 用于积累返回的文本
        for line in response.iter_lines():
            if line:
                json_data = json.loads(line.decode('utf-8'))
                response_part = json_data.get("response", "")
                if response_part:
                    yield f"{response_part}"  # 使用 SSE 发送流式数据
        # 如果最后剩余的文本不足一个数据块, 也发送出去
        if accumulated_text:
```

```
                safe_text = html.escape(accumulated_text)
                yield f"data: {safe_text}\n\n"
        except requests.exceptions.RequestException as e:
            error_message = f"Error during text generation: {e}"
            if response is not None:
                error_message += f"\nResponse status code: {response.status_code}"
                error_message += f"\nResponse text: {response.text}"
            yield f"data: {html.escape(error_message)}\n\n"
    @app.route('/', methods=['GET'])
    def index():
        if request.method == 'POST':
            prompt = request.form['message']
            print(prompt)   # 输出到控制台并进行调试
            return render_template('index.html', model_response=stream_with_context
(generate_streaming_text(MODEL_NAME, prompt)))
        return render_template('index.html')
    @app.route('/stream', methods=['POST'])
    def stream():
        prompt = request.form.get('prompt', '')    # 获取前端页面传来的 prompt（注意使用 POST
                                                    # 请求）

        if prompt:
            return Response(generate_streaming_text(MODEL_NAME, prompt),
            content_type='text/event-stream')
        else:
            return "Prompt not provided", 400   # 返回错误信息
    if __name__ == '__main__':
        app.run(debug=True, host='0.0.0.0', port=5000)
```

代码位置： src/ollama_restful_api/templates/index.html。

```html
html
<!DOCTYPE html>
<html lang="zh-CN">
<head>
    <meta charset="UTF-8">
    <title>逐字显示效果</title>
    <style>
        /* 设置 # 输出区域的宽度和高度 */
        #output {
            width: 80%;
            height: 300px;
            padding: 10px;
            overflow-y: auto;
            white-space: pre-wrap;
            word-wrap: break-word;
            margin: 20px auto;   /* 使 # 输出区域居中 */
        }
        /* 设置文本框和按钮的总宽度与 # 输出区域一致 */
        #message-form {
            width: 80%;
            margin: 20px auto;
            display: flex;
            align-items: center;   /* 垂直居中 */
```

```
        }
        /* 将输入框宽度设置为除按钮宽度外的剩余部分 */
        #input {
            width: calc(80% - 60px);   /* 减去按钮宽度 */
            padding: 5px;
            box-sizing: border-box;   /* 包括 padding 在内计算宽度 */
        }
        /* 设置按钮的固定宽度 */
        #send {
            padding: 5px;
            margin-left: 10px;
            width: 60px;   /* 固定按钮宽度 */
            box-sizing: border-box;
        }
        /* 确保输入框和按钮在同一行，采用 flex 布局 */
        #message-form input,
        #message-form button {
            display: inline-block;
        }
    </style>
</head>
<body>
    <h1>DeepSeek 会话 </h1>
    <form method="POST" action="/" id="message-form">
        <input type="text" id="input" name="message" placeholder=" 请输入您的问题 "
        required>
        <button type="submit" id="send"> 发送 </button>
    </form>
    <div id="output"></div>
    <script>
        const output = document.getElementById('output');
        const sendButton = document.getElementById('send');
        const form = document.getElementById('message-form');
        let eventSource;
        function escapeHTML(str) {
            return str.replace(/[&<>"' \t\n\r\f\v]/g, function (match) {
                const escapeMap = {
                    '&': '&amp;',   // 修正 & 的转义
                    '<': '&lt;',    // 修正 < 的转义
                    '>': '&gt;',    // 修正 > 的转义
                    '"': '&quot;',
                    "'": '&#39;',
                    ' ': ' ',
                    '\t': '    ', // 将制表符替换为 4 个空格
                    '\n': '<br/>',   // 将换行符替换为 HTML 换行标签 <br/>
                    '\r': '',        // 忽略回车符（通常与换行符 \n 一起使用）
                    '\f': '&#12;',   // 换页符
                    '\v': '&#11;'    // 垂直制表符
                };
                return escapeMap[match];
            });
        }
```

```
        // 当提交表单时
        form.addEventListener('submit', function (event) {
            event.preventDefault();  // 阻止默认的表单提交行为
            const userInput = document.getElementById('input').value.trim();
            if (userInput) {
                output.textContent = ''; // 清空输出区域
                // 清空文本框
                document.getElementById('input').value = '';
                // 使用 fetchAPI 发送 POST 请求并获取流式数据
                fetch('/stream', {
                    method: 'POST',
                    headers: {
                        'Content-Type': 'application/x-www-form-urlencoded'
                    },
                    body: 'prompt=' + encodeURIComponent(userInput)
                })
                    .then(response => {
                        const reader = response.body.getReader();
                        const decoder = new TextDecoder();
                        let decoderStream = new ReadableStream({
                            start(controller) {
                                function push() {
                                    reader.read().then(({ done, value }) => {
                                        if (done) {
                                            controller.close();
                                            return;
                                        }
                                        // 将流的部分数据解码并逐字显示
                                        const text = decoder.decode(value,
                                        { stream: true });

                                        output.innerHTML += escapeHTML(text);

                                        push();
                                    });
                                }
                                push();
                            }
                        });
                        return new Response(decoderStream);
                    })
                    .catch(error => {
                        console.error(" 请求错误 :", error);
                    });
            }
        });
    </script>
</body>

</html>
```

运行程序，在浏览器中输入 http://localhost:5000 并按 Enter 键，然后在显示的页面中的文本框中输入任意的问题，如"用 Python 编写冒泡排序算法"，在文本框下方会逐字显示返回的内容，如图 7-4 所示。

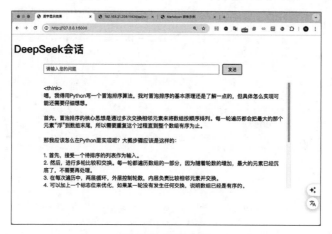

图 7-4　单轮会话

7.5.2　多轮会话

本小节将介绍 Ollama 中专门用于构建多轮对话应用的 /api/chat 接口，并将其与单轮会话接口进行对比，然后通过控制台案例演示如何实现具有会话历史的聊天功能。

1. 单轮会话与多轮会话的区别

（1）单轮会话：适用于简单的问答或文本补全场景。每次请求都是独立的，模型接收一个提示词，并生成一个回复。模型不保留任何会话历史。例如，用户问"今天天气怎么样"，模型会回答天气信息。如果用户再次问"那明天呢"，模型会重新理解这个问题，而不记得用户之前问过今天的天气。

（2）多轮会话：适用于更复杂的对话场景，如聊天机器人、智能助手等。模型会维护会话历史，在后续的请求中，模型会结合会话历史来理解当前的问题，从而实现更连贯、更自然的聊天功能。例如，用户先问"今天天气怎么样"，模型回答天气信息。然后用户继续问"那明天呢"，模型会关联之前的对话，理解用户是在询问明天的天气，给出明天的天气预报。

/api/chat 接口的核心优势在于其能够处理和维护会话历史，从而实现更自然的、上下文相关的多轮对话。

2. /api/chat 接口请求参数详解

/api/chat 接口使用 POST 方法，请求体为 JSON 格式，Content-Type 为 application/json。以下为请求参数的主要字段。

（1）model（字符串，必需）：指定要使用的模型名称，如 "deepseek-r1:14b"。

（2）messages（字符串，必需）：会话历史。这是一个 JSON 对象，包含多个字段，主要字段如下。

① role（字符串，必需），表示消息发送者，可选值包括 system（系统消息，用于设定模型的行为和风格，通常在对话开始时发送）、user（用户消息，用户的输入或问题）、assistant（助手消息，模型生成的回复）和 tool（工具消息，如果模型使用了工具，用于描述工具调用结果）。

② content（字符串，必需），消息内容文本。

③ images（字符串数组，可选），图像列表，用于处理包含在消息中的图像（专门用于多模态模型，如 LLaVA）。

（3）其他可选参数，如 format、options、stream 等，与 /api/generate 接口中 format、options、stream 等参数的作用相同。

以下 Python 代码演示了如何使用 /api/chat 接口实现简单的控制台多轮会话。程序会连续提出两个关联的问题，并流式输出模型的回复，展示会话历史的维护。

代码位置： src/ollama_restful_api/api_chat.py

```python
import requests
import json
OLLAMA_API_URL = "http://localhost:11434/api"
API_CHAT_ENDPOINT = "/chat"
MODEL_NAME = "deepseek-r1:14b"  # 请替换为你想要使用的模型

def generate_chat_stream(messages):
    headers = {'Content-Type': 'application/json'}
    data = json.dumps({
        "model": MODEL_NAME,
        "messages": messages,
        "stream": True  # 启用流式响应
    })
    try:
        response = requests.post(f"{OLLAMA_API_URL}{API_CHAT_ENDPOINT}", headers=
        headers, data=data, stream=True)
        response.raise_for_status()
        for line in response.iter_lines():
            if line:
                json_data = json.loads(line.decode('utf-8'))
                message_content = json_data.get("message", {}).get("content", "")
                # 从 message.content 中获取文本
                if message_content:
                    yield message_content
                if json_data.get("done"):
                    break
    except requests.exceptions.RequestException as e:
        error_message = f"Error during chat generation: {e}"
```

```
            if response is not None:
                error_message += f"\nResponse status code: {response.status_code}"
                error_message += f"\nResponse text: {response.text}"
            yield error_message
if __name__ == "__main__":
    # 定义会话历史
    chat_history = [
        {"role": "user", "content": "请问北京有哪些著名的旅游景点？"} # 第一轮用户提问
    ]
    print("User: 请问北京有哪些著名的旅游景点？")
    print("Assistant: ", end="", flush=True) # 输出助手回复
    # 第一轮对话，获取模型回复并流式输出
    assistant_response_1 = "" # 用于积累第一轮完整的助手回复
    for token in generate_chat_stream(chat_history):
        print(token, end="", flush=True) # 逐 token 输出
        assistant_response_1 += token # 积累回复文本
    print("\n")
    # 将第一轮助手回复添加到对话历史
    chat_history.append({"role": "assistant", "content": assistant_response_1})
    # 第二轮用户提问，关联到第一轮助手回复
    user_prompt_2 = "在这些景点中，哪个最适合春天去游玩？"
    chat_history.append({"role": "user", "content": user_prompt_2}) # 添加到会话历史
    print(f"User: {user_prompt_2}")
    print("Assistant: ", end="", flush=True) # 输出助手回复
    # 第二轮对话，获取模型回复并流式输出
    for token in generate_chat_stream(chat_history):
        print(token, end="", flush=True) # 逐 token 输出
    print("\n")
```

运行程序，程序在输出第一轮助手回复后，会接着发送第二轮对话的问题，模型会根据第一轮对话的回复进行第二轮对话。

7.6 文本向量生成

在 AI 领域，尤其是自然语言处理中，文本向量是一种将文本数据（如词语、句子、段落、文档）转换为向量的技术。向量能够捕捉文本的语义信息，使得计算机可以更好地理解和处理文本。

我们可以将文本向量想象成文本在高维空间中的坐标。语义上越相似的文本，它们在向量空间中的距离就越近。通过比较文本向量之间的距离或相似度，我们可以进行各种与语义相关的任务。

（1）语义相似度计算：判断两段文本在语义上是否相似。

（2）文本聚类：将语义相近的文本自动归为一类。

（3）信息检索（语义搜索）：根据用户的语义化搜索 query，找到与语义相关的文档。

（4）作为机器学习模型的输入特征：将文本向量作为特征输入其他机器学习模型中，用于文本分类、情感分析等任务。

1. /api/embed 接口详解

Ollama API 提供了 /api/embed 接口，专门用于生成文本向量。通过向这个接口发送 POST 请求，可以获得指定文本的向量表示。

/api/embed 接口接收 JSON 格式的请求体，该请求体包含以下字段。

（1）model（字符串，必需）：指定用于生成文本向量的模型名称。需要选择一个专门用于生成向量的模型，如 bge-m3。

（2）input（字符串或字符串列表，必需）：指定要生成向量的文本。可以是单个字符串，也可以是字符串列表。

（3）truncate（布尔值，可选）：用于控制是否截断输入文本，以适应模型的上下文长度限制，默认值为 true。

（4）options（对象，可选）：用于传递额外的模型参数，如 temperature 等。但需要注意，temperature 等参数通常主要影响文本生成模型的行为，对于 embedding 模型，其影响可能较小或不适用。

（5）keep_alive（字符串，可选）：用于控制请求完成后，模型在内存中保持加载的时间（默认值为 "5m"）。可以设置为 "10m"（10 分钟）、"1h"（1 小时）、"24h"（24 小时）等。合理设置 keep_alive 参数可以提高资源利用率，避免频繁加载和卸载模型。

2. 响应

/api/embed 接口返回 JSON 格式的响应，响应体包含以下字段。

（1）model：返回生成文本向量时使用的模型名称。

（2）embeddings：核心字段，包含生成的文本向量。

以下 Python 代码演示了如何使用 requests 库调用 /api/embed 接口，并获取文本向量。

代码位置： src/ollama_restful_api/api_embed.py。

```python
import requests
import json
OLLAMA_API_URL = "http://localhost:11434/api"
API_EMBED_ENDPOINT = "/embed"
MODEL_NAME = "bge-m3"  # 使用 bge-m3 模型
INPUT_TEXT = "Hello world" # 固定输入文本
def get_text_embedding(model_name, prompt_text):
    """
    调用 Ollama API 的 /api/embed 接口生成文本向量
    简化版本，直接返回 embeddings 字段，出错时返回 None
    """
    headers = {'Content-Type': 'application/json'}
    data = json.dumps({
        "model": model_name,
        "input": prompt_text
```

```
    })
    try:
        response = requests.post(f"{OLLAMA_API_URL}{API_EMBED_ENDPOINT}", headers
        =headers, data=data)
        response.raise_for_status()
        json_data = response.json()
        return json_data.get("embeddings") # 直接返回 embeddings 字段 ( 注意使用复数形式 )
    except requests.exceptions.RequestException as e:
        print(f"Error calling /api/embed: {e}")
        return None
if __name__ == '__main__':

    embedding_result = get_text_embedding(MODEL_NAME, INPUT_TEXT)
    # 获取固定输入文本的向量
    if embedding_result:
        print("\n 文本向量 :")
        print(embedding_result) # 直接输出文本向量
    else:
        print("\n 获取文本向量失败 ")
```

运行程序，会输出 "Hello world" 对应的文本向量，如图 7-5 所示。

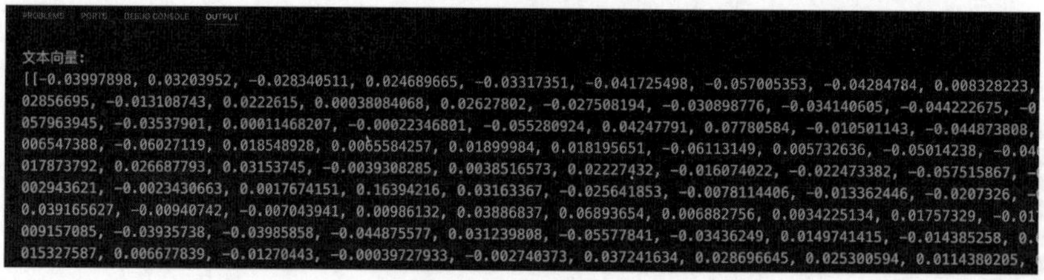

图 7-5　文本向量

7.7　本章小结

本章全面介绍了 Ollama RESTful API 的各项关键功能和使用方法。我们先介绍了如何使用 curl 工具快速测试 API 端点，并掌握了使用 Python Flask 框架构建 Web 应用的基础技能。随后，我们探讨了与模型操作相关的 API，包括列出本地模型、获取模型信息、拉取模型、复制模型、删除模型和创建模型，以及会话管理 API，了解了单轮会话和多轮会话的实现方法。最后，我们介绍了如何使用 API 生成文本向量，为后续的语义分析和向量数据库应用奠定了基础。

第 **8** 章 Ollama 程序库

本章首先对 Ollama 程序库进行概述，介绍其主要功能和安装方法；接着介绍 Node.js 的基本使用方法；然后通过实际例子，演示如何实现模型的基本操作、与 AI 进行会话与生成文本向量。

通过学习本章，读者将能够更好地理解 Ollama 程序库的使用方法，并将其融入应用开发流程中，从而开发出更加智能和高效的应用。

8.1 Ollama 程序库简介

Ollama 提供了 Python 程序库和 JavaScript 程序库，这些程序库可以轻松地实现用户与 Ollama 的对话和数据交互，支持文本补全、流式处理等广泛功能。使用这些程序库，开发者能够在自己的项目中快速集成 AI 对话功能、自然语言处理任务，甚至集成多模态输入等高级功能。

1. Ollama 的 Python 程序库

Ollama 的 Python 程序库是基于 Python 的，广泛应用于数据科学、机器学习和人工智能等领域。Python 程序库的接口非常简洁，通过几行代码即可与 Ollama 对话。例如，开发者可以使用 ollama.chat() 函数，通过大模型发送文本，并接收大模型的回复。

Python 程序库的优势在于其高度的可扩展性和灵活性。Python 程序库支持流式处理功能，允许开发者逐步接收和处理返回的内容，而不是一次性获得完整的答案。这对于需要长时间生成内容或实时反馈的应用场景非常重要。

以下代码调用 deepseek-r1:14b 模型进行对话，创建包含 "Why is the sky blue?" 问题的消息列表，通过 ollama.chat() 函数发送请求，然后从返回的内容中提取模型生成的文本内容并输出，展示了向大模型提问并获取回答的基本流程。

```python
import ollama

response = ollama.chat(model='deepseek-r1:14b', messages=[
  {'role': 'user', 'content': 'Why is the sky blue?'}
])
print(response['message']['content'])
```

此外，Python 程序库还支持多模态输入，使大模型能够不仅可以处理文本，还可以通过图片、音频等多种形式与用户进行交互。

2. Ollama 的 JavaScript 程序库

除了 Python 程序库，Ollama 还提供了 JavaScript 程序库，特别适用于开发 Web 应用和前端项目。JavaScript 程序库具有与 Python 程序库相似的功能，可以轻松地在前端代码中调用 Ollama 中的模型。对于希望在 Web 应用中集成 AI 对话、文本分析等功能的开发者，JavaScript 程序库是一个理想的选择。

JavaScript 程序库的使用方式非常直观，通过调用 ollama.chat() 方法，开发者可以向适用于 Ollama 的模型发送问题并获取答案。该程序库支持异步操作，非常适合与前端框架（如 React、Vue 等）结合使用，以实现实时对话和动态交互。

以下代码使用 await 关键字执行异步操作，等待 ollama.chat() 函数与 deepseek-r1:14b 模型完成通信并返回结果，创建包含 "Why is the sky blue?" 问题的消息列表作为参数，从返回的内容中提取模型生成的文本内容并输出到控制台。

```javascript
import ollama from 'ollama';

const response = await ollama.chat({
  model: 'deepseek-r1:14b',
  messages: [{ role: 'user', content: 'Why is the sky blue?' }]
});
console.log(response.message.content);
```

Ollama 的 Python 程序库和 JavaScript 程序库为开发者提供了快速集成和调用 Ollama 支持的模型的能力，无论是在本地开发环境还是在 Web 应用中，Ollama 都能够有效地实现与模型的无缝交互，提升用户体验和交互效率。这些程序库简洁而强大，支持的功能从文本处理到流式数据接收，多种多样，极大地扩展了 Ollama 的应用场景。无论是开发 AI 聊天机器人、智能客服，还是完成其他复杂的自然语言处理任务，用户都能借助这些程序库获取 Ollama 强有力的技术支持。

8.2 安装 Ollama 程序库

用户可以使用下面的命令安装 Python 程序库：

```
pip install ollama
```

安装完成后，在 Python 脚本中执行下面的代码，如果没有报错，说明 Python 程序库安装成功。

```
import ollama
```

用户可以使用下面的命令安装 JavaScript 程序库：

```
npm i ollama
```

安装完成后，在 JavaScript 脚本中执行下面的代码，然后使用 Node.js 运行，如果没有报错，说明 JavaScript 程序已经安装成功。

```
import ollama from 'ollama'
```

如果报错，需要在 package.json 文件中添加 "type":"module"，完整的 package.json 文件中的
代码如下：

```
{
  "dependencies": {
    "ollama": "^0.5.13"
  },
  "type": "module"
}
```

8.3　Node.js 基础

在本节中，我们将介绍 Node.js，这是开发 JavaScript 后端应用程序的核心技术之一。Node.
js 是一个基于 Chrome V8 引擎的 JavaScript 运行时环境，它允许用户在服务器端运行 JavaScript
代码，从而使 JavaScript 不仅局限于浏览器中的前端开发。由于具有非阻塞 I/O 模型和事件驱
动架构，Node.js 在处理大量并发请求时非常高效，是构建高性能、可扩展的应用程序的理想
选择。

8.3.1　Node.js 简介

Node.js 的核心特点如下。

（1）事件驱动和非阻塞 I/O 模型：事件驱动是一种编程范式，指程序根据事件（如用户输入
或数据更新）来执行代码，而不是顺序执行代码。非阻塞 I/O 模型则是一种输入输出处理方式，指
程序在等待输入输出操作时，可以继续处理其他任务。这两个特点使 Node.js 能够处理大量的并
发请求，而不会阻塞线程。这对于需要高并发、高性能的应用（如 Web 服务器）尤为重要。

（2）单线程：Node.js 使用单线程来处理所有的请求，通过事件循环机制，它可以在 I/O
操作完成时继续执行其他任务。

（3）高效的 JavaScript 执行引擎：Node.js 基于 Chrome V8 引擎，这使它在运行 JavaScript
代码时非常高效。

通过 Node.js，可以使用 JavaScript 开发 Web 服务器、命令行工具、桌面应用等各种应用程序。

8.3.2　安装 Node.js

在使用 Node.js 之前，需要在计算机上安装它。Node.js 提供了跨平台的安装包，支持
Windows、macOS 和 Linux 操作系统。

1. 下载 Node.js

访问 Node.js 的官方网站会看到两个版本可供下载。

（1）LTS（长期支持版）：适用于生产环境，因为其比较稳定，且经过了长时间的测试。

（2）Current（当前版）：包含最新的功能和更新包，但可能会有一些不稳定因素。

推荐下载 LTS 版本。

2. 安装 Node.js

（1）Windows：下载 .msi 安装包后，双击安装包并按照提示进行安装。

（2）macOS：下载 .pkg 安装包后，双击安装包并按步骤进行安装。

（3）Linux：可以通过包管理器安装 Node.js，也可以从 Node.js 官方网站下载压缩包进行安装。以 Ubuntu 为例，用户可以使用以下命令进行安装。

```
sudo apt update
sudo apt install nodejs npm
```

3. 验证安装

安装完成后，在终端或命令行界面中运行以下命令来检查 Node.js 和 npm（Node.js 包管理器）是否安装成功。

```
node -v
npm -v
```

如果安装成功，我们会看到 Node.js 和 npm 的版本号。

8.3.3 编写一个 Node.js 程序

Node.js 安装完成后，我们可以编写一个简单的 Node.js 程序来了解它的基本用法。本小节中，我们来编写一个简单的 Web 服务器，使其能够响应客户端的请求。

1. 创建文件

在项目目录中，创建一个名为 app.js 的文件。

2. 编写代码

在 app.js 文件中输入以下内容：

```
import http from 'http';
// 创建一个 Web 服务器
const server = http.createServer((req, res) => {
    res.statusCode = 200;  // 设置状态码
    res.setHeader('Content-Type', 'text/plain');  // 设置响应头
    res.end('Hello, Node.js!');  // 发送响应
});
// 服务器监听端口 3000
server.listen(3000, '127.0.0.1', () => {
    console.log('Server is running at http://127.0.0.1:3000/');
});
```

这个简单的程序实现了以下功能。

（1）导入 http 模块，用来创建 Web 服务器。

（2）服务器返回一个简单的文本响应——"Hello, Node.js!"。

（3）服务器监听本地端口 3000。

3. 运行程序

在终端中，进入项目目录，运行以下命令以启动服务器。

```
node app.js
```

4. 访问服务器

打开浏览器，访问 http://127.0.0.1:3000，会看到页面中输出"Hello, Node.js!"。

8.3.4　常用的 Node.js 内置模块

Node.js 提供了许多强大的内置模块，这些模块可以帮助开发者轻松地进行文件操作、HTTP 请求、流处理等。以下是一些常用的 Node.js 内置模块。

（1）http：用于创建 Web 服务器，处理 HTTP 请求和响应。

（2）fs：用于文件系统操作（读写文件）。

（3）path：用于处理文件路径。

（4）events：提供事件驱动的编程模型。

（5）url：用于处理 URL 解析和格式化。

8.3.5　使用第三方模块

Node.js 通过 npm 来管理第三方模块。用户可以通过 npm 安装并使用数以千计的库和工具。安装第三方模块的基本步骤如下。

（1）初始化项目：在项目目录下运行以下命令，可以创建一个 package.json 文件。

```
npm init -y
```

（2）安装模块：例如，安装 express 模块（一个流行的 Web 框架）。

```
npm install express
```

（3）使用安装的模块：在代码中引入并使用 express 模块。

```
import express from 'express';   // 使用 import 语法引入 express 模块
const app = express();
app.get('/', (req, res) => {
  res.send('Hello, Express!');
});
app.listen(3000, () => {
  console.log('Server is running at http://127.0.0.1:3000/');
});
```

8.4　模型操作

本节将给出使用 Python 程序库和 JavaScript 程序库操作模型的函数和案例。

8.4.1 用 Python 程序库操作模型

在本小节中，我们将使用 Python 程序库来执行一系列模型操作。

通过以下函数，我们可以列出当前的模型、查看模型信息、创建新模型、复制和删除模型等。这些函数对于用户管理本地模型非常有用，尤其是当我们需要进行模型更新、备份或迁移时。

1. ollama.list() 函数

该函数用于列出当前可用的所有模型，返回一个包含模型名称的列表。

2. ollama.show(model='model_name') 函数

该函数用于显示指定模型的详细信息，包括配置、状态等。

3. ollama.create(model='model_name', from_='source_model', system='system_instruction') 函数

该函数可基于现有模型创建一个新模型。用户可以指定要创建的模型名称、来源以及系统级的指令。

4. ollama.copy(from_model, to_model) 函数

该函数用于将一个模型复制到另一个位置，这个位置可以是同一个用户的不同目录，也可以是其他用户的目录。

5. ollama.delete(model='model_name') 函数

该函数用于删除指定的模型。

6. ollama.pull(model='model_name') 函数

该函数用于从远程仓库中拉取指定的模型。

7. ollama.ps() 函数

该函数用于显示当前正在运行的模型的状态。

下面用 Python 程序库操作模型。

代码位置：src/ollama_lib/python/model_operation.py。

```python
import ollama
# 1. 列出当前可用的所有模型
models = ollama.list()
print("Current models:", models)
# 2. 显示模型 'deepseek-r1:1.5b' 的详细信息
model_info = ollama.show('deepseek-r1:1.5b')
print("Model deepseek-r1:1.5b details:", model_info)
# 3. 基于模型 'deepseek-r1:1.5b' 创建一个新模型 'new_model'，设置系统指令
new_model = ollama.create(model='new_model', from_='deepseek-r1:1.5b', system="You
are Mario from Super Mario Bros.")
print("New model created:", new_model)
# 4. 将模型 'deepseek-r1:1.5b' 复制到 'deepseek-r1:1.5b_new'
copy_model = ollama.copy('deepseek-r1:1.5b', 'deepseek-r1:1.5b_new')
print("Model 'deepseek-r1:1.5b' copied to 'deepseek-r1:1.5b_new':", copy_model)
```

```
# 5. 删除模型 'deepseek-r1:1.5b'
delete_status = ollama.delete('deepseek-r1:1.5b')
print("Model 'deepseek-r1:1.5b' deleted:", delete_status)
# 6. 从远程仓库中拉取模型 'deepseek-r1:1.5b'
pull_status = ollama.pull('deepseek-r1:1.5b')
print("Model 'deepseek-r1:1.5b' pulled from remote:", pull_status)
# 7. 显示当前正在运行的模型的状态
running_status = ollama.ps()
print("Running model status:", running_status)
```

8.4.2　用 JavaScript 程序库操作模型

在本小节中，我们将使用 JavaScript 程序库来执行一系列模型操作。与 Python 程序库类似，JavaScript 程序库同样提供了相应的函数，包括列出当前的模型、查看模型信息、创建新模型、复制和删除模型等。这些函数可以帮助用户灵活地管理和使用本地和远程的模型。

1. ollama.list() 函数

该函数用于列出当前所有可用的模型，返回一个包含模型名称的数组。

2. ollama.show(model='model_name') 函数

该函数用于显示指定模型的详细信息，例如配置、状态等。

3. ollama.create(model='model_name', from_='source_model', system='system_instruction') 函数

该函数可基于现有模型创建一个新模型。用户可以指定模型名称、来源及系统级指令。

4. ollama.copy(from_model, to_model) 函数

该函数用于将一个模型复制到另一个位置。

5. ollama.delete(model='model_name') 函数

该函数用于删除指定的模型。

6. ollama.pull(model='model_name') 函数

该函数用于从远程仓库中拉取指定的模型。

7. ollama.ps() 函数

该函数用于显示当前正在运行的模型的状态。

下面用 JavaScript 程序库操作模型。

代码位置：src/ollama_lib/js/model_operation.js。

```javascript
import ollama from 'ollama';
// 1. 列出当前可用的所有模型
ollama.list().then(models => {
  console.log("Current models:", models);
}).catch(err => console.error('Error listing models:', err));
// 2. 显示模型 'deepseek-r1:1.5b' 的详细信息
ollama.show('deepseek-r1:1.5b').then(model_info => {
```

```
    console.log("Model deepseek-r1:1.5b details:", model_info);
}).catch(err => console.error('Error showing model details:', err));
// 3. 基于模型 'deepseek-r1:1.5b' 创建一个新模型 'new_model'，设置系统指令
ollama.create({model: 'new_model', from_: 'deepseek-r1:1.5b', system: "You are
Mario from Super Mario Bros."})
    .then(new_model => {
      console.log("New model created:", new_model);
    }).catch(err => console.error('Error creating new model:', err));
// 4. 将模型 'deepseek-r1:1.5b' 复制到 'deepseek-r1:1.5b_new'
ollama.copy('deepseek-r1:1.5b', 'deepseek-r1:1.5b_new')
    .then(copy_model => {
      console.log("Model 'deepseek-r1:1.5b' copied to 'deepseek-r1:1.5b_new':",
      copy_model);
    }).catch(err => console.error('Error copying model:', err));
// 5. 删除模型 'deepseek-r1:1.5b'
ollama.delete('deepseek-r1:1.5b')
    .then(delete_status => {
      console.log("Model 'deepseek-r1:1.5b' deleted:", delete_status);
    }).catch(err => console.error('Error deleting model:', err));
// 6. 从远程仓库中拉取模型 'deepseek-r1:1.5b'
ollama.pull('deepseek-r1:1.5b')
    .then(pull_status => {
      console.log("Model 'deepseek-r1:1.5b' pulled from remote:", pull_status);
    }).catch(err => console.error('Error pulling model:', err));
// 7. 显示当前正在运行的模型的状态
ollama.ps().then(running_status => {
    console.log("Running model status:", running_status);
}).catch(err => console.error('Error fetching running model status:', err));
```

8.5 会话

本节将详细介绍如何使用 Python 程序库和 JavaScript 程序库，与大模型进行交互。

8.5.1 用 Python 程序库实现会话

在本小节中，我们将使用 Python 程序库中的 generate() 和 chat() 函数来实现会话功能。通过这两个函数，我们可以进行单轮会话（使用 generate() 函数，即 ollama.generate()）和多轮会话（使用 chat() 函数，即 ollama.chat()）。generate() 函数用于处理单个问题及其回答，而 chat() 函数用于处理多轮对话，并且能够保持对话的上下文。

1. ollama.generate(model='deepseek-r1:14b', prompt='Why is the sky blue?')

ollama.generate() 函数用于使用模型单次输出，通常用于单轮会话。在单轮会话中，用户向模型提出一个问题，模型根据这个问题生成一个回答。

（1）输入：用户的问题（单个问题）。

（2）输出：模型的回答。

2. chat(model='deepseek-r1:14b', messages=[{'role': 'user', 'content': 'Why is the sky blue?'}])

chat() 函数用于多轮对话，能够处理多条消息，并保持会话历史。它不仅会考虑用户当前的问题，还会根据会话历史生成符合上下文的回答。

（1）输入：包含多条消息的列表，每条消息有 role（角色，如 user 或 assistant）和 content（消息内容）。

（2）输出：模型的回答，同时保持会话历史。

下面用 Python 程序库实现单轮会话和多轮会话（流式输出）。

代码位置： src/ollama_lib/python/chat.py。

```python
from ollama import generate
from ollama import chat

# -------------------------- 单轮会话 --------------------------
# 使用 generate() 函数进行单轮会话，并使用流式输出
single_round_question = "天空为什么是蓝色的？"
response_single_round = generate(model='deepseek-r1:14b',prompt=single_round_
question, stream=True)
# 逐步输出流式响应
print(" 单轮会话的响应:")
for part in response_single_round:
    print(part['response'], end='')
# -------------------------- 多轮会话 --------------------------
# 第一次对话
message1 = {'role': 'user', 'content': ' 请问北京有哪些著名的旅游景点？'}
response_first_round = chat(model='deepseek-r1:14b', messages=[message1],
stream=True)
# 输出第一次的助手回复
print("\n\n 第一次对话:")
assistant_response = ''
for part in response_first_round:
    print(part['message']['content'], end='')
    assistant_response += part['message']['content']   # 保存助手回复
# 第二次对话，传递会话历史
message2 = {'role': 'user', 'content': ' 在这些景点中，哪个最适合春天去游玩？'}
messages = [
    {'role': 'user', 'content': ' 请问北京有哪些著名的旅游景点？'},
    {'role': 'assistant', 'content': assistant_response},   # 使用第一次的助手回复
    {'role': 'user', 'content': ' 在这些景点中，哪个最适合春天去游玩？'}
]
response_second_round = chat(model='deepseek-r1:14b', messages=messages, stream=True)
# 输出第二次的助手回复
print("\n 第二次对话:", end=" ")
for part in response_second_round:
    print(part['message']['content'], end='')
print()   # 换行
```

在运行程序之前，用户应保证已经安装了 Ollama，并且已经部署了 deepseek-r1:14b 模型。运行程序后，会连续输出第一次对话和第二次对话。

代码解析如下。

1．单轮会话

我们使用 ollama.generate() 函数进行单轮会话，将问题"天空为什么是蓝色的？"传递给模型，并实时获取模型的回答。通过设置 stream 为 True，模型可以逐步输出响应内容。

2．多轮会话

（1）第一次对话：用户提问"请问北京有哪些著名的旅游景点？"并通过 ollama.chat() 函数进行流式响应。

（2）第二次对话：用户接着提问"在这些景点中，哪个最适合春天去游玩？"我们将第一次对话的助手回复存储在 assistant_response 变量中，并将这次历史对话传递给模型进行第二次对话。

3．流式输出

在每一次对话中，我们通过流式输出逐步获取并输出模型的回答。这样用户可以实时查看模型生成的内容，而不是等待整个回答的生成。

8.5.2　用 JavaScript 程序库实现会话

在本小节中，我们将使用 JavaScript 程序库中的 generate() 函数和 chat() 函数来实现会话功能。generate()（即 ollama.generate()）函数用于处理单轮会话，而 chat()（即 ollama.chat()）函数用于处理多轮会话。在流式输出的模式下，模型会逐步返回响应，这对于需要实时反馈的应用场景非常有用。

1．ollama.generate(request)

ollama.generate() 函数用于输出单次的模型回答。

（1）输入：单个问题。

（2）输出：逐步输出模型的回答。

2．ollama.chat(request)

ollama.chat() 函数用于处理多轮会话，能够保持会话历史。每次调用该函数时，传入先前的对话内容，模型根据上下文生成新的回答。

（1）输入：包含多条消息的列表，每条消息有 role（如 user 或 assistant）和 content（消息内容）。

（2）输出：模型的回答，同时保持会话历史。

下面用 JavaScript 程序库实现单轮会话和多轮会话（流式输出）。

代码位置：src/ollama_lib/js/chat.js。

```javascript
import ollama from 'ollama';
// -------------------------- 单轮会话 --------------------------
// 使用 generate() 函数进行单轮会话，并使用流式输出
const singleRoundQuestion = "天空为什么是蓝色的？";
const responseSingleRound = await ollama.generate({ model: 'deepseek-r1:14b', prompt
: singleRoundQuestion, stream: true });
console.log("Single Round Response:");
for await (const part of responseSingleRound) {
    process.stdout.write(part.response);  // 输出每部分内容
}
// -------------------------- 多轮会话 --------------------------
// 第一次对话
const message1 = { role: 'user', content: '请问北京有哪些著名的旅游景点？' };
const responseFirstRound = await ollama.chat({ model: 'deepseek-r1:14b', messages:
[message1], stream: true });
console.log("\n\n 第一次对话：");
let assistantResponse = '';
for await (const part of responseFirstRound) {
    process.stdout.write(part.message.content);  // 输出第一次的响应内容
    assistantResponse += part.message.content;   // 保存助手回复
}
// 第二次对话，传递历史对话
const message2 = { role: 'user', content: '在这些景点中，哪个最适合春天去游玩？' };
const messages = [
    { role: 'user', content: '请问北京有哪些著名的旅游景点？' },
    { role: 'assistant', content: assistantResponse },  // 使用第一次的助手回复
    { role: 'user', content: '在这些景点中，哪个最适合春天去游玩？' }
];
const responseSecondRound = await ollama.chat({ model: 'deepseek-r1:1.5b_new',
messages: messages, stream: true });
console.log("\n 第二次对话：");
for await (const part of responseSecondRound) {
    process.stdout.write(part.message.content);  // 输出第二次的响应内容
}
```

8.6　生成文本向量

本节介绍如何使用 Python 程序库和 JavaScript 程序库，通过嵌入模型生成文本向量。

8.6.1　用 Python 程序库生成文本向量

在本小节中，我们将介绍如何使用 ollama.embed() 函数生成文本向量。ollama.embed() 函数能将输入文本转换为文本向量，通常用于自然语言处理任务，如文本相似度计算、文本分类、信息检索等。

ollama.embed() 函数接收一个请求对象，该对象包含生成文本向量所需的各种参数。通过

此函数，模型可以将输入文本转换为文本向量，便于后续的机器学习和数据分析任务。

ollama.embed() 函数的参数说明如下。

（1）model（字符串，必需）：指定使用的模型名称，用于生成文本向量。

（2）input（字符串或字符串数组，必需）：输入文本，可以是一个字符串或字符串数组。

（3）truncate（布尔值，可选）：如果设置为 true，则输入文本会被截断以适应模型的最大上下文长度。

（4）keep_alive（字符串或数值，可选）：指定加载模型后的保持时间，可以是一个数字（表示秒数）或者带单位的字符串（如 "300ms"、"1.5h"）。

（5）options（选项，可选）：一些其他配置项，用于调整运行时参数。

ollama.embed() 函数返回的内容包含生成的文本向量及其他相关信息。

下面用 Python 程序库生成文本向量。

代码位置： src/ollama_lib/python/embed.py。

```python
from ollama import embed
# 请求对象，设置模型和输入文本
request = {
    "model": "bge-m3",  # 指定用于生成文本向量的模型
    "input": "The quick brown fox jumps over the lazy dog.", # 要生成文本向量的输入文本
    "keep_alive": "1h"  # 保持模型加载 1 小时
}
# 调用 embed() 函数生成文本向量
response = embed(request)
# 输出生成的文本向量
print("Generated Text Vector:")
print(response['embeddings'])
```

运行代码之前，应保证计算机安装了 Ollama，并且部署了 bge-m3 模型。

8.6.2 用 JavaScript 程序库生成文本向量

JavaScript 程序库也提供了 embed() 函数，其功能与 Python 程序库中的 embed() 函数的功能类似，用于获取文本向量。示例代码如下。

```javascript
import ollama from 'ollama';
// 请求对象，设置模型和输入文本
const request = {
  model: "bge-m3",  // 指定用于生成文本向量的模型
  input: "The quick brown fox jumps over the lazy dog.",  // 要生成文本向量的输入文本
  keep_alive: "1h"  // 保持模型加载 1 小时
};
// 调用 embed() 函数生成文本向量
const response = await ollama.embed(request);
// 输出生成的文本向量
console.log("Generated Text Vector:");
console.log(response.embeddings);
```

8.7　本章小结

　　本章通过详细讲解 Ollama 程序库的基本操作和应用，帮助读者深入理解如何使用程序库进行大语言模型的管理和交互。本章从主要功能和安装方法入手，逐步介绍了 Node.js 的基础用法，以及如何利用 Python 程序库和 JavaScript 程序库，使用 Ollama 进行模型操作、会话和文本向量生成等操作。特别是在生成文本向量和实现流式输出的功能上，阅读本章后，读者不仅能够掌握基础操作，还能学习到如何处理复杂的交互和多轮会话。通过这些内容，读者可以将 Ollama 程序库灵活地应用于自己的项目中，提高项目的智能化水平。

第 **9** 章　Ollama OpenAI 兼容 API

在 AIGC 的浪潮中，大模型已经成为创作、对话和分析的核心工具。而 OpenAI API 以其标准化和易用性，成为众多平台和工具的"通用接口"。本章将聚焦于 Ollama，探讨它如何通过兼容 OpenAI API，给用户带来舒适的 AIGC 体验。

随着云计算和隐私需求的增长，运行在本地设备的模型逐渐受到关注。Ollama 允许用户在个人计算机或服务器上运行强大的模型，而无须依赖远程服务。更为重要的是，Ollama 兼容 OpenAI API，这意味着开发者可以直接利用熟悉的 API 调用方式，轻松将云端经验迁移到本地环境。无论是生成文本、进行对话，还是调用外部工具，Ollama 都能无缝适配。

本章将从 OpenAI API 的基本概念入手，讲解其为何成为兼容标准；然后介绍如何安装和配置 OpenAI API 程序库，为后续实践奠定基础。接下来，本章将深入探索如何用 Python、JavaScript 和 Go 实现多轮会话、函数调用以及文本向量获取，了解 API 程序库和 HTTP 调用的差异。最后，本章将简要介绍如何远程调用 LM Studio 提供的 OpenAI 兼容 API。

9.1　OpenAI API 简介

在 AIGC 快速发展的背景下，API 是连接开发者与大模型的桥梁。而在众多 API 中，OpenAI API 无疑极具影响力和代表性。自从 OpenAI 在 2015 年由埃隆·马斯克（Elon Musk）、萨姆·奥特曼（Sam Altman）等人创立以来，其推出的 API 不仅推动了 AI 技术的普及，还成为许多平台和工具的"通用接口"。那么，什么是 OpenAI API？它为何能成为众多平台的兼容标准？兼容它又有哪些好处呢？

9.1.1　OpenAI API 的概念和特点

OpenAI API 是一种基于 HTTP 的接口，允许开发者通过网络请求调用 OpenAI 开发的大语言模型（如 GPT 系列），完成文本生成、对话、问答甚至更复杂的任务。它的设计初衷是让开发者无须训练模型或管理复杂的计算资源，就能直接利用 OpenAI 的 AI 能力。无论是生成一篇创意文章、翻译一段文字，还是回答用户的复杂问题，只需几行代码，就能获得模型的响应。

OpenAI API 的核心特点是标准化和易用性。它使用 JSON 格式定义请求和响应，提供了清晰的端点（如 /v1/chat/completions 用于对话，/v1/embeddings 用于生成文本向量），并通过简单的参数（如 model、messages）控制模型行为。这种设计不仅让它功能强大，还对开发者极为友好。自推出以来，OpenAI API 迅速成为 AI 开发领域的标杆，吸引了无数开发者和企业将其集成到自己的应用中。

9.1.2　OpenAI API 成为兼容标准的原因

OpenAI API 能成为众多平台（如 Ollama、LM Studio 等）的兼容 API，主要得益于以下几个原因。

1. 具备先发优势并符合用户习惯

OpenAI 是生成式 AI 领域的先驱，其 API 在 GPT-3 发布（2020 年）后迅速走红，成为开发者构建 AI 应用的首选。许多开发者已经习惯了其调用方式和数据格式，使其成为行业标准。当用其他平台如 Ollama 开发本地解决方案时，兼容 OpenAI API 可以无缝迁移现有代码，降低学习成本。

2. 极具通用性和灵活性

OpenAI API 的通用性和灵活性强，可用于文本生成、嵌入生成、工具调用等。这使其适用于从聊天机器人到内容生成，再到数据分析等各种场景。其他平台通过兼容它，可以直接复用这些功能，而无须重新设计一套全新的接口。

3. 拥有庞大的生态系统

OpenAI API 背后有一个庞大的生态系统，包括丰富的 SDK（支持 Python、JavaScript 等编程语言）、第三方框架（如 LangChain）和现成的应用案例。对于 Ollama 等本地化工具，兼容 OpenAI API 意味着可以直接进入这个生态系统，享受现成的工具链支持。

9.1.3　兼容 OpenAI API 的好处

兼容 OpenAI API 不仅对工具开发者有益，还对用户和整个 AIGC 生态有深远的影响。

1. 无缝迁移与代码复用

对于已经使用过 OpenAI API 的开发者来说，切换到兼容工具（如 Ollama）几乎不需要改动代码。例如，一个调用 OpenAI 的 Python 脚本只需调整 base_url 和 api_key，就能直接调用本地模型。这种无缝迁移大大降低了用户使用新工具的门槛。

2. 本地化与隐私保护

OpenAI API 是云服务，数据需要发送到远程服务器。而 Ollama 等工具通过兼容 OpenAI API，允许用户在本地运行模型，数据无须发送到远程服务器。这不仅提升了隐私安全性，还减少了对网络的依赖，适合离线场景。

3. 成本节约与灵活部署

OpenAI API 的云服务按使用量收费，高频调用的成本较高。兼容 OpenAI API 的本地工具让用户可以用自己的硬件运行模型，无须额外付费。同时，这种兼容性支持灵活部署模型，无论是个人计算机还是企业服务器都能轻松适配。

4. 生态协同与创新加速

兼容 OpenAI API 的工具可以直接利用现有的开发者社区、工具和资源。例如，一个基于 OpenAI API 开发的 LangChain 项目，可以不经修改，直接在 Ollama 上运行。这种协同效应加速了 AIGC 应用的开发和创新。

5. 统一体验，节约学习时间

对于用户来说，无论是使用云端 OpenAI 还是本地 Ollama，API 的调用方式和响应格式都是一致的。这种统一体验减少了开发者学习新工具的时间，让开发者能专注于创意和应用，而不是接口细节。

从宏观的角度看，OpenAI API 成为兼容标准，反映了 AI 行业的趋势：模块化和标准化。随着 AIGC 技术的普及，越来越多的工具和平台需要协作，而标准化 API 是实现互通的关键。OpenAI API 的成功不仅在于其技术实力强大，更在于它为行业树立了一个可复制的模板。未来，我们可能会看到更多基于此标准的变种或扩展版本，例如支持更多模型类型或更复杂交互方式的 API。

此外，兼容 OpenAI API 带来了一些思考。虽然它促进了技术的传播，但也可能导致对单一标准的过度依赖。如果 OpenAI 的设计发生重大变化（如端点废弃或参数调整），兼容平台恐怕只能迅速跟进、调整。因此，工具在兼容 OpenAI API 的同时，需要考虑如何保留一定的独立性。

9.2　OpenAI API 程序库

在 9.1 节中，我们了解了 OpenAI API 作为 AIGC 领域"通用接口"的重要性，以及它如何被 Ollama 等工具兼容。现在，读者可能跃跃欲试，想动手调用这个强大的 API 来实现自己的创意。不过，在动手之前，我们需要安装 OpenAI API 的程序库。本节将带领读者了解为何要使用 OpenAI 提供的官方程序库（特别是在自己主要使用 Python 和 JavaScript 的情况下），如何轻松安装它们，以及如果使用其他编程语言（如 Go）该怎么办。

9.2.1　使用 OpenAI API 程序库的优势

读者可能会想："OpenAI API 不是通过网络发送请求就能用吗？为什么还要安装程序库？"直接通过 HTTP 请求可以调用 API，但 OpenAI 提供的官方程序库就像一个贴心的助手，能让 API 的使用过程更简单、更高效。

1．方便快捷，省时省力

OpenAI API 程序库把底层的 HTTP 请求、JSON 数据处理等烦琐工作都封装好了。读者只需要输入几行代码，就能完成复杂的任务，比如发起对话或生成文本向量，而不用手动拼凑请求头、解析响应。

2．统一体验，减少失误

OpenAI API 程序库经过 OpenAI 团队的精心设计和测试，支持标准的 API 调用方式（如 /v1/chat/comple tions 端点）。它们内置了错误处理和参数验证功能，能帮助读者避免一些常见的失误，比如格式错误或缺少必要字段。

3．兼容性强

对于 Ollama 等兼容 OpenAI API 的工具，使用官方程序库非常方便。只要调整地址（base_url）和密钥（api_key），代码就能从调用 OpenAI 云服务转向调用本地模型。这能让开发过程更顺畅。

4．拥有强大的社区支持与生态加成

OpenAI 的官方程序库有庞大的用户群体，文档齐全，社区活跃。如果遇到问题，社区中有大量教程和解答。更重要的是，许多 AIGC 工具和框架（比如 LangChain）都基于这些程序库开发，安装好它们就等于接入了更大的生态。

9.2.2　安装 OpenAI API 程序库

下面分别介绍安装 OpenAI Python 程序库和 OpenAI JavaScript 程序库的具体方法。

1．安装 OpenAI Python 程序库

Python 是 AI 开发中的"王牌语言"，OpenAI 为它提供了官方的 openai 库。安装步骤如下。

（1）确保计算机已安装 Python。

读者需要先安装 Python（推荐 3.7 或以上版本）。在命令行界面中执行 python –version 命令，可以检查计算机是否已安装 Python。

（2）使用 pip 安装 openai 库。

打开终端（Windows 用 CMD 或 PowerShell，macOS 或 Linux 用 Terminal），输入以下命令。

```
pip install openai
```

按 Enter 键后，系统会自动下载并安装最新版本的 openai 库。

（3）验证安装。

安装完成后，执行以下命令启动 Python 交互式控制台。

```
python
```

然后执行以下代码。

```
import openai
print(openai.__version__)
```

如果输出版本号，说明安装成功。

2. 安装 OpenAI JavaScript 程序库

JavaScript 广泛用于 Web 开发，OpenAI 为它提供了官方的 openai 库，适用于 Node.js 环境。安装步骤如下。

（1）确保已安装 Node.js。

读者需要先安装 Node.js（推荐 16.x 或以上版本）。在终端中执行 node -v 命令，可以检查版本。

（2）使用 npm 安装。

在终端中执行以下命令。

```
npm install openai
```

该命令用于下载并安装 OpenAI JavaScript 库到项目目录中。如果没有项目目录，可以先用以下语句创建一个项目目录。

```
mkdir my-project
cd my-project
npm init -y
npm install openai
```

（3）验证安装。

创建一个简单的脚本文件（比如 test.js），输入以下代码。

```
import OpenAI from "openai";
const openai = new OpenAI();
```

然后运行以下命令。

```
node test.js
```

如果输出"OpenAI 库已安装"，就说明一切正常。

安装完成后，无论使用 Python 还是使用 JavaScript，都可以用 OpenAI API 程序库调用 OpenAI API 或兼容 OpenAI API 的工具（如 Ollama）。只需要在代码中指定 base_url（比如 Ollama 的 http://localhost:11434/ v1）和 api_key，就能开始使用了。

9.2.3 用其他语言访问 OpenAI API

如果读者使用的是其他编程语言，比如 Go，情况会稍微不同。OpenAI 目前没有为 Go 提供官方程序库，这意味着用户需要手动，或者借助社区的力量，使用社区成员提供的第三方库与 OpenAI API 交互。

1. 直接使用 HTTP 请求

Go 内置了强大的 net/http 包，可以直接发送 HTTP POST 请求到 API 端点（如 Ollama 的 /v1/chat/completions）。具体步骤如下。

（1）构造 JSON 格式的请求体（包含 model、messages 等）。

（2）设置请求头（比如 Content-Type: application/json）。

（3）发送请求并解析 JSON 响应。

这种方式虽然灵活，但需要手动处理所有细节，比如错误检查和数据序列化。

2. 使用第三方库

社区中有一些开发者为 Go 编写了 OpenAI API 的非官方程序库，比如 go-openai。其安装方法如下。

```
go get github.com/sashabaranov/go-openai
```

go-openai 库模仿了 OpenAI Python 程序库，提供了类似的调用方式。读者只需调整 baseURL 和 apiKey，就可以用它连接 Ollama。不过，读者在使用第三方库时，要注意它的更新频率和兼容性，建议查看文档确认是否支持最新的 API。

对于其他编程语言（如 Java、Ruby 等），原理类似：如果有官方库，直接用；如果没有，要么用 HTTP 请求，要么找第三方库。值得一提的是，无论哪种语言，Ollama 的 OpenAI 兼容 API 都支持标准的 HTTP 调用，所以总能找到办法接入 Ollama。

9.3　3 种编程语言实现多轮会话

本节将分别使用 Python、JavaScript 和 Go 实现多轮会话。

9.3.1　用 Python 通过 OpenAI API 程序库实现多轮会话

会话是 AIGC 中最常见的功能之一，比如与智能助手聊天、问答，甚至展开多轮对话。得益于 Ollama 对 OpenAI API 的兼容，我们可以用熟悉的方式通过 Python 调用本地模型，实现这些功能。本小节将带领读者了解如何用 Python 通过 OpenAI API 程序库实现多轮会话。

在使用 OpenAI Python 编程库时，会话功能主要依赖 client.chat.completions.create() 方法。这个方法是 OpenAI API 的核心，专门用于处理对话任务。读者可以通过它向模型发送消息，并获取响应。无论是单次问答还是多轮对话，它都能胜任。

client.chat.completions.create() 方法的主要参数如下。

（1）model：指定使用的模型名称，比如 Ollama 中的 deepseek-r1:14b。

（2）messages：一个消息列表，其中每条消息是一个字典，包含 role（如 user 或 assistant）和 content（内容）。通过这个列表，读者可以传递会话历史，实现与上下文相关的会话。

（3）stream：一个布尔值，决定是否启用流式响应。如果设为 True，响应会以数据块的形式逐步返回，适合实时输出；如果设为 False，则一次性返回完整结果。

（4）tools 和 tool_choice（可选）：用于工具调用。

对于 Ollama 的 OpenAI 兼容 API，我们只需要调整 base_url（指向本地服务，比如

http://192.168.31.208:11434/v1/）和 api_key（Ollama 默认接收任意值，如 ollama），就能用同样的方法调用本地模型。接下来，我们通过一个案例，了解如何用它实现多轮会话。

案例：用 Python 实现多轮会话（代码位置：src/openai/python/chat.py）

假设我们要实现一个简单的对话场景：先问"请问北京有哪些著名的旅游景点？"然后根据回答继续问"在这些景点中，哪个景点最适合春天去游玩？"我们将使用 OpenAI Python 编程库，连接到 Ollama 的本地服务，并启用流式响应。以下是具体的代码。

```python
from openai import OpenAI
# 1. 初始化 OpenAI 客户端，连接 Ollama 服务
client = OpenAI(
    base_url='http://localhost:11434/v1/',  # Ollama 的本地 API 地址
    api_key='ollama',                        # Ollama 的占位符 API 密钥
)
# 2. 第一次对话
message1 = {'role': 'user', 'content': '请问北京有哪些著名的旅游景点？'}
response_first_round = client.chat.completions.create(
    model='deepseek-r1:14b',             # 指定 Ollama 中的模型
    messages=[message1],                  # 单条用户消息
    stream=True                           # 启用流式响应
)
# 输出第一次的响应
print("第一次对话:")
assistant_response = ''
for chunk in response_first_round:
    content = chunk.choices[0].delta.content or ''   # 获取每个数据块的内容
    print(content, end='')
    assistant_response += content
# 3. 第二次对话，传递历史对话
message2 = {'role': 'user', 'content': '在这些景点中，哪个最适合春天去游玩？'}
messages = [
    {'role': 'user', 'content': '请问北京有哪些著名的旅游景点？'},        # 第一次用户提问
    {'role': 'assistant', 'content': assistant_response},              # 第一次助手回复
    {'role': 'user', 'content': '在这些景点中，哪个最适合春天去游玩？'}   # 第二次用户提问
]
response_second_round = client.chat.completions.create(
    model='deepseek-r1:14b',          # 使用不同的模型（测试灵活性）
    messages=messages,                # 包含完整对话历史
    stream=True                       # 启用流式响应
)
# 输出第二次助手回复
print("\n 第二次对话:", end=" ")
for chunk in response_second_round:
    content = chunk.choices[0].delta.content or ''   # 获取每个数据块的内容
    print(content, end='')
print()  # 换行
```

运行程序前，用户需保证已经安装 Ollama，并且已经部署了 deepseek-r1:14b 模型。终端会输出两次对话的输入和输出。

代码解析如下。

（1）初始化 OpenAI 客户端：我们用 OpenAI 类创建了一个客户端，指定了 Ollama 的本地 API 地址和占位符 API 密钥。这样，所有请求都会发送到本地服务，而不是 OpenAI 的云端。

（2）第一次对话：发送一条简单的用户消息，即"请问北京有哪些著名的旅游景点？"设置 stream 为 True，响应会以流式方式返回，然后遍历每个数据块，提取内容并拼接成完整的回答。

（3）第二次对话：构造一个 messages 列表，列表包含第一次用户提问、第一次助手回复，以及第二次用户提问。再次使用流式响应，实时输出回答。

9.3.2　用 JavaScript 通过 OpenAI API 程序库实现多轮会话

JavaScript 作为 Web 开发的主流编程语言，同样可以通过 OpenAI 官方提供的程序库实现多轮会话，尤其适合构建在线聊天应用或交互式网页。本节将简要介绍 OpenAI JavaScript 程序库中与会话相关的方法，并通过一个案例展示如何用 JavaScript 通过程序库实现多轮会话。

1. 与会话相关的方法

OpenAI JavaScript 程序库提供了与 Python 程序库类似的功能，主要依赖 client.chat.completions.create() 方法处理对话任务。client.chat.completions.create() 是 JavaScript 中发起对话的核心方法，支持单次问答和多轮会话。它的使用方式与 Python 程序库中的一致，只不过其语法需要调整为 JavaScript 的异步风格（基于 Promise 或 async/await）。

该方法各参数的含义与 Python 程序库中同名方法的参数的含义相同，这些参数包括 model（模型名称）、messages（消息列表）、stream（是否启用流式响应）等。唯一的区别是 JavaScript 中需要处理异步调用。

2. 流式响应处理

当将 stream 设置为 true 时，响应是一个流对象，需要通过异步迭代（for await）来获取每个数据块。这与 Python 的遍历方式略有不同，但效果一致，能实现实时输出。

对于 Ollama 的 OpenAI 兼容 API，只需配置 baseURL（如 http://localhost:11434/v1/）和 apiKey，即可将请求指向本地服务。接下来，我们通过一个案例，了解如何用 JavaScript 程序库实现多轮会话。

案例：用 JavaScript 实现多轮会话（代码位置：src/openai/js/chat.js）

本案例展示如何用 JavaScript 实现与 9.3.1 小节相同的对话场景：先问"请问北京有哪些著名的旅游景点？"然后根据回答继续问"在这些景点中，哪个景点最适合春天去游玩？"并使用流式响应。

```
const { OpenAI } = require('openai');
// 1. 初始化 OpenAI 客户端, 连接 Ollama 服务
const client = new OpenAI({
```

```
        baseURL: 'http://localhost:11434/v1/',   // Ollama 的本地 API 地址
        apiKey: 'ollama',                              // Ollama 的占位符 API 密钥
    });
    // 2. 定义异步函数, 处理会话
    async function runConversation() {
        // 第一次对话
        const message1 = { role: 'user', content: ' 请问北京有哪些著名的旅游景点? ' };
        const responseFirstRound = await client.chat.completions.create({
            model: 'deepseek-r1:14b',     // 指定 Ollama 中的模型
            messages: [message1],              // 单条用户消息
            stream: true,                         // 启用流式响应
        });
        // 输出第一次的响应
        process.stdout.write(' 第一次对话: ');
        let assistantResponse = '';
        for await (const chunk of responseFirstRound) {
            const content = chunk.choices[0]?.delta?.content || '';
            process.stdout.write(content);
            assistantResponse += content;
        }
        // 第二次对话, 传递历史对话
        const message2 = { role: 'user', content: ' 在这些景点中, 哪个最适合春天去游玩? ' };
        const messages = [
            { role: 'user', content: ' 请问北京有哪些著名的旅游景点? ' },   // 第一次用户提问
            { role: 'assistant', content: assistantResponse },           // 第一次助手回复
            { role: 'user', content: ' 在这些景点中, 哪个最适合春天去游玩? ' } // 第二次用户提问
        ];
        const responseSecondRound = await client.chat.completions.create({
            model: 'deepseek-r1:1.5b_new',  // 使用不同的模型
            messages: messages,                   // 包含完整会话历史
            stream: true,                         // 启用流式响应
        });
        // 输出第二次助手回复
        process.stdout.write('\n第二次对话: ');
        for await (const chunk of responseSecondRound) {
            const content = chunk.choices[0]?.delta?.content || '';
            process.stdout.write(content);
        }
        console.log();  // 换行
    }
    // 运行程序
    runConversation().catch(console.error);
```

运行程序, 输出的内容与 9.3.1 小节类似。

代码解析如下。

（1）初始化 OpenAI 客户端: 使用 OpenAI 类创建客户端, 配置 baseURL 和 apiKey, 指向 Ollama 的本地服务。这与用 Python 实现相同功能时进行初始化的操作类似, 只不过使用的是 JavaScript 的对象语法。

（2）第一次对话: 发送一条用户消息, 即 "请问北京有哪些著名的旅游景点? " 设置

stream 为 true，通过异步迭代响应流，提取每个数据块的内容并实时输出。

（3）第二次对话：构造 messages 数组，包括第一次用户提问、第一次助手回复、第二次用户提问。使用相同的流式响应方式，实时输出回复。

9.3.3　用 Go 通过 HTTP 实现多轮会话

对于 Go，由于 OpenAI 没有提供官方程序库，用户需要直接通过 HTTP 请求访问服务端。这种方式虽然稍微复杂，但完全可控，且有助于用户深入理解 API 的底层交互。本小节将简要描述使用 HTTP 请求访问服务端的步骤，并通过一个案例展示如何用 Go 实现多轮会话。

使用 HTTP 请求访问服务端，就是在 Go 中通过 HTTP 调用 Ollama 的 OpenAI 兼容 API（如 /v1/chat/completions 端点），主要涉及以下步骤。

（1）构造请求体：使用 JSON 格式定义请求数据，包括模型名称、消息列表和流式响应选项等，与 OpenAI API 的标准格式一致。

（2）发送 POST 请求：使用 Go 的 net/http 包创建请求，设置必要的头信息（如 Content-Type 和 Authorization），然后将其发送到服务端地址（例如 Ollama 的本地地址）。

（3）处理流式响应：当启用流式响应时，服务端会以数据流的形式返回结果。服务端需要逐数据块读取响应体，并解析每个数据块的内容。数据块的内容通常采用以"data:"开头的事件流格式。

（4）管理会话历史：将每次的响应保存下来，加入消息列表，以便在下一轮请求中携带上下文。

案例：用 Go 实现多轮会话（代码位置：src/openai/go/chat.go）

本案例沿用 9.3.1 小节的对话场景：先问"请问北京有哪些著名的旅游景点？"然后根据回答继续问"在这些景点中，哪个景点最适合春天去游玩？"并使用流式响应。具体代码如下。

```go
package main
import (
  "bufio"
  "bytes"
  "encoding/json"
  "fmt"
  "net/http"
  "strings"
)
type Message struct {
  Role    string json:"role"
  Content string json:"content"
}
type ChatRequest struct {
  Model    string    json:"model"
  Messages []Message json:"messages"
```

```go
    Stream    bool      json:"stream"
}
type StreamChunk struct {
    Choices []struct {
        Delta struct {
            Content string json:"content"
        } json:"delta"
    } json:"choices"
}
func main() {
    // 配置
    url := "http://192.168.31.208:11434/v1/chat/completions"
    apiKey := "ollama"
    // 第一次对话
    message1 := Message{Role: "user", Content: "请问北京有哪些著名的旅游景点？"}
    request1 := ChatRequest{
        Model:    "deepseek-r1:14b",
        Messages: []Message{message1},
        Stream:   true,
    }
    // 发送第一次请求
    resp1, err := sendRequest(url, apiKey, request1)
    if err != nil {
        fmt.Printf("第一次请求失败：%v\n", err)
        return
    }
    defer resp1.Body.Close()
    // 处理第一次响应
    fmt.Print("第一次对话：")
    assistantResponse := ""
    scanner := bufio.NewScanner(resp1.Body)
    for scanner.Scan() {
        line := scanner.Text()
        if strings.HasPrefix(line, "data: ") {
            data := strings.TrimPrefix(line, "data: ")
            if data == "[DONE]" {
                break
            }
            var chunk StreamChunk
            if err := json.Unmarshal([]byte(data), &chunk); err == nil {
                content := chunk.Choices[0].Delta.Content
                fmt.Print(content)
                assistantResponse += content
            }
        }
    }
    if err := scanner.Err(); err != nil {
        fmt.Printf("读取流失败：%v\n", err)
        return
    }
    // 第二次对话，携带历史
```

```go
    messages := []Message{
        {Role: "user", Content: "请问北京有哪些著名的旅游景点? "},
        {Role: "assistant", Content: assistantResponse},
        {Role: "user", Content: "在这些景点中，哪个最适合春天去游玩? "},
    }
    request2 := ChatRequest{
        Model:    "deepseek-r1:1.5b_new",
        Messages: messages,
        Stream:   true,
    }
    // 发送第二次请求
    resp2, err := sendRequest(url, apiKey, request2)
    if err != nil {
        fmt.Printf("第二次请求失败: %v\n", err)
        return
    }
    defer resp2.Body.Close()
    // 处理第二次响应
    fmt.Print("\n第二次对话: ")
    scanner = bufio.NewScanner(resp2.Body)
    for scanner.Scan() {
        line := scanner.Text()
        if strings.HasPrefix(line, "data: ") {
            data := strings.TrimPrefix(line, "data: ")
            if data == "[DONE]" {
                break
            }
            var chunk StreamChunk
            if err := json.Unmarshal([]byte(data), &chunk); err == nil {
                content := chunk.Choices[0].Delta.Content
                fmt.Print(content)
            }
        }
    }
    if err := scanner.Err(); err != nil {
        fmt.Printf("读取流失败: %v\n", err)
        return
    }
    fmt.Println() // 换行
}
func sendRequest(url, apiKey string, request ChatRequest) (*http.
Response, error) {
    // 构造请求体
    reqBody, err := json.Marshal(request)
    if err != nil {
        return nil, err
    }
    // 创建 HTTP 请求
    req, err := http.NewRequest("POST", url, bytes.NewBuffer(reqBody))
    if err != nil {
        return nil, err
    }
```

```
    }
    req.Header.Set("Content-Type", "application/json")
    req.Header.Set("Authorization", "Bearer "+apiKey)
    // 发送 HTTP 请求
    client := &http.Client{}
    return client.Do(req)
}
```

代码解析如下。

1. 第一次对话

（1）构造包含单条用户消息的请求，启用流式响应（设置 Stream 为 true）。

（2）使用 bufio.NewScanner 读取响应流，解析以 "data:" 开头的事件流，提取内容并实时输出。

2. 第二次对话

（1）创建包含历史对话的 messages 数组：第一次用户提问、第一次助手回复、第二次用户提问。

（2）使用流式响应，实时输出结果。

3. HTTP 请求

用 sendRequest() 函数封装请求逻辑，设置 Content-Type 和 Authorization，再将 HTTP 请求直接发送到 Ollama 的本地端点。

9.4　3 种编程语言实现函数调用

本节主要介绍分别使用 Python、JavaScript 和 Go 实现函数调用。

9.4.1　函数调用简介

在 AIGC 里，大模型已经能回答问题、生成文本，甚至进行多轮对话。但有时候，模型并不能直接解决所有问题。这时，函数调用（Function Call）就派上用场了。作为 OpenAI API（及其兼容工具，如 Ollama）的一个强大功能，函数调用让模型不仅能"说"，还能"做"。本小节将带领读者了解函数调用是什么，为什么需要调用函数，以及函数调用的应用场景。

1. 函数调用是什么

简单来说，函数调用是在模型与外部工具之间"搭桥"的一种方式。想象一下，用户问模型："今天北京天气怎么样？"模型没有实时天气数据，但它可以"聪明地"告诉程序："我需要调用一个查天气的函数。"然后，程序执行这个函数，获取天气数据，再把数据交给模型，模型就能给出自然的回答，比如"今天北京是晴天，温度为 20℃"。

在 OpenAI 兼容 API 中，函数调用通过一个特殊的 tools 属性实现。用户告诉模型有哪些可用函数（比如天气查询、计算器等），模型根据需求决定是否调用它们。如果需要调用函数，模型会向程序发送一个请求（包含函数名和参数），程序执行后再把结果反馈给模型。这个过程就像模型和程序之间的一次"协作"，让 AI 的能力从单纯的聊天扩展到解决实际问题。

2. 为什么需要函数调用

模型虽然"聪明"，但它们具有以下局限性。

（1）知识有限：模型的训练数据有截止日期，并且模型无法知道最新信息，比如今天的天气或新闻。

（2）计算能力受限：模型适用于自然语言处理，但不适用于复杂的数学计算或逻辑操作。

（3）外部交互缺失：模型无法直接访问数据库、网页或其他外部资源。

函数调用解决了以下问题。

（1）用户问"1 到 100 的所有整数的总和是多少"，模型可以调用一个计算函数来计算。

（2）用户问"我的邮件里讲了什么"，模型可以调用一个邮件检查函数来获取邮件信息，并返回给用户。

这样，模型就像一个指挥家，知道何时请出合适的乐手（函数），最终演奏出完整的乐曲（回答）。

3. 函数调用的应用场景

函数调用的应用场景非常广泛，几乎可以覆盖任何需要外部信息或操作的场景。

（1）获取实时数据：用户想知道当前的天气、股票价格或新闻，例如用户问"上海今天天气如何"，模型可以调用天气查询函数，返回实时结果。

（2）执行计算或逻辑操作：用户需要进行数学计算、数据分析或程序生成，例如用户要求"计算 50 到 100 之间所有整数的平均值"，模型可以调用计算函数。

（3）控制外部设备或服务：控制智能家居、自动化脚本，例如用户要求"打开客厅的灯"，模型可以调用设备控制函数。

（4）生成结构化内容：生成代码、表格或格式化数据，例如用户输入"给我一个从 1 到 10 的循环代码"，模型可以调用代码生成函数。

这些场景展示了函数调用如何让模型从"只会说话"变成"能做事"，从而极大地扩展了 AIGC 的应用范围。

函数调用是 OpenAI 兼容 API 的一大亮点，它让模型从单纯的文字生成者变成能与外部世界交互的"智能助手"。通过定义函数并交给模型调用，用户可以弥补模型的不足，满足实时数据、计算或控制等复杂需求，让 AIGC 的应用场景更丰富。

9.4.2　用 Python 通过 OpenAI API 程序库实现函数调用

本小节将用 Python 通过 OpenAI API 程序库实现函数调用。需要注意的是，并不是所有模型都支持函数调用。例如，DeepSeek 系列模型目前不支持这一功能，因此我们将使用支持函数

调用的模型，如 Qwen2.5（qwen2.5:0.5b 或其他量化模型）[①]，结合 Ollama 的 OpenAI 兼容 API 来实现函数调用。

使用 OpenAI API 程序库实现函数调用，主要分为以下几个步骤。

（1）初始化 OpenAI 客户端：创建一个 OpenAI 客户端，指定服务地址和密钥。对于 Ollama，只需将地址指向 Ollama 所在计算机的 IP 地址或域名即可（如 http://localhost:11434/v1）。

（2）定义函数：编写实际执行任务的 Python 函数，这些函数是模型的"外部帮手"。

（3）定义 tools 列表：用 JSON 格式定义 tools 列表，该列表需包括函数名、描述和参数要求。模型会根据这些信息决定是否调用函数。

（4）发送请求：使用 client.chat.completions.create() 方法发送用户消息和 tools 列表，让模型判断是否需要调用函数。

（5）处理函数调用：程序会检查模型返回的响应中是否包含 tool_calls，如果包含，则提取函数名和参数，执行对应的函数。

（6）执行函数并将结果返回给模型：程序将函数的结果返回给模型，并再次调用 API，让模型根据结果生成自然语言回答。

下面，我们通过一个天气查询的案例来体验函数调用的具体过程，进而分析模型如何处理用户提问，以及代码中的关键设计。

案例：用 Python 实现天气查询的函数调用（代码位置：src/openai/python/weather.py）

本案例展示通过函数调用查询天气。用户提问"今天东京天气怎么样？"模型将调用一个模拟的天气查询函数并返回结果。具体代码如下。

```python
from openai import OpenAI
import json
# 1. 初始化 OpenAI 客户端, 指向 Ollama 服务
client = OpenAI(
    base_url='http://192.168.31.208:11434/v1',  # Ollama 的本地 API 地址
    api_key='ollama',                             # Ollama 的占位符 API 密钥
)
# 2. 定义模拟的天气查询函数
def get_weather(location):
    """
    模拟的天气查询函数。
    在实际应用中, 这里应该调用真正的天气 API, 如 OpenWeatherMap。
    这里为了演示, 只返回预设的天气信息。
    """
    weather_data = {
        "Tokyo": {"temperature": "10° C", "conditions": "Cloudy"},
        "London": {"temperature": "5° C", "conditions": "Rainy"},
```

---

① 如果读者没有部署 Qwen2.5，则需要执行 ollama pull qwen2.5:0.5b 命令下载模型文件。读者也可以将 qwen2.5:0.5b 换成 Qwen2.5 系列的其他模型。

```
            "New York": {"temperature": "0° C", "conditions": "Snowy"},
    }
    if location in weather_data:
        return weather_data[location]
    else:
        return {"error": "Location not found"}
# 3. 定义 tools 列表
tools = [
    {
        "type": "function",
        "function": {
            "name": "get_weather",
            "description": " 获取指定地点的天气信息，将指定地点转换为英文，首字母大写 ",
            "parameters": {
                "type": "object",
                "properties": {
                    "location": {
                        "type": "string",
                        "description": "需要查询天气的地点（城市名称），需要转换为英文，
                        首字母大写 ",
                    }
                },
                "required": ["location"],
            },
        },
    }
]
# 4. 用户输入
user_message = " 今天东京天气怎么样？ "

# 5. 发送请求，检查是否需要调用函数
chat_completion = client.chat.completions.create(
    model="qwen2.5:0.5b",            # 选择支持函数调用的模型
    messages=[{"role": "user", "content": user_message}],
    tools=tools,
    tool_choice="auto",              # 让模型自动决定是否调用函数
    stream=False                     # 禁用流式响应以简化演示
)
message = chat_completion.choices[0].message

# 6. 处理函数调用
tool_calls = message.tool_calls
if tool_calls:
    tool_call = tool_calls[0]
    tool_function = tool_call.function
    tool_name = tool_function.name
    tool_arguments = json.loads(tool_function.arguments)
    if tool_name == "get_weather":
        # 7. 执行函数
        weather_info = get_weather(location=tool_arguments["location"])
```

```
# 8. 将结果返回给模型
tool_response = client.chat.completions.create(
    model="qwen2.5:0.5b",
    messages=[
        {"role": "user", "content": user_message},
        message,
        {
            "role": "tool",
            "tool_call_id": tool_call.id,
            "name": tool_name,
            "content": json.dumps(weather_info),
        }
    ],
    tools=tools,
    tool_choice="auto",
    stream=False
)
final_response = tool_response.choices[0].message.content
print(f" 最终回复: {final_response}")
else:
    print(f" 模型回复: {message.content}")
```

当用户输入"今天东京天气怎么样?"后,系统会按照以下流程进行处理。

(1)模型接收用户消息:用户输入通过 messages 参数发送给模型,模型开始分析。

(2)模型判断是否需要调用函数:Qwen2.5 模型根据用户输入和函数描述("获取指定地点的天气信息"),识别出这是一个需要外部数据的问题。它决定调用 get_weather() 函数。

(3)模型生成函数调用请求:模型返回一个 tool_calls 对象,该对象包含函数名(get_weather)和参数(Tokyo)。用户输入的是中文的"东京",但模型根据函数描述("将指定地点转换为英文,首字母大写")和参数描述("需要转换为英文,首字母大写")生成英文参数"Tokyo"。也就是说,不管用户用什么语言询问,这个参数都会用英文表达。

(4)程序执行函数:程序解析 tool_calls 对象,提取参数 location 为 "Tokyo",随后调用 get_weather() 函数。函数在预设的 weather_data 中找到匹配项,返回 {"temperature": "10℃", "conditions": "Cloudy"}。

(5)程序将结果返回给模型:程序将天气信息以 JSON 格式({"temperature": "10℃", "conditions": "Cloudy"})发送给模型,附带原始问题和调用信息。

(6)模型生成最终回复:模型接收天气信息,结合上下文生成自然语言回答。注意,模型回答所用的语言会与提问的语言一致,如果提问使用中文"今天东京天气怎么样?",模型的回答就是中文"今天东京的温度是 10℃,天气状况是多云"。

整个过程无缝衔接,用户只需提问,系统便自动完成从识别到执行再到回答的全流程。整个过程就相当于自然语言形式的 API 调用。

代码解释如下。

这个案例展示了函数调用的完整实现过程，以下是代码中的几个关键点。

1. 函数描述的重要性

在 tools 列表的定义中，参数 description 为"获取指定地点的天气信息，将指定地点转换为英文，首字母大写"，参数 location 的描述也强调"需要转换为英文，首字母大写"。这些描述不仅是注释，更是模型的"指令"。Qwen2.5 根据这些描述理解用户输入，并生成正确的英文参数。例如，用户输入"今天伦敦天气怎么样？"（中文），模型则会生成 {"location": "London"}；用户输入"What's the weather like in New York?"（英文），模型则会生成 {"location": "New York"}。

如果函数描述不明确（比如只写 " 城市名称 "），模型可能会直接生成中文（如 {"location": " 东京 "}），导致函数运行失败。

2. 模型选择

本案例使用的模型是 qwen2.5:0.5b，因为它支持函数调用，而 DeepSeek 系列模型（如 deepseek-r1:14b）目前不支持函数调用。如果读者想尝试其他模型，需确认其是否支持函数调用。

3. 两次调用 API

第一次调用 API 是为了判断是否需要调用函数，第二次调用 API 则是为了将结果返回给模型。这两个步骤是函数调用的典型模式，确保模型能根据实际数据生成回答。

4. 参数处理

tool_arguments 将 JSON 格式的字符串解析为字典，提取 location 的值。get_weather() 函数直接使用这个值查找数据，无须额外进行转换，因为模型已按描述处理好了参数。

通过 OpenAI API Python 程序库，用户可以轻松实现函数调用，将模型与外部工具结合。本案例展示了天气查询的完整流程，从用户提问到模型识别、函数执行，再到最终回答，体现了函数调用的实用性。其中，函数描述的设计是关键，它引导模型正确生成参数，适应不同语言的输入。

9.4.3　用 JavaScript 通过 OpenAI API 程序库实现函数调用

本小节将介绍使用 OpenAI API JavaScript 程序库，编写与 9.4.2 小节的案例中功能相同的程序。JavaScript 特别适合开发 Web 应用或 Node.js 项目，读者可以直接在浏览器或服务器端运行类似的程序。这里将直接给出案例代码，并解析关键部分，帮助读者理解其实现。

案例：用 JavaScript 实现天气查询的函数调用（代码位置：src/openai/js/weather.js）

本案例用 JavaScript 实现天气查询的函数调用。用户提问"今天东京天气怎么样？"模型将调用模拟的天气查询函数并返回结果。

```
const { OpenAI } = require('openai');
// 1. 初始化 OpenAI 客户端，连接 Ollama 服务
const client = new OpenAI({
    baseURL: 'http://192.168.31.208:11434/v1/',    // Ollama 的本地 API 地址
    apiKey: 'ollama',                               // Ollama 的占位符 API 密钥
});
// 2. 定义模拟的天气查询函数
function getWeather(location) {
    // 模拟的天气查询函数，这里返回预设数据
    const weatherData = {
        'Tokyo': { temperature: '10° C', conditions: 'Cloudy' },
        'London': { temperature: '5° C', conditions: 'Rainy' },
        'New York': { temperature: '0° C', conditions: 'Snowy' },
    };
    return weatherData[location] || { error: 'Location not found' };
}
// 3. 定义 tools 列表
const tools = [
    {
        type: 'function',
        function: {
            name: 'get_weather',
            description: '获取指定地点的天气信息，将指定地点转换为英文，首字母大写',
            parameters: {
                type: 'object',
                properties: {
                    location: {
                        type: 'string',
                        description: '需要查询天气的地点（城市名称），需要转换为英文，首
                        字母大写',
                    },
                },
                required: ['location'],
            },
        },
    },
];
// 4. 实现函数调用的异步函数
async function runFunctionCall() {
    // 用户输入
    const userMessage = '今天东京天气怎么样？';
    // 5. 发送请求，检查是否需要调用函数
    const chatCompletion = await client.chat.completions.create({
        model: 'qwen2.5:0.5b',          // 支持函数调用的模型
        messages: [{ role: 'user', content: userMessage }],
        tools: tools,
        tool_choice: 'auto',            // 让模型自动决定是否调用函数
        stream: false,                  // 禁用流式响应以简化演示
    });
    const message = chatCompletion.choices[0].message;
    // 6. 处理函数调用
```

```
    if (message.tool_calls) {
        const toolCall = message.tool_calls[0];
        const toolFunction = toolCall.function;
        const toolName = toolFunction.name;
        const toolArguments = JSON.parse(toolFunction.arguments);
        if (toolName === 'get_weather') {
            // 7. 执行函数
            const weatherInfo = getWeather(toolArguments.location);
            // 8. 将结果返给模型
            const toolResponse = await client.chat.completions.create({
                model: 'qwen2.5:0.5b',
                messages: [
                    { role: 'user', content: userMessage },
                    message,
                    {
                        role: 'tool',
                        tool_call_id: toolCall.id,
                        name: toolName,
                        content: JSON.stringify(weatherInfo),
                    },
                ],
                tools: tools,
                tool_choice: 'auto',
                stream: false,
            });
            const finalResponse = toolResponse.choices[0].message.content;
            console.log(`最终回复：${finalResponse}`);
        }
    } else {
        console.log(`模型回复：${message.content}`);
    }
}
// 运行程序
runFunctionCall().catch(console.error);
```

代码解析如下。

（1）初始化 OpenAI 客户端：使用 new OpenAI 创建 OpenAI 客户端，配置与 9.4.2 节中使用 Python 时类似，只是需要遵循 JavaScript 的对象语法。baseURL 和 apiKey 指向 Ollama 的本地服务。

（2）定义函数：getWeather() 函数与 Python 的 get_weather() 函数的功能相同，都是使用对象存储天气数据。

（3）定义 tools 列表：tools 的定义与 9.4.2 小节中的完全相同，description 强调将地点转换为英文并首字母大写。

（4）异步处理：JavaScript 使用 async/await 处理 API 调用，这与 Python 的同步调用不同，但逻辑一致。两次调用 client.chat.completions.create() 函数，分别用于检查函数调用和反馈结果。

（5）参数处理：toolArguments 通过 JSON.parse 解析，与 Python 的 json.loads 作用相同。

（6）响应结构：message.tool_calls 和 Python 的 tool_response.choices[0].message.content 的访问方式一致，仅语法稍有差异。

9.4.4 用 Go 通过 HTTP 实现函数调用

Go 由于没有官方库支持，读者需要直接通过 HTTP 请求与 Ollama 的 OpenAI 兼容 API 进行交互。本小节将展示如何仅使用标准库 net/http，无须借助第三方库，用 Go 实现天气查询函数调用的案例。函数调用的端点是 /v1/chat/completions。

用 Go 通过 HTTP 实现函数调用涉及以下步骤。

（1）构造 HTTP 请求：创建一个 POST 请求，该请求需包含 JSON 格式的请求体（model、messages、tools list 等），并设置必要的请求头（如 Content-Type 和 Authorization）。

（2）定义函数：在代码中定义函数的 JSON 结构，并实现对应的 Go 函数（如天气查询函数），供模型调用。

（3）发送第一次请求：将用户消息和函数列表发送到服务端，检查响应中是否包含函数调用请求（tool_calls）。

（4）解析并执行函数：如果响应中包含函数调用请求，程序将解析其名称和参数，并调用对应的 Go 函数获取结果。

（5）发送第二次请求：程序将结果以 role: "tool" 的消息形式返回给模型，再次发送请求，获取最终的自然语言回答。

这些步骤与使用 OpenAI API 程序库的流程一致，只是需要手动处理 HTTP 请求和响应。

案例：用 Go 实现天气查询的函数调用（代码位置：src/openai/go/weather.go）

本案例实现天气查询的函数调用。用户提问"今天东京天气怎么样？"模型调用模拟的天气查询函数并返回结果。

```go
package main
import (
    "bytes"
    "encoding/json"
    "fmt"
    "io/ioutil"
    "net/http"
)
// Message 定义消息结构，与 OpenAI API 兼容
type Message struct {
    Role       string       json:"role"
    Content    string       json:"content"
    ToolCalls  []ToolCall   json:"tool_calls,omitempty"
    ToolCallID string       json:"tool_call_id,omitempty"
    Name       string       json:"name,omitempty"
}
```

```go
// Tool 定义函数结构
type Tool struct {
    Type     string        json:"type"
    Function ToolFunction json:"function"
}
type ToolFunction struct {
    Name        string                 json:"name"
    Description string                 json:"description"
    Parameters  map[string]interface{} json:"parameters"
}
// ToolCall 定义函数调用结构
type ToolCall struct {
    ID       string            json:"id"
    Type     string            json:"type"
    Function ToolFunctionCall json:"function"
}
type ToolFunctionCall struct {
    Name      string json:"name"
    Arguments string json:"arguments"
}
// ChatCompletionRequest 定义请求结构
type ChatCompletionRequest struct {
    Model      string    json:"model"
    Messages   []Message json:"messages"
    Tools      []Tool    json:"tools,omitempty"
    ToolChoice string    json:"tool_choice,omitempty"
    Stream     bool      json:"stream"
}
// ChatCompletionResponse 定义响应结构
type ChatCompletionResponse struct {
    Choices []struct {
        Message Message json:"message"
    } json:"choices"
}
// 模拟的天气数据
var weatherData = map[string]map[string]string{
    "Tokyo":    {"temperature": "10° C", "conditions": "Cloudy"},
    "London":   {"temperature": "5° C", "conditions": "Rainy"},
    "New York": {"temperature": "0° C", "conditions": "Snowy"},
}

// 定义 getWeather() 函数
func getWeather(location string) map[string]interface{} {
    fmt.Println(location)
    if data, exists := weatherData[location]; exists {
        return map[string]interface{}{
            "temperature": data["temperature"],
            "conditions":  data["conditions"],
        }
    }
    return map[string]interface{}{
        "error": "Location not found",
```

```go
    }
}
// sendRequest 发送 HTTP POST 请求
func sendRequest(url string, apiKey string, request ChatCompletionRequest)
(ChatCompletionResponse, error) {
    reqBody, err := json.Marshal(request)
    if err != nil {
        return ChatCompletionResponse{}, err
    }
    req, err := http.NewRequest("POST", url, bytes.NewBuffer(reqBody))
    if err != nil {
        return ChatCompletionResponse{}, err
    }
    req.Header.Set("Content-Type", "application/json")
    req.Header.Set("Authorization", "Bearer "+apiKey)
    client := &http.Client{}
    resp, err := client.Do(req)
    if err != nil {
        return ChatCompletionResponse{}, err
    }
    defer resp.Body.Close()
    body, err := ioutil.ReadAll(resp.Body)
    if err != nil {
        return ChatCompletionResponse{}, err
    }

    var response ChatCompletionResponse
    err = json.Unmarshal(body, &response)
    if err != nil {
        return ChatCompletionResponse{}, err
    }
    return response, nil
}
func main() {
    // 配置
    baseURL := "http://192.168.31.208:11434/v1/chat/completions"
    apiKey := "ollama"
    model := "qwen2.5:0.5b"
    // 定义 tools 列表
    tools := []Tool{
        {
            Type: "function",
            Function: ToolFunction{
                Name:        "get_weather",
                Description: "获取指定地点的天气信息，将指定地点转换为英文，首字母大写",
                Parameters: map[string]interface{}{
                    "type": "object",
                    "properties": map[string]interface{}{
                        "location": map[string]interface{}{
                            "type":        "string",
```

```
                            "description": "需要查询天气的地点（城市名称），需要转换为英文，
                            首字母大写 ",
                        },
                    },
                    "required": []string{"location"},
                },
            },
        },
    }
    // 用户输入
    userMessage := "今天东京天气怎么样？ "
    // 第一次请求
    request := ChatCompletionRequest{
        Model:      model,
        Messages:   []Message{{Role: "user", Content: userMessage}},
        Tools:      tools,
        ToolChoice: "auto",
        Stream:     false,
    }
    response, err := sendRequest(baseURL, apiKey, request)
    if err != nil {
        fmt.Printf(" 第一次请求失败： %v\n", err)
        return
    }
    // 检查函数调用
    message := response.Choices[0].Message
    if len(message.ToolCalls) > 0 {
        toolCall := message.ToolCalls[0]
        toolName := toolCall.Function.Name
        // 解析函数参数
        var toolArguments map[string]string
        err := json.Unmarshal([]byte(toolCall.Function.Arguments), &toolArguments)
        if err != nil {
            fmt.Printf(" 解析函数参数失败： %v\n", err)
            return
        }
        if toolName == "get_weather" {
            // 调用函数
            weatherInfo := getWeather(toolArguments["location"])
            // 第二次请求，反馈结果
            toolResponseRequest := ChatCompletionRequest{
                Model: model,
                Messages: []Message{
                    {Role: "user", Content: userMessage},
                    {Role: "assistant", Content: message.Content, ToolCalls: message.
                    ToolCalls},
                    {
                        Role:       "tool",
                        Content:    string(mustMarshal(weatherInfo)),
                        ToolCallID: toolCall.ID,
                        Name:       toolName,
```

```
                    },
                },
            Tools:      tools,
            ToolChoice: "auto",
            Stream:     false,
        }
        toolResponse, err := sendRequest(baseURL, apiKey, toolResponseRequest)
        if err != nil {
            fmt.Printf("第二次请求失败：%v\n", err)
            return
        }

        finalResponse := toolResponse.Choices[0].Message.Content
        fmt.Printf("最终回复：%s\n", finalResponse)
    }
    } else {
        fmt.Printf("模型回复：%s\n", message.Content)
    }
}
// mustMarshal 将数据转为 JSON 字节数组
func mustMarshal(data interface{}) []byte {
    bytes, err := json.Marshal(data)
    if err != nil {
        panic(err)
    }
    return bytes
}
```

代码解析如下。

（1）HTTP 请求构造：sendRequest() 函数封装了 HTTP POST 请求，与 Python 和 JavaScript 的客户端调用等效。使用 json.Marshal 构造请求体，设置 Content-Type 和 Authorization，发送到 Ollama 的本地端点。

（2）函数定义与描述：tools 列表的结构与 9.4.2 小节和 9.4.3 小节中的一致，其中 Description 强调"将指定地点转换为英文，首字母大写"。这能引导模型生成正确的参数，例如，将"东京"转换为"Tokyo"。

（3）函数实现：getWeather() 函数的功能与用 JavaScript 实现函数调用时的同名函数相同，它使用 Go 中的 map 存储天气数据，返回动态的 map[string]interface{} 类型以适配 JSON 格式。

（4）两次请求流程：第一次请求检查 ToolCalls，若有 ToolCalls，则解析参数并执行函数；第二次请求将结果返回给模型，获取最终回复。

9.5　3 种编程语言获取文本向量

本节主要介绍分别使用 Python、JavaScript 和 Go 获取文本向量。

9.5.1　用 Python 通过 OpenAI API 程序库获取文本向量

本小节将介绍使用 OpenAI Python 程序库获取文本向量。在 OpenAI Python 程序库中，获取文本向量主要依赖 client.embeddings.create() 方法。该方法调用 OpenAI API 的 /v1/embeddings 端点。用户通过它可以将任意文本转换为一组数字表示（向量），便于后续处理。

client.embeddings.create() 方法的主要参数如下。

（1）model（字符串，必需）：指定生成文本向量的模型名称，如 Ollama 中的 bge-m3 模型。

（2）input（字符串或字符串列表，必需）：输入文本，可以是单个字符串或字符串列表。如果是字符串列表，将为每个文本生成独立的文本向量。

client.embeddings.create() 方法返回一个对象，其中 data 字段包含文本向量数据。通常通过 response.data[0].embedding 获取单个文本的向量结果，向量为一组浮点数列表。

对于 Ollama 的 OpenAI 兼容 API，只需配置正确的 base_url 和 api_key，即可使用此方法调用本地模型生成文本向量。

案例：用 Python 生成文本向量（代码位置：src/openai/python/embed.py）

本案例用 Python 获取文本向量，用户输入一句简单的中文文本，模型返回其文本向量。

```python
from openai import OpenAI
# 初始化 OpenAI 客户端，配置 Ollama 的本地服务地址
client = OpenAI(
    base_url="http://localhost:11434/v1",      # Ollama 的默认 API 地址
    api_key="ollama"                  # Ollama 本地部署模型，API 密钥可以任意设置
)
# 输入文本
text = "这是一个测试句子，用于生成文本向量。"

try:
    # 调用嵌入端点，生成文本向量
    response = client.embeddings.create(
        model="bge-m3",   # 使用支持嵌入的模型
        input=text              # 输入单个字符串（也可以传入字符串列表）
    )
    # 获取生成的文本向量
    embedding = response.data[0].embedding
    # 输出文本向量的前几个值（完整的文本向量可能很长）
    print("生成的文本向量（前 5 个值）: ", embedding[:5])
    print("向量长度: ", len(embedding))
except Exception as e:
    print(f"发生错误：{e}")
```

运行程序，会输出如下内容。

```
生成的文本向量（前 5 个值）: [-0.039374504, 0.023738999, -0.023087384, -0.011349202, -0.00465809]
向量长度: 1024
```

9.5.2 用 JavaScript 通过 OpenAI API 程序库获取文本向量

本小节将使用 JavaScript 实现获取文本向量的程序。该程序同样需要使用 client.embeddings. create() 方法，这里 client.embeddings.create() 方法的参数与 Python 中同名方法的参数的含义相同。

案例：用 JavaScript 生成文本向量（代码位置：src/openai/js/embed.js）

本案例用 JavaScript 获取文本向量，用户输入一句中文文本，模型返回其文本向量。

```javascript
const { OpenAI } = require('openai');
// 初始化 OpenAI 客户端，配置 Ollama 的本地服务地址
const client = new OpenAI({
    baseURL: 'http://localhost:11434/v1',          // Ollama 的默认 API 地址
    apiKey: 'ollama'                                // Ollama 本地部署模型，API 秘钥可以任意设置
});
// 输入文本
const text = '这是一个测试句子，用于生成文本向量。';
async function getEmbedding() {
    try {
        // 调用嵌入端点，生成文本向量
        const response = await client.embeddings.create({
            model: 'bge-m3',   // 使用支持嵌入的模型
            input: text        // 输入单个字符串（也可以传入字符串数组）
        });
        // 获取生成的文本向量
        const embedding = response.data[0].embedding;

        // 输出文本向量的前几个值（完整的文本向量可能很长）
        console.log('生成的文本向量（前 5 个值）: ', embedding.slice(0, 5));
        console.log('向量长度: ', embedding.length);
    } catch (e) {
        console.log('发生错误: ', e);
    }
}
// 运行程序
getEmbedding();
```

运行程序，会输出如下内容。

```
生成的文本向量（前 5 个值）: [-0.039374504, 0.023738999, -0.023087384, -0.011349202,
-0.00465809]
向量长度: 1024
```

9.5.3 用 Go 通过 HTTP 获取文本向量

由于 Go 没有官方库支持，用户需要直接使用 HTTP 请求与 Ollama 的 OpenAI 兼容 API 进行交互。本小节将展示如何仅依赖标准库 net/http，用 Go 获取文本向量。获取文本向量的端点是 /v1/embeddings。

案例：用 Go 生成文本向量（代码位置：src/openai/go/embed.go）

本案例用 Go 获取文本向量，用户输入一句中文文本，模型返回其文本向量。

```go
package main
import (
  "bytes"
  "encoding/json"
  "fmt"
  "io/ioutil"
  "net/http"
)
t
// EmbeddingRequest 定义嵌入请求结构
type EmbeddingRequest struct {
  Model string json:"model"
  Input string json:"input"
}
// EmbeddingResponse 定义嵌入响应结构
type EmbeddingResponse struct {
  Data []struct {
      Embedding []float64 json:"embedding"
  } json:"data"
}
func main() {
  // 配置
  url := "http://localhost:11434/v1/embeddings"
  apiKey := "ollama"
  // 输入文本
  text := " 这是一个测试句子，用于生成文本向量。"
  // 构造请求
  request := EmbeddingRequest{
      Model: "bge-m3", // 使用支持嵌入的模型
      Input: text,      // 输入单个字符串
  }
  // 发送 HTTP 请求
  reqBody, err := json.Marshal(request)
  if err != nil {
      fmt.Printf(" 请求编码失败： %v\n", err)
      return
  }
  req, err := http.NewRequest("POST", url, bytes.NewBuffer(reqBody))
  if err != nil {
      fmt.Printf(" 创建请求失败： %v\n", err)
      return
  }
  req.Header.Set("Content-Type", "application/json")
  req.Header.Set("Authorization", "Bearer "+apiKey)

  client := &http.Client{}
  resp, err := client.Do(req)
  if err != nil {
```

```
        fmt.Printf(" 发送请求失败 : %v\n", err)
        return
    }
    defer resp.Body.Close()

    // 读取和解析响应
    body, err := ioutil.ReadAll(resp.Body)
    if err != nil {
        fmt.Printf(" 读取响应失败 : %v\n", err)
        return
    }
    var response EmbeddingResponse
    err = json.Unmarshal(body, &response)
    if err != nil {
        fmt.Printf(" 解析响应失败 : %v\n", err)
        return
    }
    // 获取生成的文本向量
    embedding := response.Data[0].Embedding
    // 输出文本向量的前 5 个值和长度
    fmt.Println(" 生成的文本向量（前 5 个值）: ", embedding[:5])
    fmt.Println(" 向量长度: ", len(embedding))
}
```

运行程序，会输出如下内容。

```
生成的文本向量（前 5 个值）: [-0.039374504, 0.023738999, -0.023087384, -0.011349202,
-0.00465809]
向量长度:  1024
```

代码解析如下。

（1）HTTP 请求构造：使用 http.NewRequest 创建 POST 请求，并将其发送到 /v1/embeddings 端点。reqBody 通过 json.Marshal 编码，与 Python 和 JavaScript 的 client.embeddings.create() 方法等效。

（2）请求和响应结构：EmbeddingRequest 和 EmbeddingResponse 定义了 JSON 数据格式，与 OpenAI API 的请求和响应结构一致。response.Data[0].Embedding 用于获取文本向量，其访问方式与 9.5.1 小节和 9.5.2 小节的相同。

（3）向量处理：embedding 是一个 []float64 切片，直接从响应中提取，使用 embedding[:5] 输出文本向量中的前 5 个值。

（4）错误处理：通过多处 if err != nil，检查潜在错误（如编码、请求或解析失败）。这个方法与 Python 的 try-except 和 JavaScript 的 try-catch 功能类似。

9.6　调用 LM Studio 的 OpenAI 兼容 API

提供 OpenAI 兼容 API 的工具不仅有 Ollama，还包括 LM Studio。默认情况下，LM Studio 只

允许模型在本机调用 API。要想通过网络访问 LM Studio 的 OpenAI 兼容 API，需要切换到 LM Studio 的"开发者"页面，单击上方的"Settings"按钮，然后打开"在局域网内提供服务"开关，如图 9-1 所示。默认的端口号是 1234，读者也可以在"开发者"页面中修改默认的端口号。

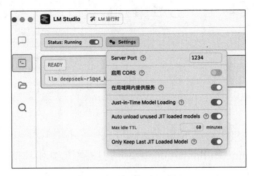

图 9-1　"开发者"页面

本章所有的代码都可以迁移到 LM Studio 中，调用 LM Studio 提供的 OpenAI 兼容 API，但需要做如下修改。

（1）修改 API 地址：假设 LM Studio 所在计算机的 IP 地址是 192.168.31.208，那么应该将 API 地址改为 http://192.168.31.208:1234/v1/。

（2）修改模型名称：即使 LM Studio 中安装的大模型与 Ollama 中的相同，模型量化的程度相同，它们的名称也可能不同，所以要使用 LM Studio 中的模型名称，如 deepseek-r1@q4_k_m。

修改完成后，运行程序，会得到与调用 Ollama 的 OpenAI 兼容 API 类似的结果。

9.7　本章小结

本章深入探讨了 Ollama 如何通过兼容 OpenAI API，实现本地化 AIGC 的强大功能。在本章中，我们先了解了 OpenAI API 的基础知识和程序库的安装方法，以及如何为开发做好准备；然后，我们通过 Python、JavaScript 和 Go 实现会话、函数调用以及文本向量获取；最后，我们了解了如何远程访问 LM Studio 提供的 OpenAI 兼容 API。

通过学习本章，读者不仅能够掌握 Ollama 的核心用法，还能体会到兼容 OpenAI API 的优势：无缝迁移、隐私保护和生态协同。这些能力让本地化模型成为 AIGC 的重要补充，尤其是在数据安全和离线场景中大放异彩。在未来的 AIGC 发展中，随着更多工具加入兼容阵营，OpenAI API 可能会继续推动 AI 行业的标准化和创新，为开发者提供更大的舞台。

第**10**章 llama.cpp 实战

在本章我们将从 llama.cpp 的基础知识入手，详细介绍其核心工具（如 llama-cli、llama-run、llama-server、llama-bench 和 llama-quantize）的使用方法和功能，引领读者体验 llama.cpp 的强大能力；接着，我们将聚焦于 llama-cpp-python，介绍其安装方法和高级应用（如生成文本、获取文本向量），探索如何通过 Python 集成和扩展大语言模型的功能。

通过学习本章，读者将掌握 llama.cpp 的完整工作流程，从模型加载到性能优化，再从命令行交互到 Python 程序开发，全面提升在资源有限的环境中运行大语言模型的能力。让我们从理论走向实践，开启 llama.cpp 的实战之旅！

10.1 llama.cpp 基础

本节将从 llama.cpp 的简介开始，引领读者了解它的设计理念和功能；接着通过安装指南，帮助读者搭建开发环境；随后，深入探索命令行交互工具 llama-cli、更简单的大语言模型推理方案 llama-run、大语言模型服务化工具 llama-server、大语言模型基准测试工具 llama-bench，以及大语言模型量化工具 llama-quantize，这些工具各有侧重，从交互到优化，从本地运行到远程服务，将为读者打开一幅 llama.cpp 的全景图。通过本节的学习，读者将掌握 llama.cpp 的基本操作方法，可以使用 llama.cpp 开发强大的基于大语言模型的应用。

10.1.1 llama.cpp 简介

llama.cpp 是一个开源软件库，由 Georgi Gerganov 于 2023 年 3 月创建，主要用于在大语言模型上执行高效的推理。它使用 C/C++ 语言编写而成，不依赖任何外部库，这一设计使得它轻量、高效，并且能在各种硬件，包括普通的个人计算机甚至移动设备上运行。llama.cpp 的核心目标是让开发者能在资源有限的环境中运行大语言模型，而无须依赖昂贵的高端 GPU 或复杂的深度学习框架（如 PyTorch 或 TensorFlow）。

llama.cpp 来源于 Meta AI 开发的 LLaMA 模型，它最初是为优化 LLaMA 模型的推理过程而设计的。随着时间的推移，llama.cpp 的功能不断扩展，现在支持多种大语言模型，包括

DeepSeek、Mistral、Gemma 等，成为一个通用的本地推理工具。它与 GGML（Gerganov 开发的一个开源张量计算库）紧密协作，GGML 提供了底层的高效计算支持，而 llama.cpp 专注于模型推理的具体实现。

简单来说，llama.cpp 是一个让用户"在家里就能运行大语言模型"的工具。它解决了传统大语言模型运行时计算成本和硬件需求高的问题，让普通开发者也能轻松上手，探索 AI 的潜力。

1. 为什么需要 llama.cpp

在了解 llama.cpp 之前，我们先来看看大语言模型的运行困境。以 LLaMA 或 DeepSeek 等大语言模型为例，它们通常需要强大的 GPU（如 NVIDIA 的 A100）来进行训练和推理，这对于普通用户来说几乎是不可企及的。即使是推理阶段（即使用已经训练好的模型生成文本），也需要大量的内存和计算资源，普通计算机的 CPU 往往力不从心。

llama.cpp 的出现解决了这一问题。它通过以下几个关键创新，让大模型推理变得"平民化"。

（1）CPU 优化：llama.cpp 将计算过程优化到可以在 CPU 上高效运行，甚至不需要 GPU。它利用了现代 CPU 的指令集（如 x86 的 AVX、AVX2，或 ARM 的 Neon），显著提升了计算效率。

（2）模型量化：llama.cpp 支持将模型权重从传统的 32 位浮点数（FP32）压缩到低位整数（如 4 位、8 位），大幅减少内存占用，同时保持推理结果的准确性。

（3）跨平台支持：无论是 Windows 操作系统，还是 Linux、macOS 操作系统，llama.cpp 都能运行，在苹果 Silicon 芯片（M1、M2 等）上表现尤为出色。

（4）无依赖设计：llama.cpp 不依赖外部框架，这意味着 llama.cpp 的安装和部署非常简单，避免了常见的配置上的麻烦。

这些创新使得 llama.cpp 成为本地运行大语言模型的理想工具，尤其适合开发者、研究人员以及对隐私敏感的用户（因为数据无须上传到云端）。

2. llama.cpp 的主要功能

（1）高效推理：llama.cpp 的主要任务是基于输入文本预测并生成后续文本。它通过加载预训练模型的权重文件（通常是 GGUF 格式），在本地硬件上执行推理过程。

（2）模型支持与格式转换：最初，llama.cpp 只支持 LLaMA 模型，但现在它兼容多种模型，包括 DeepSeek、Qwen、Mistral 等。它还提供格式转换工具（如 convert.py 脚本），能将其他格式（如 PyTorch 的 .pth 格式）的模型转换为 GGUF 格式的，以便在 llama.cpp 中使用。

（3）量化支持：llama.cpp 支持多种量化级别（如 Q4、Q6、Q8），用户可以根据硬件能力和精度需求选择合适的量化级别。量化后的模型体积更小，推理速度更快，非常适合资源受限的设备。

（4）上下文管理：大语言模型依赖上下文来生成连贯的文本。llama.cpp 允许用户设置上下文长度（Context Size），并通过 KV 缓存（键 - 值缓存）优化长对话的性能，确保模型在多

轮对话中保持一致性。

（5）多种硬件加速：虽然 llama.cpp 最初专注于 CPU 推理，但它后来增加了对 GPU 的支持（如通过 CUDA、Metal 和 Vulkan）。这意味着在有 GPU 的设备上，用户可以进一步提升模型的性能。

（6）命令行交互与服务器模式：llama.cpp 提供命令行交互工具（如 llama-cli），让用户可以直接通过终端与模型进行交互。此外，它支持启动一个本地服务器，提供类似 OpenAI API 的接口，方便开发者将 llama.cpp 服务集成到应用中。

3. llama.cpp 的典型应用场景

（1）本地聊天机器人：用 llama.cpp 运行 DeepSeek 或其他模型，可以构建一个无须联网的智能助手。

（2）文本生成：llama.cpp 可以用于生成文章、代码、诗歌等创意内容。

（3）研究与实验：研究人员可以用 llama.cpp 测试不同模型的性能，或在本地微调模型。

（4）隐私保护：在本地运行模型，可以避免将敏感数据上传到云端。

（5）教育与学习：学习者可以用 llama.cpp 在普通计算机上体验大语言模型的强大功能。

值得一提的是，llama.cpp 不仅直接影响使用它的开发者，许多流行的本地部署工具也将其作为底层引擎。例如，Ollama、LM Studio 和 KoboldCpp 等工具都依赖 llama.cpp 来实现高效的推理。这些工具为用户提供了友好的图形界面或简化命令，但核心仍然是 llama.cpp 的高效实现。这意味着，掌握 llama.cpp 不仅能让用户直接操作模型，还能帮助理解这些封装工具的原理，真正做到"知其然且知其所以然"。

4. llama.cpp 的优势与局限

llama.cpp 的优势如下。

（1）高效：在普通硬件上运行大语言模型，性能优异。

（2）开源：代码完全开源（采用 MIT 许可证），用户可以自由修改和扩展。

（3）灵活：支持多种模型和硬件，应用范围广。

llama.cpp 的局限如下。

（1）功能单一：llama.cpp 专注于推理，不支持模型训练。

（2）学习门槛高：llama.cpp 虽然安装简单，但深入使用（如调整参数或集成到应用）需要一定的技术背景。

（3）模型依赖：需要用户自行获取兼容的模型文件，这可能涉及格式转换。

10.1.2 llama.cpp 安装

本小节将介绍如何安装 llama.cpp。llama.cpp 提供了多种安装方法，以满足不同用户的需求。本小节将重点介绍两种主要安装方法：通过源代码编译安装和直接下载预编译的二进制文件。我们会逐步讲解每种方法的步骤、注意事项以及适用场景，让你在安装完成后能够顺利进入后续的模型推理环节。

1．通过源代码编译安装

通过源代码编译安装是一种非常灵活的 llama.cpp 安装方法。这种方法让你可以直接接触 llama.cpp 最新版本的代码，甚至根据需要对其进行定制。以下是具体的安装步骤，适用于 Linux、macOS 和 Windows 操作系统。

步骤 1：准备环境。

在开始安装 llama.cpp 之前，用户需要确保自己的系统具备基本的开发工具。

（1）Git：用于下载源代码。

（2）C/C++ 编译器：如 GCC（Linux 操作系统）、Clang（macOS）或 MSVC（Windows 操作系统）。

（3）Make 或 CMake：用于构建项目。

Linux 操作系统的用户可以通过包管理器进行安装：

```
sudo apt update
sudo apt install git build-essential
```

macOS 的用户可以通过 Homebrew 安装：

```
brew install git cmake
```

Windows 操作系统的用户需要安装 Git 和 Visual Studio Community（选择"桌面开发"工作负载，该工作负载中包含 MSVC）。

步骤 2：下载源代码。

打开终端（Windows 操作系统上可以使用命令提示符窗口或 PowerShell），运行以下命令，从 GitHub 下载 llama.cpp 的源代码。

```
git clone https://github.com/ggml-org/llama.cpp.git
cd llama.cpp
```

这会将项目下载到本地，使其进入项目目录。

步骤 3：编译项目。

llama.cpp 提供了两种编译方式：Make 和 CMake。Make 更简单，适合快速上手；CMake 则更灵活，适合需要自定义配置的用户。

使用 Make 编译：

```
make
```

编译完成后，我们会在目录中看到生成的可执行文件，如 llama-cli（用于命令行交互）。

如果需要支持 GPU 或更复杂的配置，可以使用 CMake 编译：

```
mkdir build
cd build
cmake ..
cmake --build . --config Release
```

编译后的二进制文件会出现在 build/bin 目录中。

步骤 4：验证安装。

编译完成后，运行以下命令测试 llama.cpp 是否安装成功。

```
./llama-cli --help
```

如果看到帮助信息，说明安装成功。

安装 llama.cpp 需要注意以下事项。

（1）硬件加速：默认情况下，编译只支持 CPU。若需支持 GPU（如 CUDA），需安装相关驱动并在 CMake 中启用相关选项（如 cmake .. -DLLAMA_CUDA=ON）。

（2）更新版本：通过 git pull 命令获取最新源代码后，重新编译即可更新版本。

2. 直接下载预编译的二进制文件

如果读者不想编译 llama.cpp，可以直接下载预编译的二进制文件。读者可以访问如下地址，进入 llama.cpp 发行版下载页面。

```
https://github.com/ggml-org/llama.cpp/releases
```

进入该页面，会看到图 10-1 所示的发行文件列表。读者只需要下载相应平台的版本，然后解压即可。解压后，bin 目录会包含 llama.cpp 所有的库和工具。

⊙cudart-llama-bin-win-cu11.7-x64.zip	303 MB	1 hour ago
⊙cudart-llama-bin-win-cu12.4-x64.zip	373 MB	1 hour ago
⊙llama-b4759-bin-macos-arm64.zip	23.3 MB	1 hour ago
⊙llama-b4759-bin-macos-x64.zip	24.9 MB	1 hour ago
⊙llama-b4759-bin-ubuntu-arm64.zip	25.4 MB	1 hour ago
⊙llama-b4759-bin-ubuntu-vulkan-x64.zip	30.7 MB	54 minutes ago
⊙llama-b4759-bin-ubuntu-x64.zip	26.9 MB	54 minutes ago
⊙llama-b4759-bin-win-avx-x64.zip	16.4 MB	54 minutes ago
⊙llama-b4759-bin-win-avx2-x64.zip	16.4 MB	54 minutes ago
⊙llama-b4759-bin-win-avx512-x64.zip	16.4 MB	54 minutes ago
⊡Source code (zip)		1 hour ago
⊡Source code (tar.gz)		1 hour ago
Show all 25 assets		

图 10-1　发行文件列表

10.1.3　命令行交互利器 llama-cli

安装好 llama.cpp 后，读者已经迈出了使用 llama.cpp 探索本地大语言模型的第一步。现在，我们将通过 llama-cli 这个命令行交互工具，引领读者快速上手并体验它的强大功能。llama-cli 是 llama.cpp 提供的主要交互工具之一，它简单直接，适合初学者快速验证模型效果，也为开发者提供了灵活的控制选项。本节将从 llama-cli 的基本介绍开始，逐步引导读者加载模型、进行聊天，并调整常用参数。无论你是想生成文本，还是想深入调试模型，llama-cli 都是一个理想的起点。

1. llama-cli 简介

llama-cli 是 llama.cpp 编译后生成的一个命令行可执行文件，其全称为 "Large Language Model Command Line Interface"，即大语言模型命令行界面。它的主要作用是通过终端加载大语言模型并执行推理任务，比如生成文本、回答问题或进行多轮对话。作为 llama.cpp 的核心组件之一，llama-cli 不依赖额外的图形界面或复杂配置，只需一条命令就能启动模型推理。

llama-cli 轻量和高效。它支持加载 GGUF 格式（这是 llama.cpp 常用的模型格式）的模型文件，并利用底层优化的计算能力，在 CPU 或 GPU 上进行推理。无论是运行一个小规模的 7B 模型，还是运行更大的模型，llama-cli 都能胜任。对于初学者来说，它是一个快速验证模型效果的工具；对于开发者来说，它提供了丰富的命令行参数，可以灵活调整推理行为。

2. llama-cli 与 Ollama 的差异

在本地运行大语言模型的工具中，Ollama 十分常用，它和 llama-cli 有相似之处，但也有显著区别。

（1）使用方式：llama-cli 是一个命令行交互工具，操作完全通过终端完成；Ollama 则更像一个封装好的应用，提供简单的命令（如 ollama run）和内置的模型管理功能，甚至支持 API 调用。

（2）灵活性：llama-cli 具有丰富的命令行参数，用户可以精细调整模型行为（如温度、采样方式）；Ollama 的参数调整空间较小，更多是为便捷使用而设计的。

（3）依赖性：llama-cli 无额外依赖，直接运行即可；Ollama 需要安装其软件包，依赖一定的环境配置。

（4）目标用户：llama-cli 适合技术人员和开发者，Ollama 则适合普通用户和初学者。

简单来说，如果读者追求极致的控制力和轻量级，llama-cli 是首选；如果更看重简单易用和高集成度，可以试试 Ollama。接下来的内容将聚焦 llama-cli 的实际应用，让读者亲自感受它的魅力。

3. 用 llama-cli 装载大模型并聊天

让我们通过一个具体的例子，体验用 llama-cli 加载模型并进行聊天。假设读者已经安装好 llama.cpp，并下载了一个 GGUF 格式的模型文件，如 DeepSeek 的 14B 模型（DeepSeek-R1-Distill-Qwen-14B-Q4_K_M.gguf）。用 llama.cpp 装载大模型并聊天的具体操作如下。

（1）准备模型文件。

将模型文件放在一个方便访问的目录中，如 ./models/。

（2）运行 llama-cli。

在终端中进入 llama.cpp 目录，输入以下命令：

```
./build/bin/llama-cli -m ./models/DeepSeek-R1-Distill-Qwen-14B-Q4_K_M.gguf -n 4096
```

命令中的参数含义如下。

- -m：指定模型文件路径。
- -n：限制输出最大 token 数（这里是 4096）。

在运行上面的命令之前，用户需要确保模型文件存在，或者修改模型文件路径。为了方便，读者可以将 ./build/bin 目录加入 PATH 环境变量中，这样在任何目录中都可以访问 bin 中的命令行工具。

（3）查看输出。

模型会根据提示词生成回答，例如，输入"用 Go 编写优化后的冒泡排序算法"，llama-cli 会输出图 10-2 所示的回复。

```
, 并且优化是否有效。此外，考虑边界情况，比如空切片或者只有一个元素的切片，这时候
应该直接返回，不需要做任何处理。

总的来说，这个算法应该能正确排序，并且在最好情况下，比如数组已经有序，可以在第一
轮遍历后就停止，节省时间。
</think>

以下是用 Go 语言实现的优化后的冒泡排序算法。优化主要体现在以下几点：

1. 如果在某一次遍历中没有发生任何交换，说明数组已经是有序的，可以直接返回
2. 记录上一次交换的位置，减少每次遍历的范围

```go
func bubbleSort(slice []int) []int {
    n := len(slice)
    lastSwap := n - 1
    for i := 0; i < lastSwap && i < n; i++ {
        swapped := false
        for j := 0; j < lastSwap; j++ {
            if slice[j] > slice[j+1] {
                slice[j], slice[j+1] = slice[j+1], slice[j]
                lastSwap = j
                swapped = true
            }
```

图 10-2　llama-cli 的回复

（4）通过命令行界面设置常用参数并进入聊天控制台。

以下面这条命令为例，介绍一些常用参数的设置。

```
./build/bin/llama-cli -m ./models/DeepSeek-R1-Distill-Qwen-14B-Q4_K_M.gguf
--interactive -t 0.7 --top-k 40 --top-p 0.9 --cache-prompt
```

命令中的参数含义如下。

- -t 0.7：控制输出的随机性。值越小（如 0.1），输出越保守、确定；值越大（如 1.0），输出越随机、创意。默认为 0.8。
- --top-k 40：从概率最高的前 K 个词中采样，这里 K 为 40。值越小，输出越聚集；值越大，输出更多样。
- --top-p 0.9：根据累计概率选择词，低于阈值的词会被忽略。值越小（如 0.5），输出越简洁；值越大（如 0.95），输出越丰富。
- --cache-prompt：在多轮对话中缓存之前的输入，以减少重复计算、提升响应速度。
```

10.1.4　更简单的大语言模型推理方案 llama-run

在探索了 llama-cli 后，读者可能会觉得，虽然它功能强大，但操作起来需要一定的技术门槛。如果读者想用一种更简单、直接的方式来运行大语言模型，llama-run 是一个值得尝试的选择。作为 llama.cpp 生态中的新兴工具，llama-run 旨在降低使用难度，让模型推理变得像运行一个脚本一样简单。本小节将带领读者了解 llama-run 的基本概念、主要特性，以及如何通过多种方式加载模型，帮助读者在本地快速体验大语言模型的功能。

1. llama-run 简介

llama-run 是 llama.cpp 生态中的一个轻量级工具，设计目标是简化大语言模型的推理过程。它通常以可执行文件的形式出现（编译后生成 llama-run），用户只需一条命令就能加载模型并开始生成文本。相较 llama-cli，llama-run 更专注于"开箱即用"，减少了复杂的参数配置和环境依赖，特别适合初学者或想快速测试模型的用户使用。

llama-run 的核心理念是"简单至上"。它保留了 llama.cpp 的高效推理能力，同时通过预设合理的默认参数和灵活的模型加载方式，让用户无须深入了解其底层细节就能上手。无论是直接运行本地 GGUF 格式的模型文件，还是从远程源获取模型，llama-run 都能轻松应对。

2. llama-run 的主要特性

llama-run 的主要特性如下。

（1）模型加载：llama-run 支持直接加载 GGUF 格式的本地模型文件，也支持通过远程协议（如 ollama://）或从 Hugging Face 上下载模型。

（2）快速推理：llama-run 提供基本的文本生成能力，用户输入提示词后即可获得模型输出，无须手动设置上下文或采样参数。

（3）跨平台支持：llama-run 在 Linux、macOS 和 Windows 操作系统上均可运行，利用 llama.cpp 的底层优化，支持 CPU 和 GPU 推理。

（4）简化交互：打开 llama-run，默认进入一个简单的终端交互界面，用户可以直接输入文本并获取回复。

（5）轻量设计：llama-run 无须额外依赖，编译后即可运行，占用资源较少。

3. llama-run 与 llama-cli 的主要区别

llama-run 和 llama-cli 都属于 llama.cpp，但两者有以下明显区别。

（1）复杂度：llama-cli 是一个功能全面的命令行交互工具，支持调整大量参数（如温度、Top-K、上下文长度）；llama-run 则简化了操作，预设了默认参数，减轻了用户配置的负担。

（2）交互方式：llama-cli 需要明确指定—interactive 参数才能进入交互界面；而 llama-run 默认提供简单的交互界面。

（3）模型加载：llama-cli 仅支持本地 GGUF 格式的模型文件加载；而 llama-run 增加了对

远程模型（如通过 ollama:// 或从 Hugging Face 下载的模型）的支持，更加灵活。

（4）目标用户：llama-cli 更适合技术人员和开发者使用；llama-run 则更适合初学者或追求效率的用户使用。

简而言之，llama-run 是 llama-cli 的"简化版"，牺牲了一些高级功能，换来了更高的易用性。

4. llama-run 加载大模型

llama-run 支持多种模型加载方式，以下是通过不同方式加载模型的具体示例。

（1）直接加载 GGUF 格式的模型文件。

```
./build/bin/llama-run ./models/deepseek-7b-q4.gguf
```

执行这行命令，就会直接进入终端交互界面，用户可以直接输入提示词，按 Enter 键后会得到大模型的回复。

（2）通过 ollama:// 加载大模型。

确保本地已安装 Ollama，并运行 Ollama 服务，然后执行下面的命令。如果 deepseek-r1:14b 的模型文件在当前目录中不存在，则会下载该模型文件，然后进入终端交互界面。注意，llama-run 并不会直接通过 API 连接 Ollama 服务，而是利用 ollama pull 命令从 Ollama 官网中下载模型文件到执行 llama-run 命令的当前目录。

```
./build/bin/llama-run ollama://deepseek-r1:14b
```

（3）从 Hugging Face 上下载大模型。

执行下面的命令，会从 Hugging Face 上下载大模型。

```
./build/bin/llama-run huggingface://bartowski/SmolLM-1.7B-Instruct-v0.2-GGUF/
SmolLM-1.7B-Instruct-v0.2-IQ3_M.gguf
```

10.1.5 大语言模型服务化工具 llama-server

掌握了 llama-cli 和 llama-run 的基本用法后，相信读者已经感受到本地大语言模型的潜力。不过，如果需要使用更方便的交互方式或将模型集成到其他应用中，llama-server 功能更强大。作为 llama.cpp 的另一个核心组件，llama-server 不仅能运行模型，还能提供服务化的接口。本小节将带领读者从基础功能到实际应用，深入了解 llama-server，帮助读者将其部署为一个本地推理服务。无论读者是想通过浏览器聊天，还是通过代码调用模型，llama-server 都能满足需求。

1. llama-server 简介

llama-server 是 llama.cpp 提供的一个服务化工具。与专注于命令行交互的 llama-cli 不同，llama-server 的设计目标是将大语言模型转变为可访问的服务。它通过启动本地 HTTP 服务器，允许用户通过 Web 界面或 API 与模型交互。llama-server 提供了一种更现代化的方式来利用本地模型的推理能力。

llama-server 的核心优势在于其具有多功能性和易用性。它不仅支持 GGUF 格式的模型文件的加载，还内置了 Web 界面和 API，使模型的使用场景从单机实验扩展到了网络化服务。无论是在个人计算机上运行，还是部署到远程服务器，llama-server 都能胜任。

2. llama-server 的主要功能

（1）Web 界面：llama-server 内置一个简单的 Web 界面，用户可以通过浏览器访问该界面并与模型聊天。用户无须额外安装前端框架，启动后即可使用。

（2）OpenAI 兼容 API：llama-server 提供了一个与 OpenAI API 高度兼容的接口，支持常见的 /v1/chat/completions 端点。这意味着用户可以用熟悉的 OpenAI SDK 或工具（如 curl、Python）调用本地模型。

（3）模型加载与推理：与 llama-cli 类似，llama-server 支持加载 GGUF 格式的模型文件，并能在 CPU 或 GPU 上执行高效推理。

（4）多用户访问：作为一个服务器，llama-server 允许多个客户端同时连接，适合团队协作或小型部署场景。

（5）参数调整：llama-server 支持通过命令行界面或 API 请求调整推理参数，如温度、Top-K、Top-P 等，灵活性媲美 llama-cli。

（6）上下文管理：llama-server 支持多轮会话的上下文缓存，确保会话的连贯性。

（7）跨平台支持：llama-server 在 Linux、macOS 和 Windows 操作系统上均可运行，且支持硬件加速（如 CUDA、Metal）。

（8）日志与监控：llama-server 提供基本的运行日志，方便调试和性能分析。

3. llama-server 加载大模型并显示 Web 界面

让我们通过一个实际案例，启动 llama-server 并使用其 Web 界面进行聊天。假设读者已编译好 llama.cpp，并准备了一个模型文件（如 DeepSeek-R1-Distill-Qwen-14B-Q4_K _M.gguf）。具体的操作步骤如下。

（1）启动 llama-server。

进入终端，运行以下命令（需要保证当前目录的 models 子目录下存在装载的模型文件）。

```
./build/bin/llama-server -m ./models/DeepSeek-R1-Distill-Qwen-14B-Q4_K_M.gguf --host 0.0.0.0 --port 8080
```

命令中的参数含义如下。

- -m：指定模型文件路径。
- --host 0.0.0.0：允许外部设备访问（默认是 localhost，即仅本地可访问）。
- --port 8080：指定服务端口（可自定义）。

（2）访问 Web 界面。

打开浏览器，输入 http://localhost:8080（本地访问）或 http://< 服务器 IP 地址 >:8080（远程访问）并按 Enter 键。读者会看到图 10-3 所示的聊天界面，读者可以输入提示词，并得到回

答。聊天界面左侧是聊天历史记录。

图 10-3　llama-server 聊天界面

（3）设置模型参数。

单击聊天界面右上角的设置按钮，会弹出图 10-4 所示的模型参数设置页面。调整参数后，单击该页面右下角的"Save"按钮保存修改。

（4）通过 OpenAI 兼容 API 调用模型。

llama-server 的 OpenAI 兼容 API 让用户可以用标准化的方式调用模型。以下是使用 curl 调用模型的例子。

假设 llama-server 已在 localhost:8080 上运行，执行以下命令：

```
curl -X POST http://localhost:8080/v1/chat/completions \
  -H "Content-Type: application/json" \
  -d '{
    "model": " deepseek-r1:14b",
    "messages": [
      {"role": "user", "content": "用 Rust 语言编写优化后的冒泡排序算法"}
    ],
    "temperature": 0.7,
    "max_tokens": 4096,
    "stream":true
  }'
```

OpenAI 兼容 API 返回的内容如图 10-5 所示。

（5）加载嵌入模型。

llama-server 支持加载嵌入模型（如 Q4、Q6），以减少内存占用。这里以加载嵌入模型并通过 OpenAI 兼容 API 调用模型为例。

```
./build/bin/llama-server -m ./models/bge-m3-Q8_0.gguf --host 0.0.0.0 --port 8080 --embedding
```

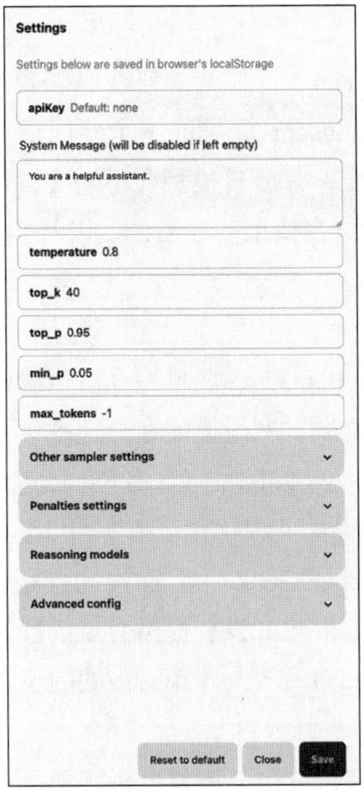

图 10-4　模型参数设置页面

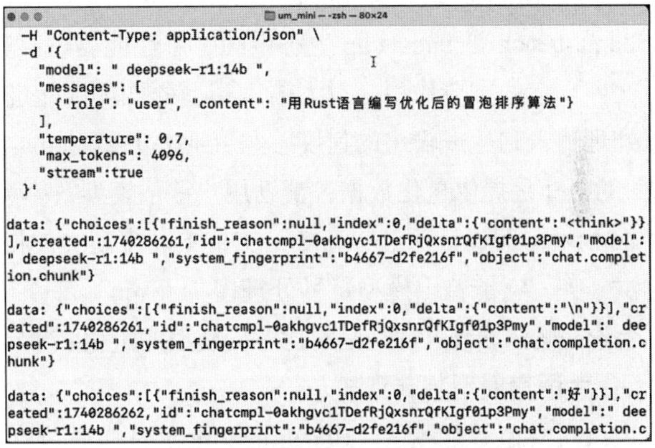

图 10-5　OpenAI 兼容 API 返回的内容

然后用 curl 调用模型：

```
curl http://localhost:8080/v1/embeddings \
  -H "Content-Type: application/json" \
  -d '{
    "input": " 这是一个示例文本 "
  }'
```

执行命令，会输出"这是一个示例文本"对应的文本向量，如图 10-6 所示。

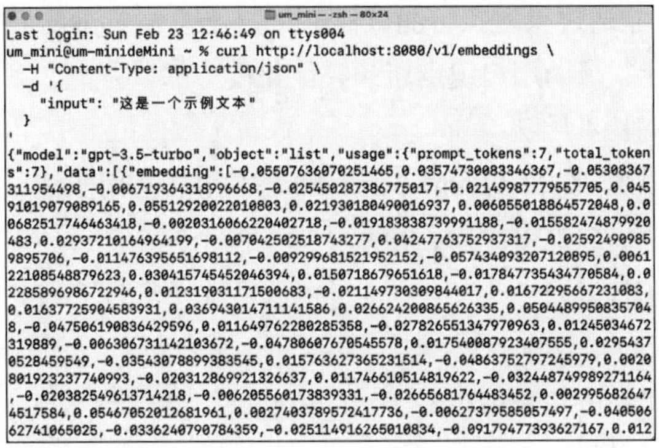

图 10-6　输出对应文本向量

10.1.6 / 大语言模型基准测试工具 llama-bench

大模型推理的一个重要指标是输出速度（每秒输出多少 token），那么如何获取准确的输出 token 数呢？这就需要用到基准测试工具。llama-bench 是 llama.cpp 提供的一个专门用于大模型性能测试的命令行工具，它能帮助用户量化模型的推理速度，并分析模型在不同配置下的表现差异。本小节将带领读者了解 llama-bench 的基本概念、大语言模型基准测试，以及 llama-bench 的基本用法，让你在优化模型部署时有据可依。

1. llama-bench 的基本概念

llama-bench 是 llama.cpp 生态中的一个性能测试工具，也是 llama.cpp 项目编译后生成的可执行文件。它的主要作用是对大语言模型的推理性能进行基准测试，测量模型在特定硬件和配置下处理输入和生成输出的速度。与 llama-cli 或 llama-server 专注于实际推理任务不同，llama-bench 的目标是提供量化数据，帮助用户评估模型效率、比较硬件性能或优化运行参数。

llama-bench 设计简洁、高效，支持不同模型文件格式（主要是 GGUF）。通过运行标准化的测试任务，它能输出模型每秒处理多少 token（每秒 token 数），为开发者提供直观的性能指标。无论是测试新硬件，还是对比不同模型的量化版本，llama-bench 都是一个不可或缺的工具。

2. 大语言模型基准测试

大语言模型基准测试（Benchmarking）是指通过标准化的测试方法，测量大语言模型在特定环境下的性能表现。它通常关注两个关键方面。

（1）输入处理速度：模型解析输入的效率，以每秒 token 数衡量。

（2）输出生成速度：模型生成新文本的效率，以每秒 token 数衡量。

基准测试的意义在于提供了一个客观的比较框架。用户可以用它来回答诸如"我的计算机运行 7B 模型有多快？"或"量化模型和原始模型的性能差多少？"等问题。测试结果通常以表格或图的形式呈现，包含平均值和标准差等统计数据。

在大语言模型领域，基准测试不仅限于速度，还可能涉及内存占用、能耗等，但 llama-bench 主要聚焦于速度。它通过重复执行测试任务（如处理 512 token 的提示词或生成 128 token 的输出），计算平均性能，帮助用户识别瓶颈并优化模型部署方案。

3. llama-bench 的基本用法

下面我们通过实际操作来介绍 llama-bench 的基本用法。用于测试的计算机的硬件配置是 Mac mini M2、16GB 内存、512GB SSD，使用了如下两个模型。

（1）DeepSeek-R1-Distill-Qwen-7B-Q8_0.gguf：参数规模为 7B（70 亿），8 位量化，模型文件大小为 8.1GB。

（2）DeepSeek-R1-Distill-Qwen-14B-Q4_K_M.gguf：参数规模 14B 为（140 亿），4 位量化，模型文件大小为 8.99GB。

分别执行下面两行命令：

```
llama-bench -m DeepSeek-R1-Distill-Qwen-7B-Q8_0.gguf
llama-bench -m DeepSeek-R1-Distill-Qwen-14B-Q4_K_M.gguf
```

可以得到表 10-1 和表 10-2 所示的基准测试结果。

表10-1　DeepSeek-R1-Distill-Qwen-7B-Q8_0.gguf基准测试结果

model	size	params	backend	threads	test	t/s
qwen2 7B Q8_0	7.54 GiB	7.62B	Metal,BLAS,RPC	4	pp512	200.44 ± 0.11
qwen2 7B Q8_0	7.54 GiB	7.62B	Metal,BLAS,RPC	4	tg128	11.66 ± 0.02

表10-2　DeepSeek-R1-Distill-Qwen-14B-Q4_K_M.gguf基准测试结果

model	size	params	backend	threads	test	t/s
K qwen2 14B Q4_K - Medium	8.37 GiB	14.77B	Metal,BLAS,RPC	4	pp512	86.40 ± 0.04
K qwen2 14B Q4_K - Medium	8.37 GiB	14.77B	Metal,BLAS,RPC	4	tg128	9.92 ± 0.01

注意：表中的 size 列和模型文件大小是不同的值，前者是装载到显存或内存中的参数的大小，后者是模型文件的大小。

表中各列的含义如下。

（1）model：模型名称和量化级别。

（2）size：模型参数占用显存或内存的大小。

（3）params：模型参数量。

（4）backend：使用的计算后端（如 Metal、BLAS、RPC）。

（5）threads：运行时使用的线程数。

（6）test：基准测试类型。pp512 是提示词评测，表示处理 512 token 提示词的速度；tg128 是输出评测（推理评测），表示生成 128 token 文本的速度。

（7）t/s：每秒 token 数，带标准差（例如，200.44 ± 0.11 表示平均 200.44token/s，波动范围为 ± 0.11token/s）。

在这个例子中，模型的输入处理速度远高于输出生成速度，这反映了大语言模型推理的典型特性：解析输入通常比生成输出更快。另外，根据基准测试结果可以看出模型文件是否适合在当前计算机上做推理。例如，本例用了两个模型，一个是 7B 模型，另一个是 14B 模型，前者的推理（输出）速度是 12token/s 左右，后者的推理速度是 10token/s 左右，推理速度均比较快。通常，在个人本地部署场景下，5token/s 以上的推理速度相对较快，达到了可用的程度。

10.1.7　大语言模型量化工具 llama-quantize

在前文中，我们通过 llama.cpp 的各种工具体验了大语言模型的推理能力。然而，大语言

模型通常会占用大量内存，直接运行 FP16 或 FP32 格式的模型对普通硬件来说可能是个挑战。为了解决这个问题，llama-quantize 应运而生。作为 llama.cpp 的量化工具，它可以压缩模型体积，同时尽量保持性能不降。本小节将带领读者了解 llama-quantize 的基本概念、支持的量化类型及基本使用方法，帮助读者在资源有限的环境下高效部署大模型。

1. llama-quantize 的基本概念

llama-quantize 是 llama.cpp 生态中的一个专用工具，也是 llama.cpp 项目编译后生成的一个可执行文件（其存储路径通常为 build/bin/llama-quantize）。它的主要功能是将大语言模型的权重从高位量化格式（如 FP32 或 FP16）转换为低位量化格式（如 Q4、Q8），从而减少内存占用和提升模型推理速度。量化后的模型通常以 GGUF 格式保存，直接兼容 llama.cpp 的其他工具。

量化的核心思想是用更少的位数表示模型权重。例如，一个 FP32（32 位浮点数）权重要用 4 字节来存储，而量化到 Q4_0（4 位整数）后可能只占 0.5 字节。这种压缩显著降低了模型大小，同时通过优化计算（如整数运算代替浮点运算），加速了推理过程。llama-quantize 的优势在于提供了多种量化类型，用户可以根据精度和性能需求灵活选择。

2. llama-quantize 支持的量化类型

执行 llama-quantize 命令会直接输出 llama-quantize 目前支持的量化类型，下面是一些常用的量化类型。

（1）Q8_0：8 位整数量化，精度较高，内存占用适中，适合大多数任务。

（2）Q6_K：6 位分组量化（K 表示分组量化），在精度和体积间取得平衡，常用于中等规模的模型。

（3）Q5_K_M：5 位分组量化，较大压缩，适用于资源受限的设备。

（4）Q4_0：4 位量化，基本无分组，体积小但精度损失较大，适合低端硬件。

（5）Q4_1：4 位量化带偏移，比 Q4_0 的精度略高。

（6）Q4_K_M：4 位分组量化，在性能和精度间取得平衡。

（7）Q3_K_S：3 位分组量化（S 表示小规模分组），极致压缩，精度损失较大。

（8）Q2_K：2 位分组量化，超低内存需求，适用于实验或极小型设备。

这些量化类型通过位数和分组策略实现了不同的压缩效果。一般来说，位数越高，精度越接近原始模型，但内存占用也越大；分组量化则通过更智能的权重分配策略，取得精度与体积的平衡。

3. llama-quantize 的基本使用方法

使用如下命令将 DeepSeek-R1-Distill-Qwen-7B-Q8_0.gguf 分别转换为 Q4_0 和 Q2_K 类型。

```
llama-quantize --allow-requantize DeepSeek-R1-Distill-Qwen-7B-Q8_0.gguf DeepSeek-
R1-Distill-Qwen-7B-Q4_0.gguf Q4_0
```

```
llama-quantize --allow-requantize DeepSeek-R1-Distill-Qwen-7B-Q8_0.gguf DeepSeek-
R1-Distill-Qwen-7B-Q2_0.gguf Q2_K
```

执行这两行命令后，当前目录下会生成文件 DeepSeek-R1-Distill-Qwen-7B-Q4_0.gguf（4.43GB）和 DeepSeek-R1-Distill-Qwen-7B-Q2_0.gguf（3.02GB）。文件尺寸相对 Q8 的模型文件明显减小。

注意，如果已有量化模型（如 Q8_0 版本），要想在该模型基础上将其进一步压缩到 Q4_0 和 Q2_K 类型，可以重新量化。这时需要添加 --allow-requantize 参数，即允许覆盖已有量化，否则只能量化 FP16 或 FP32 版本的模型文件。

读者可以使用大模型基准测试工具 llama-bench 来测试这两个量化模型文件，得到表 10-3 和表 10-4 所示的基准测试结果。

表10-3　DeepSeek-R1-Distill-Qwen-7B-Q4_0.gguf基准测试结果

model	size	params	backend	threads	test	t/s
qwen2 7B Q4_0	4.12 GiB	7.62 B	Metal,BLAS,RPC	4	pp512	203.66 ± 0.11
qwen2 7B Q4_0	4.12 GiB	7.62 B	Metal,BLAS,RPC	4	tg128	21.00 ± 0.02

表10-4　DeepSeek-R1-Distill-Qwen-7B-Q2_K.gguf基准测试结果

model	size	params	backend	threads	test	t/s
qwen2 7B Q2_K	2.80 GiB	7.62 B	Metal,BLAS,RPC	4	pp512	182.59 ± 0.06
qwen2 7B Q2_K	2.80 GiB	7.62 B	Metal,BLAS,RPC	4	tg128	21.18 ± 0.01

从表 10-3 和表 10-4 中可以看出，从 Q8 降级到 Q4，输入处理速度并没有明显提升，而输出生成速度提升了近 1 倍（从 11.66token/s 提升到 21.00token/s）。而从 Q4 降级到 Q2，输出生成速度并没有明显提升，输入处理速度反而出现下降的趋势。之所以从 Q4 降级到 Q2，输出生成速度没有得到提升，主要是因为计算机的性能已经达到瓶颈。也就是说，对于 Mac mini M2，无论如何量化模型，推理速度最快也只有 21token/s 左右。可见，使用 llama-quantize 和 llama-bench，可以估算出当前计算机在特定参数下的推理速度极限（仅限于用 llama.cpp 进行推理的情况）。

10.2　llama-cpp-python 基础

本节主要介绍 llama-cpp-python 的基础知识，包括 llama-cpp-python 的基本概念、主要功能、安装方法和基本使用方法。

10.2.1　llama-cpp-python 简介

如果读者希望用 Python 更方便地调用和集成大语言模型，llama-cpp-python 是一个理想的选择。本小节将详细介绍 llama-cpp-python 的基本概念、主要功能，为后续安装和使用 llama-

cpp-python 做好铺垫。

llama-cpp-python 是一个 Python 库,专门为 Python 开发者提供与 llama.cpp 无缝集成的接口。它是基于 llama.cpp 开发的封装工具,通过 Python 的扩展机制(通常使用 Cython 或 ctypes)将 llama.cpp 的 C/C++ 功能引入 Python 环境。换句话说,llama-cpp-python 并不是一个独立的项目,而是对 llama.cpp 的功能进行封装,使其更符合 Python 开发者的使用习惯。

这种封装关系意味着 llama-cpp-python 依赖于底层 llama.cpp 的核心代码和性能优化。llama-cpp-python 的主要作用是将 llama.cpp 的高效推理能力(包括模型加载、量化支持和 token 生成)封装为 Python 类和函数,让开发者无须直接操作 C/C++ 代码,就能通过 Python 脚本调用大语言模型。llama-cpp-python 保留了 llama.cpp 的轻量和高效的特性,同时融合了 Python 的易用性和生态优势,是两者之间的桥梁。

llama-cpp-python 的主要特性如下。

(1)模型加载与推理:支持加载 GGUF 格式的模型文件,并执行高效的文本生成和推理任务,保持与 llama.cpp 一致的高性能。

(2)Python 原生接口:提供直观的 Python API,开发者可以通过简单的 Python 代码调用模型,无须编写复杂的 Python 脚本。

(3)参数调整:支持调整推理参数(如温度、Top-K、Top-P 等),通过 Python 灵活控制生成行为。

(4)上下文管理:支持多轮会话的上下文跟踪,通过 PythonAPI 管理对话历史,确保生成文本的连贯性。

(5)硬件加速支持:支持 CPU 和 GPU(如 CUDA、Metal)推理,适用于不同硬件环境。

(6)量化模型兼容:能够加载和运行已通过 llama-quantize 量化的模型(如 Q4_0、Q8_0 类型的模型等),适合资源受限的设备。

(7)集成与扩展:易于与其他 Python 库(如 FastAPI、Streamlit)结合,适合构建聊天应用、API 服务或数据分析工具。

10.2.2 安装 llama-cpp-python

llama-cpp-python 可以通过如下命令进行安装。

```
pip install llama-cpp-python
```

执行这行命令,llama-cpp-python 及其依赖的下载和安装会自动进行。由于 llama-cpp-python 依赖底层 llama.cpp 的 C/C++ 代码,安装过程中可能需要编译器(如 GCC、Clang 或 MSVC)和开发工具(如 CMake)。

安装完成后,在 Python 交互终端执行如下代码。

```
from llama_cpp import Llama
print(Llama)
```

如果输出类似 <class 'llama_cpp.llama.Llama'> 的内容，则说明 llama-cpp-python 已正确安装，且核心模块可用。

10.2.3　用 llama-cpp-python 生成文本

下面让我们通过一个实际的例子，了解如何用 llama-cpp-python 根据提示词生成文本。本小节将展示如何使用 llama-cpp-python 加载模型（以 DeepSeek-R1-Distill-Qwen-7B-Q8_0.gguf 为例）并生成流式输出，帮助读者快速上手 Python 环境下的大模型推理。

llama-cpp-python 提供了一组直观的 Python API，用于加载和操作大语言模型。以下是本例中使用的核心接口。

（1）Llama 类：llama-cpp-python 的主入口，用于创建模型实例。它接收模型文件的路径和其他参数（如上下文长度、线程数），并负责加载模型和执行推理任务。构造函数的参数包括 model_path（GGUF 格式的模型文件的路径）、n_ctx（上下文长度，也就是 token 数，默认为 512）、n_threads（推理时使用的线程数，默认根据硬件自动分配）。

（2）create_completion() 方法：用于生成文本的函数，基于输入生成输出，主要参数包括 prompt（输入的提示词或文本）、max_tokens（生成的最大 token 数）、temperature（控制输出的随机性，数值范围为 0.0 ～ 1.0，越大越随机）、top_p（Top-P 采样阈值，数值范围为 0.0 ～ 1.0，用于控制候选词范围）、stream（是否启用流式输出）、返回值（当 stream 为 True 时，返回一个生成器，逐片段输出文本；否则返回包含完整文本的字典）。

案例：生成文本（流式输出）（代码位置：src/llama.cpp/generate_text.py）

以下是一个简单的 Python 脚本，它可以基于 DeepSeek-R1-Distill-Qwen-7B-Q8_0.gguf 模型生成流式文本。模型路径硬编码在代码中（假设模型文件位于 ./models/ 目录）。

```python
from llama_cpp import Llama
# 创建模型实例，加载本地 GGUF 格式的模型文件
model = Llama(model_path="./models/DeepSeek-R1-Distill-Qwen-7B-Q8_0.gguf",
n_ctx=2048, n_threads=4)
# 设置提示词
prompt = " 以梅花为题写一首五言诗 "
# 生成流式文本
for chunk in model.create_completion(prompt, max_tokens=10000, temperature=0.7,
top_p=0.9, stream=True):
    print(chunk['choices'][0]['text'], end='', flush=True)
```

运行脚本后，会输出思考过程和五言诗，五言诗如下：

```
寒梅傲雪开
清香暗浮来
疏枝横斜影
幽韵可入怀
```

10.2.4 用 llama-cpp-python 获取文本向量

本小节将使用 llama-cpp-python 获取文本向量。文本向量是自然语言处理的核心,用于表示文本的语义信息,可用于检索、分类或相似性比较。本小节将展示如何通过 llama-cpp-python 利用 bge-m3-Q8_0.gguf 模型(嵌入模型)为文本生成向量,并输出结果。

注意,在用 Llama 类装载嵌入模型时,需要将 embedding 参数设置为 True,然后使用 model.create_embedding(text) 方法为 text 生成文本向量。

案例:获取文本向量(代码位置:src/llama.cpp/embedding.py)

以下是一个 Python 脚本,它可以基于 bge-m3-Q8_0.gguf 模型从固定文本中获取向量,解决可能的日志输出和嵌入模式问题。

```python
from llama_cpp import Llama
import logging
import numpy as np
# 关闭 llama_cpp 日志
logging.getLogger("llama_cpp").setLevel(logging.CRITICAL)
# 创建模型实例,启用嵌入模式
model = Llama(
    model_path="/System/Volumes/Data/models/deepseek/deepseek-r1/bge-m3-Q8_0.gguf",
    n_ctx=2048,
    n_threads=4,
    embedding=True,
    n_gpu_layers=0,  # 禁用 GPU,使用 CPU
    verbose=False
)
# 固定文本
text = "你好,今天天气如何? "
try:
    # 尝试使用 model.create_embedding() 方法(如果可用的话)
    response = model.create_embedding(text)
    embedding = response['data'][0]['embedding']
except AttributeError:
    # 如果 model.create_embedding() 方法不可用,使用 model.create_completion() 方法
    response = model.create_completion(text, max_tokens=1)
    embedding = response['embedding']
# 提取并输出文本向量
if embedding is not None:
    print(f" 文本向量(前 10 维,维度总数:{len(embedding)}): ")
    print(np.array(embedding[:10]).tolist())
else:
    print(" 未能获取文本向量,请检查模型或 API 支持。")
# 输出文本以便对照
print(f" 对应文本:{text}")
```

运行程序,会输出如下内容:

```
文本向量（前 10 维，维度总数：1024）：
[-0.8486545085906982, 0.9994468688964844, -1.082493543624878, -0.6475775241851807,
-0.4158526659011841, -2.121399402618408, -0.2783907949924469, 0.1985413283109665,
-0.004563160240650177, -0.08619964867830276]
对应文本：你好，今天天气如何？
```

10.3　本章小结

在本章中，我们深入探索了 llama.cpp 的应用，掌握了其原生工具和与 Python 绑定的核心功能。从 llama.cpp 的基础知识开始，我们了解了如何通过 llama-cli 进行命令行交互、用 llama-run 简化推理过程、通过 llama-server 提供服务化接口、用 llama-bench 评测模型性能，以及用 llama-quantize 实现模型量化，解决了本地运行大语言模型的硬件和性能挑战。接着，在 llama-cpp-python 部分，我们掌握了其安装与使用方法，实现了生成文本、获取文本向量等功能。

第**11**章 项目实战：代码注释翻译器

在全球化软件开发背景下，对注释的理解至关重要。本章将开发一个代码注释翻译器，旨在消除语言障碍，促进代码知识的交流。我们将从项目简介、项目设计与架构入手，深入解析 comments.py 和 translate.py 两大核心模块的代码实现，并运行项目，展望未来改进方向。通过学习本章，读者将掌握开发代码注释翻译器的关键技术，提升软件工程实践能力，为构建更智能的工具奠定基础。

项目源代码目录：src/projects/translation_comments。

11.1 项目简介

在开发软件的过程中，代码注释扮演着至关重要的角色。它们如同代码的"第二语言"，用于解释代码的功能、逻辑和意图，帮助开发者更好地理解和维护代码。尤其在多语言协作日益普遍的今天，代码注释的语言差异性使其成为一个新的挑战。

1. 多语言开发环境下的注释翻译需求

随着软件行业的全球化发展，跨国团队协作、开源项目国际化已成为常态。不同国家、不同母语的开发者共同参与同一个项目的情况越来越普遍。虽然编程语言是通用的，但代码注释通常使用开发者的母语编写，这在多语言开发环境中带来了许多实际问题，催生了对代码注释翻译器的迫切需求。

（1）开源项目国际化：为了吸引全球开发者参与，开源项目通常使用国际通用语言（如英语）编写注释。然而，项目初始开发者的母语可能并非英语，将注释翻译成英文，有助于项目更好地融入国际社区，提升影响力和协作效率。

（2）跨语言代码库理解：开发者经常需要学习和借鉴优秀的开源代码库。但这些代码库的注释可能使用的是开发者不熟悉的语言。例如，一位中文开发者学习用日语注释的 Java 库，语言障碍会严重降低学习效率。将非母语注释翻译成母语注释，可以显著降低学习门槛，加速知识吸收。

（3）团队协作效率提升：在国际化团队中，成员的母语各异。代码库中注释语言不统一

（例如，模块 A 用中文，模块 B 用英文），会造成团队成员间的理解障碍，增加沟通成本，降低团队协作效率。统一注释语言，并将不同语言的注释翻译成团队通用语言，能有效提升团队整体的开发效率。

（4）代码审计与安全分析：代码审计和安全分析需要深入理解代码细节。如果代码注释使用审计人员或分析师不熟悉的语言，会增加审计和分析的难度，甚至可能遗漏安全漏洞。注释翻译可以辅助审计人员和分析师快速理解代码意图，提升审计和分析的效率和准确性。

（5）项目文档自动生成与多语言支持：代码注释常用于自动生成项目文档。为了提供多语言文档，需要将注释翻译成不同语言。自动注释翻译器可以为生成多语言文档提供支持。

（6）辅助非母语开发者学习代码：初学者通过示例代码学习编程时，详细的母语注释能极大地降低学习难度。将示例代码注释翻译成初学者的母语，有助于他们更快入门和掌握编程技能。

2. 引入代码注释翻译器项目

为了有效解决多语言开发环景下的代码注释理解问题，本章将引导读者构建一个实用的代码注释翻译器。

该项目旨在开发一个能够自动提取源代码注释，并利用 OpenAI 兼容 API 将注释翻译成目标语言的工具。该工具能够将翻译后的注释无缝整合回源代码，生成带有目标语言注释的新代码。

该项目开发的工具的核心功能包括多语言支持、注释类型识别、智能翻译、源代码结构保持和灵活配置。通过本章的学习，读者将掌握模块化设计、API 调用、文本处理等关键技能，并理解代码注释翻译器的实现原理和应用价值。

11.2 项目设计与架构

本节主要介绍该项目的两大核心模块和代码注释翻译器的工作流程。

11.2.1 两大核心模块

为了构建一个结构清晰、功能完善、易于维护和扩展的代码注释翻译器，我们采用模块化设计的思想，将该项目划分为两个核心的 Python 模块：comments.py 和 translate.py。comments.py 和 translate.py 模块各司其职，协同完成注释翻译任务。

1. comments.py 模块：专注于注释的提取与解析

comments.py 模块的核心职责是从各种编程语言的源代码文件中，准确、高效地提取代码注释。不同编程语言有独特的注释语法规则，例如，Python 的 # 和 """… """，以及 C 语言风格的 // 和 /* … */。comments.py 模块需要能够智能识别这些注释标记，并解析注释的文本内容以及注释在源代码中的位置信息（起始位置 start 和结束位置 end）。这些位置信息对于后续用翻译后的注释准确替换源代码中的注释至关重要。

为了实现多语言注释提取，comments.py 模块内部针对不同编程语言包含了专门的注释提取函数。例如，extract_comments_python() 函数用于处理 Python 注释，extract_comments_c_style() 函数用于处理 C 语言风格的注释。get_language_from_path() 函数负责根据源代码文件路径中的扩展名自动识别编程语言类型，动态调用相应的注释提取函数，实现多语言兼容。generate_prompt() 函数负责根据提取的注释和目标语言，生成优化的 prompt。

简而言之，comments.py 模块如同代码的"注释解析引擎"，负责深入理解各种编程语言的注释规则，从源代码中精准提取注释文本及其位置信息，为后续的翻译工作准备数据。

2. translate.py 模块：核心翻译模块，负责注释翻译与代码整合

translate.py 模块是代码注释翻译器的核心处理单元，承担着注释翻译和代码整合的职责。其主要作用如下。

（1）加载配置文件：load_config() 函数负责从 config.txt 文件中安全加载 OpenAI API 的配置信息（API 密钥、API 基地址、模型名称），实现配置与代码分离，提升安全性和灵活性。

（2）调用翻译 API：translate_comments() 函数是核心翻译函数，它可以接收注释列表和目标语言代码，批量调用 OpenAI 兼容 API 进行注释翻译，处理 API 调用细节，以及返回翻译后的注释列表。

（3）注释替换与代码整合：replace_comments_in_code() 函数用翻译后的注释精准替换源代码中的注释，通过计算动态偏移量，解决注释长度变化带来的位置偏差问题，保证代码结构的完整性。

（4）主程序入口：if __name__ == '__main__': 代码块作为主程序入口，负责统筹、协调整个代码注释翻译流程，依次调用各个模块的函数，完成配置加载、注释提取、翻译、替换等步骤，并输出翻译结果和代码示例。

translate.py 模块是代码注释翻译器的"大脑"和"执行中枢"，负责驱动整个翻译流程，以及连接配置、注释提取和调用翻译 API，最终将翻译后的注释无缝融入源代码，生成带有目标语言注释的新代码。

通过 comments.py 和 translate.py 模块的协同工作，我们构建了一个模块化、高内聚、低耦合的代码注释翻译器。这种模块化设计不仅降低了开发难度，也为未来的功能扩展和维护升级提供了便利。后文将深入代码细节，解析每个模块的具体实现原理和技巧。

11.2.2 代码注释翻译器的工作流程

为了直观地理解代码注释翻译器的工作原理，本小节将详细梳理其工作流程。代码注释翻译器看似功能简单，但其内部运作包含精巧的设计和环环相扣的步骤。概括来说，代码注释翻译器的工作流程可以分解为以下几个关键阶段，每个阶段都由特定的模块负责，各模块协同完成注释的提取、翻译和替换任务。

1. 输入：指定源代码文件与目标语言

此为代码注释翻译器的工作流程的起点，用户需要向代码注释翻译器提供以下两个关键信息。

（1）源代码文件路径：用户需要指定待翻译注释的源代码文件路径。代码注释翻译器将根据此路径读取源代码文件的内容，作为后续注释提取和替换的操作对象。代码注释翻译器支持的文件类型包括 .py、.java、.js、.cpp、.go 等，由 comments.py 模块中的 get_language_from_path() 函数根据文件扩展名进行识别，并据此选择合适的注释提取函数。

（2）目标语言代码：用户需要明确指定希望将注释翻译成的目标语言。例如，原始代码注释为中文，如果用户希望将其翻译成英文，则需要指定目标语言代码为英文。这个目标语言代码将被传递给翻译 API，以告知 API 翻译的目标语言。

2. 注释提取：源代码解析与注释定位

当接收到源代码文件路径后，代码注释翻译器将进入核心的注释提取阶段。此阶段由 comments.py 模块负责，其主要任务是对源代码进行深入解析，精准定位代码中的各种注释，并将注释内容及其在代码中的位置信息提取出来。

具体来说，comments.py 模块会执行以下操作。

（1）语言类型判断：comments.py 模块会调用 get_language_from_path() 函数，根据源代码文件的扩展名，自动识别代码所使用的编程语言类型。例如，如果源代码文件的扩展名为 .py，则判断为 Python 代码；而如果源代码文件的扩展名为 .java，则判断为 Java 代码。

（2）选择合适的注释提取函数：根据识别出的编程语言类型，comments.py 模块会动态选择并调用相应的注释提取函数。

（3）注释内容与位置信息提取：选定的注释提取函数会深入解析源代码内容，识别代码中的单行注释和多行注释，并提取每个注释的文本内容（comment）、起始位置（start）和结束位置（end）。需要强调的是，起始位置的计算需要精确到注释文本的第一个字符，并包含注释标记（如 #、//、/* 等）之后的任何空格，但不包含注释标记本身，以确保后续替换操作的准确性。

comments.py 模块是代码注释翻译器的"眼睛"和"触角"，它深入源代码，精准地识别和定位注释，为后续的翻译工作准备结构化的数据。此阶段的输出是一个包含注释对象的列表，其中的每个对象都包含注释的文本内容及其在源代码中的起始位置和结束位置信息。

3. prompt 生成：构建翻译指令

在成功提取源代码中的注释之后，代码注释翻译器进入 prompt 生成阶段。此阶段仍然由 comments.py 模块负责，其核心任务是为每一段提取出的注释构建一个用于翻译的 prompt。

prompt 的质量直接关系到翻译 API 的翻译效果。一个好的 prompt 应该能够清晰、明确地指示翻译 API 的翻译目标和要求。在本项目中，comments.py 模块的 generate_prompt() 函数负

责生成 prompt，其主要策略如下。

（1）构建统一的 prompt header：generate_prompt() 函数会根据用户指定的目标语言代码，构建一个通用的 prompt header（提示词头部）。例如，如果目标语言代码为 " 英文 "，则 prompt header 可能为 " 将下面的文本翻译成英文：\n"；而如果目标语言代码为 " 中文 "，则 prompt header 可能为 " 将下面的文本翻译成中文：\n"。prompt header 的作用是明确告知翻译 API 翻译的目标语言。

（2）拼接注释文本与 prompt header：generate_prompt() 函数会遍历注释列表，并对每个注释对象的 comment 字段与 prompt header 进行拼接，形成一个完整的 prompt 字符串。例如，如果提取出的注释文本为 "这是一个示例注释"，且目标语言为英文，则生成的 prompt 字符串可能为 " 将下面的文本翻译成英文：\n 这是一个示例注释 "。

（3）生成 prompt 列表：generate_prompt() 函数会将所有生成的 prompt 字符串收集到一个列表中，最终返回一个 prompt 列表。这个 prompt 列表将作为后面翻译 API 的输入。

comments.py 模块扮演着"指令构建者"的角色，它将提取出的注释文本巧妙地封装成符合翻译 API 输入要求的 prompt 形式，为后续的智能翻译奠定基础。

4. 调用 OpenAI API 进行翻译：智能注释翻译

完成 prompt 生成之后，代码注释翻译器进入核心的注释翻译阶段。此阶段由 translate.py 模块负责，它利用强大的 OpenAI 兼容 API，对 prompt 列表进行批量翻译，实现代码注释的智能化翻译。

translate.py 模块中的 translate_comments() 函数负责执行翻译 API 的调用和结果处理，主要步骤如下。

（1）加载 API 配置信息：translate_comments() 函数会调用 load_config() 函数，从 config.txt 文件中加载 OpenAI API 的必要配置信息，包括 API 基地址（base_url）、API 密钥（api_key）和模型名称（model）。这些配置信息将用于初始化 OpenAI 客户端，并设置 API 请求的参数。

（2）初始化 OpenAI 客户端：translate_comments() 函数会使用加载的 API 配置信息，初始化 OpenAI 官方提供的 Python 客户端（OpenAI()），用于后续与 OpenAI API 的交互。

（3）批量调用翻译 API：translate_comments() 函数会遍历 prompt 列表，并针对每个 prompt，调用 OpenAI 客户端的 client.chat.completions.create() 方法，向 OpenAI API 发送翻译请求。API 请求会将 prompt 字符串作为 messages 参数的内容，并指定使用的翻译模型和其他必要的参数。通过批量调用 API，可以高效地完成所有注释的翻译。

（4）获取并处理翻译结果：对于每个 API 请求，translate_comments() 函数会解析 API 返回的响应，从中提取翻译后的注释文本。通常，翻译结果会包含在 chat_completion.choices[0].message.content 字段中。translate_comments() 函数还会对翻译结果进行鲁棒性处理，例如，检查翻译结果是否为空，处理 API 调用过程中可能出现的错误（如网络连接错误、API 鉴权失败等）。如果翻译结果为空或出错，translate_comments() 函数会记录错误日志，并保留原始注释文本，以保证程序的稳定性和容错性。

（5）更新注释对象：translate_comments() 函数会将翻译后的注释文本，添加到原始注释对象的 comment 字段中。也就是说，经过翻译 API 调用后，每个注释对象将包含原始注释文本和翻译后的注释文本。

调用 OpenAI API 进行翻译的阶段是代码注释翻译器的"智能引擎"，它利用强大的自然语言处理能力，将 prompt 列表中包含的注释文本批量翻译成目标语言，并处理各种异常情况，保证翻译结果的质量和程序的稳定性。此阶段的输出是一个注释列表，但其中每个注释对象的 comment 字段已经更新为翻译后的注释文本。

5. 注释替换模块：代码重构与注释整合

在获取到翻译后的注释列表后，代码注释翻译器会用翻译后的注释文本替换源代码中的注释。此阶段由 translate.py 模块的 replace_comments_in_code() 函数负责。

replace_comments_in_code() 函数需要完成以下关键操作。

（1）读取源代码文件内容：replace_comments_in_code() 函数会读取之前输入的源代码文件的全部内容，以便在内存中对代码注释进行修改和替换。

（2）循环遍历翻译后的注释列表：replace_comments_in_code() 函数会遍历翻译完成的注释列表。对于其中的每个注释对象，replace_comments_in_code() 函数都需要执行注释替换操作。

（3）精确计算替换位置：由于不同编程语言的注释文本长度可能存在差异（例如，将中文翻译成英文后，注释文本的长度可能会变长或变短），直接使用原始注释文本的起始位置和结束位置进行替换，可能会导致后续注释文本的替换位置发生错乱。为了解决这个问题，replace_comments_in_code() 函数引入了偏移量（offset）的概念。在每完成一个注释文本的替换后，replace_comments_in_code() 函数都会动态计算注释文本长度变化带来的偏移量，并更新偏移量的值。在进行下一个注释文本的替换时，则基于更新后的偏移量，重新计算注释文本在修改后的代码中的真实起始位置和结束位置。通过这种动态偏移量调整机制，replace_comments_in_code() 函数能够精确地定位每个注释文本在代码中的位置，并进行准确的替换，即使注释文本的长度发生变化，也不会影响后续注释文本的替换。

（4）字符串切片与拼接：replace_comments_in_code() 函数使用高效的字符串切片和拼接操作，将源代码文件中指定范围的文本（即原始注释部分）替换为翻译后的注释文本。这种字符串操作能够在不破坏原始代码结构的前提下，实现注释文本的精准替换。

（5）返回修改后的代码内容：replace_comments_in_code() 函数在完成所有注释文本的替换操作后，会将修改后的完整源代码文件内容，以字符串的形式返回。调用者可以选择将返回的字符串保存到新的文件中，或者在内存中直接使用修改后的代码。

translate.py 模块是代码注释翻译器工作流程中的"代码重构师"，它巧妙地用翻译后的注

释，精准地替换源代码中的注释，最终生成一份带有目标语言注释的"新生"代码。此阶段的输出是修改注释后的完整源代码文件内容字符串。

11.3　核心模块代码解析

comments.py 模块是代码注释翻译器的核心组成部分之一，它专注于源代码注释的提取与解析。本节将深入解析 comments.py 模块中的关键函数，揭示其内部实现原理和技术细节。

11.3.1　注释提取的统一入口

extract_comments(path) 函数在 comments.py 模块中是注释提取的"入口"。它的主要职责是接收源代码文件的路径（path）作为输入，并根据文件类型，动态地调用不同的注释提取函数，从而实现对多种编程语言源代码文件的注释提取。

1. 功能概述

extract_comments(path) 函数的功能概括如下。

（1）接收文件路径：该函数接收一个参数 path，path 表示待处理的源代码文件的路径。

（2）判断文件类型：根据文件路径，调用 get_language_from_path(path) 函数，识别源代码文件的编程语言类型。

（3）动态调用注释提取函数：根据 get_language_from_path(path) 函数返回的编程语言类型，extract_comments(path) 函数会使用条件判断语句（例如 if-elif-else 语句），选择并调用与该编程语言类型相对应的注释提取函数。例如，如果编程语言类型为 'python'，则调用 extract_comments_python() 函数；而如果编程语言类型为 'java' 或 'javascript' 等 C 风格语言类型，则调用 extract_comments_c_style() 函数。

（4）统一返回值：无论调用的是哪种编程语言的注释提取函数，extract_comments(path) 函数最终都会统一返回一个注释列表。这个列表中的每个元素都是一个字典（或自定义的类对象），用于结构化存储提取出的单行注释的信息，包括 comment（注释文本内容）、start（注释在源代码中的起始位置）和 end（注释在源代码中的结束位置）。

2. 代码详解：文件类型判断与动态函数调用

extract_comments(path) 函数的核心作用在于文件类型判断和动态函数调用。

（1）文件类型判断：文件类型判断的核心逻辑封装在 get_language_from_path(path) 函数中。extract_comments(path) 函数通过调用 get_language_from_path(path) 函数，获取源代码文件的编程语言类型。

（2）动态函数调用：extract_comments(path) 函数根据 get_language_from_path() 函数的返回值，使用条件判断语句，动态地决定调用哪个注释提取函数。动态函数调用是实现多语言支持的关键。例如，以下伪代码展示了动态函数调用的基本逻辑：

```
def extract_comments(path):
    language = get_language_from_path(path) # 获取编程语言类型
    if language == 'python':
        comments = extract_comments_python(path) # 调用 Python 注释提取函数
    elif language in ['java', 'javascript', 'c', 'cpp', 'go']: # C 风格语言
        comments = extract_comments_c_style(path, language) # 调用 C 风格语言的注释提取函数
    else:
        return [] # 对于不支持的语言，返回空列表
    return comments # 统一返回注释列表
```

动态函数调用的优势在于使得 extract_comments(path) 函数成为一个统一的入口，用户只需要提供源代码文件路径，extract_comments(path) 函数就能自动识别文件类型，并调用合适的注释提取函数进行处理，隐藏了不同语言注释提取的差异性，简化了外部调用逻辑，提高了代码的模块化程度和可扩展性。如果需要支持新的编程语言，只需要添加新的注释提取函数，并在 extract_comments(path) 函数中增加相应的条件判断语句和函数调用语句即可，无须修改其他模块的代码。

（3）返回值：结构化的注释列表。

extract_comments(path) 函数最终返回的是一个注释列表。

11.3.2　编程语言类型的快速识别

get_language_from_path(path) 函数的功能相对简单，但其在 comments.py 模块中扮演着至关重要的角色。它的核心职责是根据源代码文件的路径（path），快速识别出该文件所使用的编程语言类型。这个识别结果，将直接影响到 extract_comments(path) 函数后续选择的注释提取函数。

1. 功能概述

get_language_from_path(path) 函数的功能概括如下。

（1）接收文件路径：该函数接收一个参数 path，path 表示源代码文件的路径。

（2）提取文件扩展名：从文件路径中提取文件扩展名。例如，对于路径 "/path/to/my_code.py"，该函数提取出的扩展名为 ".py"。

（3）将扩展名转换为小写：为了忽略文件扩展名的大小写差异，将提取出的扩展名转换为小写形式。例如，将 ".PY" 转换为 ".py"，将 ".JAVA" 转换为 ".java"。

（4）编程语言类型判断：使用条件判断语句（if-elif-else 语句），根据小写形式的文件扩展名，判断源代码文件的编程语言类型。例如，扩展名为 ".py"，则编程语言为 Python；扩展名为 ".java"，则编程语言为 Java。

（5）返回值：该函数根据判断结果，返回一个字符串，表示编程语言类型。例如，判断

编程语言为 Python，则返回字符串 'python'；判断编程语言为 Java，则返回字符串 'java'。对于无法识别的文件扩展名或者不支持的编程语言类型，该函数通常会返回 None。

2. 代码详解：文件扩展名提取与 if-elif-else 判断

get_language_from_path(path) 函数的核心作用在于文件扩展名提取和 if-elif-else 判断。

（1）文件扩展名提取：Python 的 os.path.splitext(path) 函数可以方便地将文件路径分割成文件名和扩展名两部分。get_language_from_path(path) 函数利用 os.path.splitext(path) 函数提取文件扩展名，并通过 .lower() 方法将其转换为小写形式。

（2）if-elif-else 判断：get_language_from_path(path) 函数使用 if-elif-else 语句，建立文件扩展名与编程语言类型之间的映射关系。例如：

```python
def get_language_from_path(path):
    ext = os.path.splitext(path)[-1].lower()  # 提取并转换为小写扩展名

    if ext == '.py':
        return 'python'
    elif ext == '.java':
        return 'java'
    elif ext == '.js':
        return 'javascript'
    elif ext == '.cpp' or ext == '.c':  # C 和 C++ 都使用 C-style 注释
        return 'c++'  # 统一返回 'c++'
    elif ext == '.go':
        return 'go'
    else:
        return None  # 无法识别或不支持的编程语言类型，返回 None
```

if-elif-else 语句的优势在于提供了一种简洁、高效的方式来实现编程语言类型判断。通过预先定义支持的文件扩展名和对应的编程语言类型，get_language_from_path(path) 函数可以快速地根据文件扩展名进行判断，而无须深入解析文件内容，提高了编程语言类型识别的效率。同时，if-elif-else 语句易于扩展，如果需要支持更多编程语言，只需要在 if-elif-else 语句中添加新的条件判断分支即可。

（3）返回值：简洁的编程语言类型字符串。

get_language_from_path(path) 函数返回的是一个简洁的编程语言类型字符串（如 'python'、'java'、None）。这种简洁的返回值设计，使得 extract_comments(path) 函数可以方便地根据返回值进行条件判断，并动态调用相应的注释提取函数，简化了调用逻辑。返回 None 则表示无法识别或不支持的编程语言类型，方便 extract_comments(path) 函数进行错误处理。

11.3.3 注释提取的核心原理与实现技巧

代码注释翻译器的核心功能之一，就是从源代码文件中准确地提取注释。本小节将深入探讨注释提取的核心原理和实现技巧，重点介绍单行注释和多行注释的识别与提取方法，统一讲解通用的注释提取思路和技术。

1. 注释提取的总体思路

注释提取的总体思路是基于编程语言的注释语法规则，在源代码中搜索和识别注释标记，并根据注释标记的位置和类型，提取出注释的文本内容和位置信息。不同的编程语言，其注释语法规则有所不同，但注释提取的核心原理是相同的：都是通过模式匹配（Pattern Matching）的方法，在源代码中寻找符合注释语法规则的模式，然后提取匹配到的内容。

2. 单行注释的识别与提取

单行注释是指只在一行代码中生效的注释，通常以特定的单行注释标记开始，到行尾结束。单行注释的识别与提取通常可以采用以下步骤。

（1）按行分割代码：将源代码按行分割成一个字符串列表，每一行代码作为一个字符串。

（2）遍历每一行代码：循环遍历分割后的每一行代码字符串。

（3）查找单行注释标记：在每一行代码字符串中，查找单行注释标记（如 # 或 //）首次出现的位置。

（4）判断是否找到单行注释标记与提取注释文本：如果在一行代码中找到了单行注释标记，则说明该行代码包含单行注释。从标记位置之后开始，到行尾结束，提取这部分字符串作为注释文本。需要特别注意的是，提取注释文本时，应该包含注释标记之后的任何空格，但不包含注释标记本身。

（5）计算注释位置：计算单行注释在原始源代码中的起始位置（start）和结束位置（end）。起始位置通常是单行注释标记在原始源代码中的索引，结束位置通常是单行注释所在行的行尾在原始源代码中的索引。精确计算起始位置至关重要，它需要包含注释标记之后的空格，但不包含标记符本身。

例如以下 Python 代码示例：

```python
code_line = "    #  这是一个单行注释"  # 示例代码行
comment_marker = '#'
marker_index = code_line.find(comment_marker) # 查找单行注释标记 '#' 的位置

if marker_index != -1: # 如果找到单行注释标记
    comment_text = code_line[marker_index + 1:] # 提取注释文本（包含单行注释标记后的空格）
    start_position = marker_index + 1 # 计算起始位置（单行注释标记后第一个字符的索引）
    end_position = len(code_line) # 结束位置为行尾

    print(f"代码行：{code_line}")
    print(f"注释文本：'{comment_text}'")
    print(f"起始位置（start）：{start_position}")
    print(f"结束位置（end）：{end_position}")
```

上述代码演示了如何使用 find('#') 方法定位单行注释标记，并计算起始位置和结束位置。

（6）创建注释对象：将提取出的注释文本、起始位置和结束位置封装成一个注释对象（如字典或类对象），并添加到注释列表中。

3. 多行注释的识别与提取

多行注释的识别与提取通常需要使用状态机（State Machine）的思想。状态机是一种用于描述对象在不同状态之间的转换行为的计算模型。在多行注释的提取中，状态机可以用来跟踪当前是否处于多行注释块内部，并根据不同的状态采取不同的处理方式。多行注释的识别与提取步骤如下。

（1）初始化状态标志：初始化一个状态标志，如 in_multiline_comment，用于记录当前是否处于多行注释块内部。初始状态通常为 False。

（2）循环遍历代码字符。

（3）检查状态标志：在遍历每个字符时，检查状态标志 in_multiline_comment 的值。

（4）状态标志的值为 False 时的处理：如果状态标志的值为 False，我们需要查找多行注释的起始标记。检查当前字符或当前字符及其后续字符是否组成了多行注释的起始标记（例如 '''、"""、/*）。如果找到起始标记，则设置状态标志的值为 True，记录注释起始位置，并开始累积注释文本。如果未找到起始标记，则继续遍历下一个字符。

（5）状态标志的值为 True 时的处理：如果状态标志的值为 True，我们需要查找多行注释的结束标记。检查当前字符或当前字符及其后续字符是否组成了多行注释的结束标记（例如 '''、"""、*/）。如果找到结束标记，则设置状态标志的值为 False，提取累积的注释文本，计算注释结束位置，创建注释对象，并停止累积注释文本。如果未找到结束标记，则继续累积当前遍历到的字符，将其追加到当前多行注释的文本内容中。

以下代码示例展示了状态机在多行注释提取中的应用。

```python
code_content = """
def my_function():
    '''
    这是一个多行注释块的示例。
    This is a multiline comment block example.
    '''
    print("Hello, world!")
""" # 示例代码段
in_multiline_comment = False # 初始化状态标志
multiline_comment_text = "" # 初始化多行注释文本
for char in code_content: # 遍历代码字符串
    if in_multiline_comment: # 状态标志的值为 True（在多行注释块内部）
        if char == "'": # 查找多行注释的结束标记（简化示例，实际情况更复杂）
            in_multiline_comment = False # 设置状态标志的值为 False（退出多行注释块）
            # ...（提取注释文本，计算位置等操作）...
            multiline_comment_text += char # （为了示例完整性，实际情况可能不需要加结束标记）
            print("多行注释结束，提取到的文本：")
            print(multiline_comment_text)
            multiline_comment_text = "" # 重置多行注释文本
        else:
            multiline_comment_text += char # 累积注释文本
    else: # 状态标志的值为 False（当前不在多行注释块内部）
```

```
        if char == "'": # 查找多行注释的起始标记（简化示例，实际情况更复杂）
            in_multiline_comment = True # 设置状态标志的值为 True （进入多行注释块）
            multiline_comment_text += char # （为了示例完整性，实际情况可能不需要加起始标记）
            print(" 进入多行注释块 ...")
    print(" 代码遍历完成 ")
```

代码中，in_multiline_comment 变量为状态标志，用于跟踪当前是否处于多行注释块内部。代码示例演示了状态标志的切换和注释文本的累积过程。

4．核心技术总结

注释提取的核心技术如下。

（1）模式匹配：通过搜索和识别注释标记，在源代码中定位注释。

（2）字符串处理（String Processing）：使用字符串查找、切片、拼接等操作，提取注释文本和计算注释位置。

（3）状态机：使用状态机处理多行注释，保证注释提取的准确性和健壮性。

11.3.4　批量生成翻译 prompt

generate_prompt() 函数是 comments.py 模块的关键函数，它的职责是根据提取出的注释列表（comments）和用户指定的目标语言代码（lang），批量生成用于翻译的 prompt 列表。这里为方便分析其参数 comments 和 lang，将 generate_prompt() 函数写作 generate_prompt(comments, lang) 函数。

1．功能概述

generate_prompt(comments, lang) 函数的功能概括如下。

（1）接收注释列表和目标语言代码：该函数接收两个参数，即 comments（注释列表）和 lang（目标语言代码）。

（2）构建 prompt header：根据接收到的目标语言代码，generate_prompt (comments, lang) 函数会构建一个 prompt header。例如，目标语言代码为 ' 英文 '，则 prompt header 可能为 " 将下面的文本翻译成英文 :\n"；目标语言代码为 ' 中文 '，则 prompt header 可能为 " 将下面的文本翻译成中文：\n"。prompt header 的具体内容可以根据实际使用的翻译 API 和模型进行调整和优化，以获得最佳的翻译效果。

（3）循环遍历注释列表：generate_prompt (comments, lang) 函数会循环遍历输入的注释列表。

（4）拼接 prompt ：对于列表中的每个注释对象，generate_prompt (comments, lang) 函数会将 prompt header 与注释对象的 comment 字段（注释文本）进行字符串拼接，形成一个完整的 prompt 字符串。

（5）存储 prompt 到列表：将生成的 prompt 字符串添加到一个列表中。

（6）返回值：循环遍历完所有注释对象后，generate_prompt (comments, lang) 函数会将存

储了所有 prompt 字符串的列表作为返回值并返回。这个列表就是后续 translate.py 模块调用翻译 API 的输入。

2. 代码详解：prompt header 的构建与批量 prompt 的生成

generate_prompt (comments, lang) 函数的核心作用在于 prompt header 的构建和批量 prompt 的生成。

（1）prompt header 的构建：generate_prompt (comments, lang) 函数根据目标语言代码，使用字符串格式化（String Formatting）的方式，动态构建 prompt header。例如，在 Python 中，可以使用 f-string 或 .format() 方法来实现字符串格式化。以下是一个使用 f-string 构建 prompt header 的示例：

```
def generate_prompt (comments, lang):
    prompt _header = f"Translate the following text to {lang}:\n"
    # 使用 f-string 构建 prompt  header
    prompt s = []
    # ... 后续代码 ...
```

prompt header 至关重要：它明确地指导翻译 API 的翻译行为，告知翻译 API 翻译的目标语言，并提供必要的上下文信息，从而提升翻译的准确性和质量。prompt header 的设计，需要根据实际使用的翻译 API 和模型的特点进行调整和优化，例如，可以尝试不同的 prompt、添加更多的上下文信息等，以获得最佳的翻译效果。

（2）批量 prompt 的生成：generate_prompt (comments, lang) 函数通过循环遍历注释列表，批量生成 prompt 字符串。

（3）返回值：包含 prompt 字符串的列表。

11.4 主程序代码解析

本节将继续在代码层面，解析 translate.py 模块以及主程序入口 if __name__ == '__main__': 的实现细节。

11.4.1 加载 API 配置信息

load_config() 函数负责从 config.txt 文件中读取 OpenAI API 的相关配置信息，如 API 密钥、API 基地址、模型名称等。这些配置信息对于后续调用 OpenAI API 进行翻译至关重要。这里为方便分析 load_config() 函数的参数，将其写作 load_config(config_file="config.txt")。

1. 功能概述

load_config(config_file="config.txt") 函数的功能概括如下。

（1）读取配置文件：该函数尝试打开并读取指定路径的 config.txt 文件。配置文件默认名称为 "config.txt"。

（2）解析配置项：逐行读取配置文件内容，并将每一行解析为键值对。配置项通常以"键=值"的形式存储，如 api_key=YOUR_API_KEY。

（3）去除空白字符：对于解析出的键值对，去除首尾的空白字符（如空格、制表符、换行符），确保配置项的准确性。

（4）存储配置信息：将解析出的键值对存储到一个字典中。字典的键为配置项的键（如 api_key），值为配置项的值（如 YOUR_API_KEY）。

（5）必要配置项检查：该函数会检查字典中是否包含必要的配置项，如 base_url、api_key、model 等。如果缺少必要的配置项，则认为配置加载失败。

（6）返回值：如果配置加载成功，该函数返回包含配置信息的字典；如果配置加载失败（如配置文件读取失败、缺少必要配置项），则返回 None。

2．代码详解：配置文件读取与字典存储

load_config(config_file="config.txt") 函数的核心实现逻辑主要包括配置文件读取、键值对分割、空白字符去除和字典存储等。

（1）配置文件读取：使用 Python 的 with open(...) 语句以只读模式（'r'）打开配置文件。with open(...) 语句可以确保文件在使用完毕后自动关闭，即使发生异常也能保证文件资源被正确释放。

（2）键值对分割与空白字符去除：逐行读取配置文件内容，对于每一行，使用字符串的 split('=') 方法根据"="字符分割成键和值两部分。然后，分别使用 strip() 方法去除键和值首尾的空白字符。

（3）字典存储：创建一个空字典 config_dict，用于存储解析出的配置信息。将处理后的键值对存入 config_dict 字典中，配置项的键作为字典的键，配置项的值作为字典的值。

（4）必要的配置项检查：在配置信息存储完成后，函数会检查 config_dict 字典中是否包含了预定义的必要配置项。可以使用"in"运算符检查键是否在字典中。

（5）错误处理与返回值：使用 try-except 块捕获配置文件读取过程中可能发生的 FileNotFoundError 异常。如果发生异常或者缺少必要的配置项，函数会输出错误日志，并返回 None，表示配置加载失败。否则，函数返回包含配置信息的 config_dict 字典。

以下是 load_config() 函数的核心代码片段。

```python
def load_config(config_file="config.txt"):
    config_dict = {}
    required_keys = ['base_url', 'api_key', 'model'] # 必要配置项
    try:
        with open(config_file, 'r', encoding='utf-8') as f: # 读取配置文件
            for line in f:
                if '=' in line: # 检查是否包含 '=' 字符
                    key, value = line.split('=', 1) # 分割键值对 (limit=1 防止值中包含 '=')
                    key = key.strip() # 去除键前后的空白字符
```

```
                    value = value.strip() # 去除值前后的空白字符
                    config_dict[key] = value # 存储到字典
    except FileNotFoundError:
        print(f"Error: Config file '{config_file}' not found.") # 输出错误日志
        return None # 配置加载失败，返回 None
    for key in required_keys: # 检查必要配置项
        if key not in config_dict:
            print(f"Error: Missing required config key '{key}' in '{config_file}'.")
            # 输出错误日志
            return None # 配置加载失败，返回 None

    return config_dict # 配置加载成功，返回配置信息字典
```

上述示例代码展示了 load_config() 函数读取配置文件、解析配置项、存储配置信息以及进行错误处理和返回值的完整流程。

（6）返回值：配置信息字典或 None。

11.4.2 调用 OpenAI API 进行翻译

translate_comments() 函数是 translate.py 模块的核心函数，负责调用 OpenAI API，将输入的注释列表翻译成指定的目标语言代码。这里为方便分析其参数，将其写作 translate_comments(comments, lang, config)。该函数充分利用了 OpenAI API 强大的自然语言处理能力，实现了代码注释的智能化翻译。

1. 功能概述

translate_comments(comments, lang, config) 函数的功能概括如下。

（1）接收输入参数：函数接收 3 个参数，即 comments（注释列表）、lang（目标语言代码）和 config（配置信息字典，由 load_config() 函数返回）。

（2）初始化 OpenAI 客户端：使用 config 字典中的 base_url 和 api_key 配置信息，初始化 OpenAI 官方提供的 Python 客户端（OpenAI(...)），用于后续与 OpenAI API 的交互。

（3）获取模型名称：从 config 字典中获取要使用的翻译模型名称。

（4）循环遍历 prompt 列表：循环遍历输入的注释列表。对于列表中的每个注释对象，执行翻译操作。

（5）构建翻译请求参数：为当前注释对象构建调用 OpenAI API 的请求参数，如 model（指定使用的翻译模型名称）、messages（包含 prompt 信息的消息列表）

（6）调用 OpenAI API 发送翻译请求：使用 OpenAI 客户端的 client.chat.completions.create(...) 方法，发送翻译请求到 OpenAI API。

（7）获取翻译结果：解析 API 返回的响应，从中提取翻译后的注释文本。翻译结果通常包含在 chat_completion.choices[0].message.content 字段中。

（8）翻译结果为空或出错处理：检查翻译结果是否为空，并处理 API 调用过程中可能出

现的错误（如网络连接错误、API 鉴权失败等）。如果翻译结果为空或出错，translate_comments (comments, lang, config) 函数会输出错误日志，并保留原始注释文本，以保证程序的稳定性和容错性。

（9）更新注释对象：将翻译后的注释文本，添加到原始注释对象的 comment 字段中。

（10）返回值：完成所有注释的翻译后，函数返回翻译后的注释列表。

2．代码详解：OpenAI 客户端初始化与 API 调用

translate_comments(comments, lang, config) 函数的核心实现逻辑在于 OpenAI 客户端的初始化、API 调用以及翻译结果的处理。

（1）OpenAI 客户端的初始化：使用 openai.OpenAI(base_url=config['base_url'], api_key=config ['api_key']) 初始化 OpenAI 客户端。base_url 和 api_key 从 config 字典中获取，确保使用用户在配置文件中提供的 API 配置信息。

（2）模型名称获取：直接从 config 字典中获取模型名称，即 model_name = config['model']。

（3）循环遍历 prompt 列表与 API 调用：使用 for 循环遍历 prompt 列表。对于每个 prompt，构建 messages 参数，并调用 client.chat.completions.create(...) 方法发送 API 请求。

（4）翻译结果获取与处理：通过访问 chat_completion.choices[0].message.content 获取翻译结果。使用条件判断语句检查翻译结果是否为空。使用 try-except 块捕获 API 调用可能发生的异常，如 openai.APIError。在错误处理代码块中，输出错误日志，并将原始注释文本赋值给 translated_text 变量，以保证即使翻译失败，程序也能继续运行，并保留原始注释。

（5）更新注释对象：将 translated_text 的值赋值给当前注释对象的 comment 字段，即 comment_obj['comment'] = translated_text。

以下是 translate_comments() 函数的核心代码片段。

```
import openai
def translate_comments(comments, lang, config):
    client = openai.OpenAI(base_url=config['base_url'], api_key=config['api_key'])
    # 初始化 OpenAI 客户端
    model_name = config['model'] # 获取模型名称
    translated_comments_list = []
    for comment_obj in comments: # 循环遍历 prompt 列表
        prompt = comment_obj['prompt '] # 获取 prompt
        try:
            chat_completion = client.chat.completions.create( # 调用 OpenAI API
                model=model_name,
                messages=[{"role": "user", "content": prompt }],
                stream=False,
            )
            translated_text = chat_completion.choices[0].message.content # 获取翻译结果
            if not translated_text: # 检查翻译结果是否为空
                translated_text = comment_obj['comment'] # 如果为空，使用原始注释
                print(f"Warning: Translation API returned empty result for comment:
                '{comment_obj['comment']}'. Using original comment.") # 输出警告日志
```

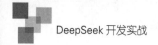

```
        except openai.APIError as e: # 捕获 API 错误
            translated_text = comment_obj['comment'] # 发生错误，使用原始注释
            print(f"Error: OpenAI API error for comment: '{comment_obj['comment']}'.
            Error details: {e}. Using original comment.") # 输出错误日志

        comment_obj['comment'] = translated_text # 更新注释对象为翻译后的文本
        translated_comments_list.append(comment_obj) # 添加到翻译后的注释列表

    return translated_comments_list # 返回翻译后的注释列表
```

上述示例代码展示了 translate_comments() 函数初始化 OpenAI 客户端、调用翻译 API、处理 API 响应和错误，以及更新注释列表的完整流程。

（6）返回值：translate_comments() 函数始终返回一个翻译后的注释列表。

11.4.3 替换源代码中的注释

replace_comments_in_code() 函数负责用翻译后的注释替换原始源代码文件中的注释。为方便分析，这里将该函数写作 replace_comments_in_code(file_path, translated_comments)。该函数是代码注释翻译器工作流程的最后一步，也是至关重要的一步，它直接决定了最终输出的代码文件的质量。

1. 功能概述

replace_comments_in_code(file_path, translated_comments) 函数的功能概括如下。

（1）接收输入参数：函数接收两个参数，即 file_path（源代码文件路径，表示要修改的源代码文件路径）、translated_comments（翻译后的注释列表）。

（2）读取源代码文件内容：以只读模式读取指定路径的源代码文件的全部内容，并存储到一个字符串变量中。

（3）初始化偏移量：初始化偏移量（offset）为 0。偏移量用于动态调整注释在修改后代码中的位置，以消除注释文本长度变化带来的影响。

（4）循环遍历翻译后的注释列表：循环遍历输入的翻译后的注释列表。对于列表中的每个注释对象，执行替换操作。

（5）计算考虑偏移量后的注释位置：根据注释对象的起始位置和结束位置信息，以及当前的偏移量，计算注释在修改后的代码中的真实起始位置（start_offset）和结束位置（end_offset）。计算公式为：start_offset = comment_obj['start'] + offset，end_offset = comment_obj['end'] + offset。

（6）字符串切片与拼接进行替换：使用字符串的切片（Slicing）和拼接（Concatenation）操作，修改内存中的代码内容字符串。具体来说，将代码内容字符串分割成 3 个部分：注释之前的部分、原始注释部分、注释之后的部分。然后，将注释之前的部分、翻译后的注释文本、注释之后的部分拼接起来，形成新的代码内容字符串。这样就实现了将原始注释部分替换为翻译后的注释文本的目的。

（7）更新偏移量：动态更新偏移量（offset）的值。偏移量的更新量为翻译后注释的长度减去原始注释的长度。计算公式为：offset += len(translated_comment) - (end - start)。更新后的偏移量将用于计算下一个注释的替换位置，以保证替换位置的准确性。

（8）返回值：完成所有注释的替换操作后，函数返回修改注释后的源代码文件内容字符串。如果文件读取失败，则返回 None。

2. 代码详解：偏移量动态调整与字符串切片与拼接

replace_comments_in_code(file_path, translated_comments) 函数的核心作用在于偏移量动态调整机制和字符串切片与拼接。

（1）偏移量动态调整机制：偏移量（offset）是 replace_comments_in_code() 函数的关键。由于不同语言的注释文本长度可能存在差异，如果直接使用原始注释的位置信息进行替换，会导致后续注释的替换位置错乱。偏移量动态调整机制通过动态记录和更新每次注释替换操作引起的代码长度变化，并在计算后续注释位置时考虑偏移量的影响，从而保证了注释替换位置的精确性和正确性。偏移量的初始值为 0，每次完成一个注释的替换后，偏移量都会根据注释长度的变化进行更新。

（2）字符串切片与拼接：replace_comments_in_code() 函数使用高效的字符串切片和拼接操作，实现注释的替换。例如，将代码字符串 code_str 中从 start_offset 到 end_offset 范围内的文本替换为 translated_comment，可以使用以下 Python 代码实现。

```
modified_code_content = code_content[:start_offset] + translated_comment + code_
content[end_offset:]
```

这种字符串操作方式效率高，且不会破坏原始代码的语法结构，能够实现注释内容的精准替换。

（3）文件读取与返回值：函数尝试使用 with open(file_path, 'r', encoding='utf-8') as f:，以只读模式读取文件内容。如果文件读取失败（如 FileNotFoundError 异常），函数会捕获异常，输出错误日志，并返回 None。替换完成后，函数返回修改后的代码内容字符串 modified_code_content。

以下是 replace_comments_in_code() 函数的核心代码片段。

```
def replace_comments_in_code(file_path, translated_comments):
    try:
        with open(file_path, 'r', encoding='utf-8') as f: # 读取源代码文件
            code_content = f.read()
    except FileNotFoundError:
        print(f"Error: Source code file '{file_path}' not found.") # 输出错误日志
        return None # 文件读取失败，返回 None
    modified_code_content = code_content # 初始修改后的代码内容为原始代码内容
    offset = 0 # 初始化偏移量
    for comment_obj in translated_comments: # 循环遍历翻译后的注释列表
        translated_comment = comment_obj['comment'] # 获取翻译后的注释文本
        start = comment_obj['start'] # 获取原始注释起始位置
        end = comment_obj['end'] # 获取原始注释结束位置
```

```
        start_offset = start + offset # 计算考虑偏移量后的起始位置
        end_offset = end + offset # 计算考虑偏移量后的结束位置

        modified_code_content = modified_code_content[:start_offset] + translated_
        comment + modified_code_content[end_offset:] # 字符串切片和拼接进行替换
        offset += len(translated_comment) - (end - start) # 更新偏移量
    return modified_code_content # 返回修改后的代码内容字符串
```

上述示例代码展示了 replace_comments_in_code() 函数读取文件内容、初始化偏移量、循环遍历注释列表、计算偏移位置、字符串替换以及更新偏移量的完整流程。

（4）返回值：修改后的代码内容字符串或 None。

11.5　运行项目

要成功运行代码注释翻译器项目，读者需要进行一些准备工作，并按照正确的步骤运行程序。本节将详细介绍运行项目的具体步骤。

1. 准备 config.txt 文件

代码注释翻译器需要连接到 OpenAI API 或本地 Ollama 服务才能进行翻译。这些配置信息，如 API 基地址、API 密钥、模型名称等，都在 config.txt 文件中。在运行项目之前，必须创建并正确配置 config.txt 文件。

config.txt 文件应与 translate.py 模块的脚本位于同一目录下。读者可以使用任何文本编辑器创建 config.txt 文件，并按照以下格式填写配置信息（请务必将示例值替换为读者自己的实际配置）。

```
base_url = http://localhost:11434/v1
api_key = ollama
model=qwen2.5:0.5b
```

配置项说明如下。

（1）base_url：API 基地址。

（2）api_key：API 密钥，如果是本地 Ollama 服务，可以设置为任意值。

（3）model：使用的大模型名称。

2. 启动 Ollama 服务

如果读者选择使用本地 Ollama 服务进行翻译，务必在运行代码注释翻译器之前，启动 Ollama 服务。

启动 Ollama 服务的具体步骤取决于操作系统和 Ollama 安装方式。通常，可以在终端或命令行界面中输入并执行 ollama serve 命令来启动 Ollama 服务。如果读者使用 OpenAI API，则无须启动 Ollama 服务。

3. 运行主程序

完成 config.txt 文件的准备（并启动 Ollama 服务，如果需要）后，读者就可以运行代码注释翻译器的主程序了。

在项目根目录下，打开终端或命令行界面，并执行以下命令来运行 translate.py 模块的脚本。

```
python translate.py
```

运行程序后，系统就会将翻译好的源代码输出到终端上。

11.6　改进方向和扩展

代码注释翻译器项目目前已经实现了基本的功能，但仍然存在很大的改进和扩展空间。为了进一步提升代码注释翻译器的性能、功能和用户体验，可以从以下几个方面进行考虑。

1. 批量注释翻译，提升翻译速度

当前的代码注释翻译器是逐条注释地调用翻译 API 进行翻译的。这种方式在注释数量较多时，可能会降低翻译速度，并增加 API 调用次数。为了提高翻译效率，可以考虑使用批量注释翻译的优化方案。

改进思路如下。

（1）prompt 聚合：在 generate_prompt () 函数中，将多个注释的文本内容聚合到一个 prompt 中，形成一个包含多个翻译任务的 prompt。例如，可以将多个注释文本拼接在一起，并用换行符或分隔符分隔，然后在 prompt header 中明确告知翻译 API 需要翻译多段文本。

（2）批量 API 请求：修改 translate_comments() 函数，一次性将包含多个翻译任务的 prompt 发送给翻译 API。大多数翻译 API 都支持批量翻译功能，可以通过调整请求参数来实现。

（3）结果解析与拆分：在接收到 API 返回的批量翻译结果后，需要解析 API 响应，并将翻译结果拆分为对应的注释对象。这可能需要根据 prompt 的构造方式和 API 响应的数据格式进行相应的解析逻辑调整。

（4）批量注释翻译：批量注释翻译可以减少调用 API 的次数，降低网络延迟，并充分利用大模型的批量处理能力，从而显著提升注释翻译的速度和效率。

（5）整段代码翻译：除了逐条注释翻译和批量注释翻译之外，还可以考虑一种更激进的翻译方式，即直接将整段源代码（包含代码和注释）提交给大模型，请求大模型将所有注释翻译成目标语言，并返回翻译后的完整源代码文件。

2. 功能扩展：注释添加与多语言共存

除了性能优化之外，还可以考虑在功能上进行扩展。

（1）注释添加功能：目前的代码注释翻译器主要关注注释的翻译和替换。我们可以扩展其功能，使其支持自动为代码添加注释。例如，代码注释翻译器可以分析代码的功能和逻辑，自动生成相应的注释，并添加到代码中。这需要更强大的代码理解和生成能力，可以结合代码分析工具和更强大的大模型来实现。

（2）多语言共存注释：可以支持在代码中同时保留原始语言注释和翻译后的注释。例如，

可以将翻译后的注释以特定的标记（如 // TRANSLATED-ZH: …）添加到原始注释的下方或旁边，实现多语言注释共存。这样可以方便不同母语的开发者阅读和理解代码。

（3）更多语言支持：目前的代码注释翻译器可能只支持少数几种编程语言。可以使其支持更多的编程语言，例如 Swift、Kotlin、Rust、PHP、Ruby 等，以提高工具的通用性和适用范围。

（4）自定义 prompt 和翻译策略：可以提供用户自定义 prompt header 和翻译策略的功能。例如，允许用户根据不同的程序语言类型和翻译需求，选择不同的 prompt header 和翻译策略，以获得更精细化的翻译效果。

（5）集成到 IDE 或代码编辑器：可以将代码注释翻译器集成到主流的 IDE（如 VS Code、IntelliJ IDEA、Eclipse 等）或代码编辑器中，以插件或扩展的形式提供代码注释翻译功能。这样可以极大地提升开发者的使用体验，实现代码注释的实时翻译和一键替换。

3. 充分发挥想象力，探索更多应用场景

代码注释翻译器不仅可以用于代码注释的翻译，还可以应用于更广泛的场景。

（1）技术文档翻译：可以将代码注释翻译器的核心技术（注释提取、翻译 API 调用、文本替换）应用于技术文档的翻译。例如，可以开发一个技术文档翻译工具，自动提取 Markdown、reStructuredText 等格式的文档中的文本内容，调用翻译 API 进行翻译，并将翻译后的文档输出。

（2）软件国际化（i18n）：可以将代码注释翻译器与软件国际化流程结合，实现软件界面的多语言自动翻译。例如，可以提取软件界面中的文本资源（如字符串资源文件、Web 界面文本等），使用翻译 API 进行翻译，并将翻译后的文本资源应用到软件中，实现软件界面的多语言切换。

（3）教育和学习辅助：可以将代码注释翻译器应用于编程教育和学习领域。例如，可以开发一个在线编程学习平台，集成代码注释实时翻译功能，帮助不同母语的学生理解代码，降低编程学习门槛。

代码注释翻译器项目具有广阔的应用前景和发展潜力。通过不断地改进和扩展功能，可以将其打造成一款强大的、智能化的代码辅助工具，为开发者带来更大的便利，并推动软件开发领域的国际化和协作。希望以上改进方向和扩展思路能够为您提供一些有益的参考和启发。

11.7 本章小结

本章以代码注释翻译器为例，介绍了软件项目从设计到实现的完整流程。回顾本章，我们完成了项目概述、架构设计、核心模块代码解析、项目运行和未来展望等关键环节。读者不仅构建了一个实用的翻译工具，更掌握了模块化编程、API 集成、自然语言处理等核心技能，并提升了解决实际问题的能力。希望本项目能成为读者软件开发进阶之路的良好开端，期待读者在未来创造更多精彩的应用。

第**12**章 项目实战：构建知识库

随着 AI 技术的快速发展，大模型如 DeepSeek 凭借强大的自然语言处理能力，成为开发者和研究者关注的焦点。然而，大模型的知识受限于训练数据，难以满足特定领域或实时更新的需求。在本地部署场景下，如何为大模型注入外部知识，成为提升其表现的关键挑战。本章将带领读者深入探索利用本地部署大模型构建知识库的实践方法，结合向量数据库和嵌入模型技术，打造一个高效、隐私安全的知识检索系统。通过学习本章，读者将掌握从理论基础到代码实现的完整流程，学会如何将知识库无缝集成到相关应用中，为项目注入新的活力。

本章将从知识库的运行机制入手，逐步引入 Chroma 的用法，并通过一个实战项目介绍如何将文本数据转化为可检索的知识资源。

项目源代码目录：src/projects/knowledge_bases。

12.1 知识库与向量数据库

本节主要介绍知识库的原理，什么是向量数据库，以及嵌入模型、向量数据库和知识库之间的关系。

12.1.1 知识库的原理

知识库的本质是为大模型提供外部知识的补充机制，帮助大模型在处理复杂问题时突破其内置训练数据的限制。特别是在本地部署场景下，知识库可以让 DeepSeek 等大模型快速获取特定领域的上下文信息，从而提升回答的准确性。

知识库的基本原理可以分解为以下步骤：用户输入一个问题（即 prompt），通过嵌入模型将其转换为一个向量表示，这个向量捕捉了 prompt 的语义特征；向量被发送到向量数据库中进行搜索，向量数据库会根据相似度（通常使用余弦相似度或欧几里得距离）计算 prompt 的向量与向量数据库中存储的知识向量之间的距离，并通过一个预设的阈值（如 0.7）过滤出最相关的知识内容；这些匹配的知识（通常是文本片段）会被提取出来，与原始 prompt 组合成一个更丰富的 prompt，最终提交给大模型进行处理和生成答案。

例如，用户询问"软件开发如何与人工智能结合？"知识库会根据 prompt 的向量找到相关文档（如介绍软件开发流程和 AI 技术的文本），然后将这些内容添加到问题中，形成类似"软件开发如何与人工智能结合？以下是相关知识：软件开发涉及设计、编码和测试，AI 包括机器学习和自然语言处理……"的输入，从而引导模型生成更具体的回答。这种机制的核心在于利用向量相似性，将外部知识动态地注入大模型的推理过程。

12.1.2　什么是向量数据库

向量数据库是一种专门用来存储和查询高维向量数据的数据库系统。与传统的基于表格的关系数据库不同，向量数据库优化了对嵌入向量的管理与检索，广泛应用于需要语义搜索的场景，比如知识库系统。它的主要功能如下。

（1）向量存储：能够高效保存大规模的向量数据，通常这些向量是嵌入模型根据文本、图像等数据生成的。

（2）相似性搜索：支持快速计算输入向量与存储向量之间的相似性，返回最匹配的结果。

（3）元数据管理：除了向量本身，还可以存储关联的元数据（如文件名或文档描述），便于结果的追踪和应用。

在知识库中，向量数据库之所以不可或缺，是因为传统数据库（如 MySQL）基于关键字匹配或精确查询，无法理解文本的语义。而知识库需要根据用户问题的语义，从海量数据中找到最相关的内容。例如，"人工智能"和"AI"在传统数据库中可能被视为不同词，但在向量数据库中，它们的向量表示会非常接近，因为它们语义相同。这种能力使得向量数据库成为知识库检索的核心，能够实现从"关键词匹配"到"语义理解"的飞跃，为大模型提供更智能的数据支持。

12.1.3　嵌入模型、向量数据库与知识库的关系

嵌入模型、向量数据库和知识库三者紧密协作，共同构成了基于大模型的外部知识检索系统。它们之间的关系可以用一个简单的流程来概括：嵌入模型负责生成向量，向量数据库负责存储和查询向量，而知识库是这一系统的最终应用形态。

具体来说，嵌入模型（如 bge-m3）是一个预训练的神经网络，能够将文本（无论是用户输入的 prompt，还是知识库中的文档内容）转化为高维向量。这些向量是文本语义的数学表示，保留了词语、句子甚至段落之间的语义关系。例如，"软件开发"和"编程"会被映射到相近的向量空间，而与"网络安全"会被映射到较远的向量空间。在知识库的构建过程中，嵌入模型会对所有知识进行向量化处理，生成对应的向量表示。

向量数据库（如 Chroma）负责接收向量并将其持久化存储。它不仅能保存向量本身，还能存储附加的元数据（如文件名），以便在检索时提供上下文信息。当用户输入一个 prompt 时，嵌入模型会再次生成其向量，并将这个向量发送到向量数据库。向量数据库通过高效的相

似性计算（如余弦相似度），找到与 prompt 的向量最接近的知识向量，并返回对应的文本内容和元数据。

知识库则是这一系统的应用层，它依托嵌入模型和向量数据库，将静态的文档集合转化为动态的检索服务。例如，在实战项目中，知识库目录（./knowledge_bases）中的文本文件被嵌入模型向量化后存入向量数据库，用户通过 Web 接口输入问题后，系统返回匹配的知识内容（如文件名和文本）。这种关系的核心在于：嵌入模型提供了语义理解的能力，向量数据库提供了高效检索的实现，而知识库将两者整合为一个面向用户的解决方案，从而增强 DeepSeek 等本地大模型的知识储备和推理能力。

12.2 Chroma 基础

Chroma 作为一个轻量、易用的开源向量数据库，成为本地部署知识库的理想选择。本节将从 Chroma 的基本情况入手，逐步介绍其主要功能、安装方法以及实际操作，帮助读者在 DeepSeek 开发中快速上手这一工具。

12.2.1 Chroma 简介

在构建知识库的过程中，选择一个合适的向量数据库至关重要。Chroma 专为嵌入向量的存储和检索设计，诞生于对高效语义搜索的需求，旨在帮助开发者快速构建支持 AI 应用的数据库系统。Chroma 结合了现代机器学习的需求，提供了一个简单而强大的工具。

Chroma 的应用场景非常广泛，在知识库构建、推荐系统和自然语言处理任务中表现出色。例如，我们可以用 Chroma 存储文档的嵌入向量，通过相似性搜索找到与用户问题最相关的内容；可以在 DeepSeek 的本地部署中，利用 Chroma 管理企业内部知识，提升模型的领域适应性。它的轻量化设计和灵活性使其特别适合本地开发环境，既不需要复杂的集群配置，也能满足中小规模项目的需求。

12.2.2 Chroma 的主要功能

Chroma 的主要功能可以归纳为 3 个方面：向量存储、相似性检索和元数据管理。这些功能共同构成了它作为知识库核心组件的能力。

首先，Chroma 支持高效的向量存储，能够接收嵌入模型生成的向量并将其保存下来，无论是内存模式还是持久化存储模式，都能保证数据的快速读写。其次，Chroma 提供了强大的相似性检索功能，通过内置的距离计算方法（如欧几里得距离或余弦相似度），可以迅速找到与输入向量最接近的知识向量，这是知识库检索的关键。此外，Chroma 支持关联元数据的存储，比如文件名或文档描述，使得检索结果不仅限于向量，还能提供丰富的上下文信息。这些

功能让 Chroma 在简单性和性能之间取得了平衡，为后续的开发提供了坚实的基础。

12.2.3 安装 Chroma

在使用 Chroma 之前，我们需要将其安装到本地环境中。Chroma 的安装过程非常简单，只需几步即可完成。

安装 Chroma 需要 Python 环境（建议 3.8 或以上版本）和 pip 包管理工具。打开终端，使用以下命令安装 Chroma。

```
pip install chromadb
```

安装完成后，可以使用下面的 Python 代码测试 Chroma 是否安装成功。

```python
import chromadb
# 创建内存模式的客户端
client = chromadb.Client()
collection = client.create_collection(name="test_collection")
print("Chroma installed successfully! Collection created:", collection.name)
```

运行这段代码后，如果输出"Chroma installed successfully! Collection created: test_collection"，则说明安装成功。如果遇到错误（如 ModuleNotFoundError），应检查网络连接或重新执行安装命令。

12.2.4 向量存储与检索

在知识库中，向量存储是将知识内容转化为可检索形式的第一步，而检索是根据用户输入找到相关知识的过程。本小节将使用 Chroma 的内存模式（不持久化），用一个简单示例进行说明。

Chroma 提供了以下几个关键 API。

（1）client.create_collection(name)：创建集合，用于组织向量数据。

（2）collection.add(embeddings, documents, ids)：添加向量和对应的文本。

（3）collection.query(query_embeddings, n_results)：查询相似向量。

案例：使用 Chroma 存储和检索向量。

代码位置： src/projects/knowledge_bases/storage_search.py。

```python
import chromadb
# 创建内存模式的客户端和集合
client = chromadb.Client()
collection = client.create_collection(name="example_collection")
# 示例文本和假设的嵌入向量（简化为一维列表，实际为多维）
texts = [
    "软件开发是一个复杂的过程。",
    "人工智能正在改变世界。",
    "网络安全至关重要。"
]
embeddings = [[0.1, 0.2], [0.3, 0.4], [0.5, 0.6]]   # 假设的向量
```

```
ids = ["doc1", "doc2", "doc3"]
# 存储向量和文本
collection.add(embeddings=embeddings, documents=texts, ids=ids)
# 查询示例
query_embedding = [0.25, 0.35]  # 假设的查询向量
# 返回最接近的 2 个结果
results = collection.query(query_embeddings=[query_embedding], n_results=2)
# 输出结果
print(" 查询结果：")
for i, (doc, dist) in enumerate(zip(results["documents"][0], results["distances"][0])):
    print(f" 匹配 {i+1}: {doc} （ 距离：{dist:.4f}）")
```

运行程序，会输出如下内容。

```
查询结果：
匹配 1: 人工智能正在改变世界。（ 距离：0.0050）
匹配 2: 软件开发是一个复杂的过程。（ 距离：0.0450）
```

这段代码首先创建了一个内存模式的 Chroma 客户端和集合 example_collection，然后定义了一个包含 3 段文本的列表 texts，并假设它们已经被嵌入模型转换为向量 embeddings（这里简化为二维向量），再通过 add() 方法，将向量和文本存储到集合中。接着，使用一个假设的查询向量 query_embedding 调用 query() 方法，检索最相似的 2 个结果。最后输出匹配的文本和它们的距离，距离越小表示相似度越高。

这个案例展示了 Chroma 在内存中快速存储和检索向量的能力。内存模式的优点是简单高效，适合初步测试，缺点是数据会在程序结束时丢失。

12.2.5　数据持久化保存

内存模式虽然方便，但无法满足知识库持久保存的需求。在实际开发中，我们希望数据在程序重启后仍然可用，这就需要 Chroma 的持久化功能。

Chroma 的持久化功能通过 PersistentClient() 方法实现，只需指定存储路径即可。以下是修改后的示例代码。

案例：Chroma 数据持久化。

代码位置：src/projects/knowledge_bases/persistent.py。

```
import chromadb
import os
# 定义持久化路径
CHROMA_PATH = "./chroma"
# 检查持久化路径是否存在，选择打开或创建路径
if os.path.exists(CHROMA_PATH):
    print(f" 检测到现有持久化数据库 '{CHROMA_PATH}'，直接打开进行检索 ...")
    client = chromadb.PersistentClient(path=CHROMA_PATH)
    collection = client.get_collection(name="persistent_collection")
else:
```

```
    print(f" 持久化数据库 '{CHROMA_PATH}' 不存在，创建并存储数据 ...")
    client = chromadb.PersistentClient(path=CHROMA_PATH)
    collection = client.create_collection(name="persistent_collection")

    # 示例文本和假设的嵌入向量
    texts = [
        " 软件开发是一个复杂的过程。",
        " 人工智能正在改变世界。",
        " 网络安全至关重要。"
    ]
    embeddings = [[0.1, 0.2], [0.3, 0.4], [0.5, 0.6]]
    ids = ["doc1", "doc2", "doc3"]
    # 存储向量和文本
    collection.add(embeddings=embeddings, documents=texts, ids=ids)
# 查询示例
query_embedding = [0.25, 0.35]
results = collection.query(query_embeddings=[query_embedding], n_results=2)
# 输出结果
print(" 查询结果: ")
for i, (doc, dist) in enumerate(zip(results["documents"][0], results["distances"]
[0])):
    print(f" 匹配 {i+1}: {doc} （距离: {dist:.4f}）")
```

如果第一次运行程序，会输出如下内容。

```
持久化数据库 './chroma' 不存在，创建并存储数据 ...
查询结果:
匹配 1: 人工智能正在改变世界。（距离: 0.0050)
匹配 2: 软件开发是一个复杂的过程。（距离: 0.0450)
```

如果再次运行程序，持久化数据库已经存在，所以直接打开向量数据库，并检索向量。

代码解析如下。

这段代码是一个基于 Chroma 持久化功能的动态操作示例，根据持久化数据库是否存在，决定是直接打开现有数据库进行检索，还是创建新数据库并存储数据后检索。以下是对代码的逐步解析：

1. 导入模块和定义持久化路径

（1）import chromadb 和 import os 引入了 Chroma 库和文件系统操作模块。

（2）定义常量 CHROMA_PATH = "./chroma"，指定持久化数据库的存储路径。这将指定 SQLite 文件和其他数据文件的存储位置。

2. 检查持久化路径并选择操作

（1）使用 os.path.exists(CHROMA_PATH) 检查 ./chroma 是否存在。

（2）如果存在，输出提示信息并通过 client = chromadb.PersistentClient(path=CHROMA_PATH) 创建客户端，然后通过 client.get_collection(name="persistent_collection") 获取已有集合 persistent_collection。

（3）如果不存在，输出提示信息，创建新客户端和新集合 persistent_collection，并准备存储数据。

3. 数据存储

（1）定义 texts 列表，包含 3 段简短的中文文本，作为知识库的示例内容。

（2）定义 embeddings 列表，包含 3 个二维向量，模拟嵌入模型生成的向量结果。

（3）定义 ids 列表，包含唯一标识符，用于区分每个数据项。

（4）通过 collection.add(embeddings=embeddings, documents=texts, ids=ids) 将数据存储到集合中，仅在持久化路径不存在时执行。数据会被持久化保存到 ./chroma 中。

4. 执行查询

（1）定义 query_embedding = [0.25, 0.35] 作为查询向量，模拟用户输入的向量表示。

（2）通 过 results = collection.query(query_embeddings=[query_embedding], n_results=2) 查询集合中最相似的 2 个结果。其中 n_results=2 表示返回前 2 个距离最小的匹配项，包含文本和距离。

5. 输出查询结果

使用 zip 遍历 results["documents"][0]（匹配文本）和 results["distances"][0]（距离值），格式化输出每条匹配的结果。

12.2.6　关联元数据

在实际知识库中，仅存储和检索文本是不够的，还需要知道每个向量对应的具体信息，比如文件名或文档来源。这就需要用到 Chroma 的元数据关联功能。本小节将在持久化基础上，添加元数据，并通过示例展示其效果。

案例：通过元数据与文件名管理向量。

代码位置： src/projects/knowledge_bases/metadata.py。

```python
import chromadb
import os
# 定义持久化路径
CHROMA_PATH = "./chroma_metadata"
# 检查持久化路径是否存在，选择打开或创建路径
if os.path.exists(CHROMA_PATH):
    print(f"检测到现有持久化数据库 '{CHROMA_PATH}'，直接打开进行检索...")
    client = chromadb.PersistentClient(path=CHROMA_PATH)
    collection = client.get_collection(name="metadata_collection")
else:
    print(f"持久化数据库 '{CHROMA_PATH}' 不存在，创建并存储数据...")
    client = chromadb.PersistentClient(path=CHROMA_PATH)
    collection = client.create_collection(name="metadata_collection")

    # 示例文本、向量和元数据
    texts = [
        "软件开发是一个复杂的过程。",
        "人工智能正在改变世界。",
```

```
           " 网络安全至关重要。"
    ]
    embeddings = [[0.1, 0.2], [0.3, 0.4], [0.5, 0.6]]
    ids = ["doc1", "doc2", "doc3"]
    metadatas = [
        {"filename": "software.txt"},
        {"filename": "ai.txt"},
        {"filename": "security.txt"}
    ]
    # 存储向量、文本和元数据
    collection.add(embeddings=embeddings, documents=texts, metadatas=metadatas,
    ids=ids)

# 查询示例
query_embedding = [0.25, 0.35]
results = collection.query(query_embeddings=[query_embedding], n_results=2, include=
["documents", "metadatas", "distances"])

# 输出结果
print(" 查询结果: ")
for i, (doc, meta, dist) in enumerate(zip(results["documents"][0], results["metadatas"]
[0], results["distances"][0])):
    print(f" 匹配 {i+1}: {doc} ( 文件名 : {meta['filename']}, 距离 : {dist:.4f})")
```

第一次运行程序，会输出如下内容。

```
持久化数据库 './chroma_metadata' 不存在，创建并存储数据 ...
查询结果:
匹配 1: 人工智能正在改变世界。( 文件名 : ai.txt, 距离 : 0.0050)
匹配 2: 软件开发是一个复杂的过程。( 文件名 : software.txt, 距离 : 0.0450)
```

再次运行程序，会直接打开向量数据库进行检索。

12.3 知识库服务项目基础

在本节，我们将基于 DeepSeek 的本地部署能力，构建一个知识库服务项目。本节将首先介绍项目的目标，然后阐述项目设计与架构，帮助读者从理论走向实践，感受本地化知识管理的魅力。

12.3.1 项目简介

知识库服务项目的核心目标是为本地部署的大模型（如 DeepSeek）提供一个高效的外部知识检索系统。通过将特定领域的文档内容转化为可检索的向量形式，用户输入问题，系统返回最相关的知识片段，从而增强模型的回答能力。这个项目不仅展示了向量数据库的实际应用，也体现了本地部署的优势——无须依赖云服务，所有数据和计算都在本地完成。

知识库服务项目的灵感来源于现实需求：无论是企业内部文档的管理，还是个人研究资料的整理，大模型的内置知识往往无法覆盖所有场景。例如，开发者可能希望 DeepSeek 回答"软件开发如何与人工智能结合？"时，DeepSeek 不仅依赖训练数据，还能引用本地存储的具体文档内容。为此，我们设计了一个轻量级的服务系统，使用 Chroma 作为向量数据库，Ollama 提供嵌入模型支持，使用 Flask 构建 Web 接口，实现从文档加载到知识检索的完整流程。

在这个项目中，我们假设知识库的内容存储在本地目录（如 ./knowledge_bases）的文本文件中，系统会自动加载这些文件，进行向量化，并支持通过 HTTP 请求进行实时查询。最终，用户将获得一个结构化的响应，包括匹配的文本内容和对应的文件名。这一功能非常适合 DeepSeek 开发场景，可以作为模型的外部知识扩展，为后续的问答或生成任务提供支持。

12.3.2　项目设计与架构

本项目的设计围绕"简单、高效、本地化"三大原则展开，结合了知识库原理和 Chroma 功能，构建了一个层次分明的系统。以下是项目的整体架构和各部分的设计思路。

1. 整体架构

项目的架构可以分为 3 个主要层次。

（1）数据层。

- 功能：负责知识内容的存储和向量化。
- 实现：使用 ./knowledge_bases 目录下的文本文件作为知识源，并将 Chroma 作为持久化向量数据库（存储路径为 ./chroma_data）。
- 细节：每个文本文件的内容通过嵌入模型生成向量，连同文件名（作为元数据）一起存储到 Chroma 的集合中。

（2）服务层。

- 功能：处理数据加载、向量检索和 Web 服务接口等任务。
- 实现：核心逻辑由 Python 函数实现，Flask 提供 HTTP 服务（监听端口 5005）。
- 细节：包括加载知识库的 load_knowledge_bases() 函数和检索知识的 get_knowledge_items_from_prompt() 函数，服务接口通过 /search 端点接收 POST 请求。

（3）交互层。

- 功能：用户输入问题并接收检索结果。
- 实现：通过 Flask 的 JSON 接口，用户发送请求（如 {"prompt": " 问题 "}），并接收包含文件名和知识内容的检索结果。
- 细节：检索结果以 {"results": [{"filename": "...", "content": "..."}, ...]} 的格式返回。

2. 设计思路

（1）动态数据加载。

- 项目启动时，load_knowledge_bases() 函数检查 ./chroma_data 是否存在。如果存在，直接使用已有数据库；如果不存在或数据不完整（如缺少元数据或文件数量不匹配），则重新加载所有文本文件。

- 元数据始终与知识内容绑定，确保检索结果的可追溯性。

（2）高效检索。

- get_knowledge_items_from_prompt() 函数使用 Ollama 的嵌入模型（如 bge-m3）将用户问题转化为向量，通过 Chroma 查询所有存储向量，并按相似度阈值（默认为 0.7）过滤结果。

- 查询返回的不是固定数量的结果，而是所有满足阈值的匹配项，保证结果的语义相关性。

（3）Web 服务封装。

- Flask 提供了一个简单的 POST 接口 /search，用于接收 JSON 请求，调用检索函数并返回检索结果。

- 这种设计便于与 DeepSeek 或其他大模型集成，用户只需发送 HTTP 请求即可获取知识。

3. 技术选型

（1）Chroma：轻量、支持持久化和元数据，适合本地部署。

（2）Ollama：提供嵌入模型服务（bge-m3），在本地运行，避免外部依赖。

（3）Flask：简单的 Web 框架，足以应对小型服务需求，端口 5005 可灵活调整。

12.4　核心代码实现

下面，我们将深入核心代码的实现细节，逐步剖析每个关键模块的构建过程。本节将从获取嵌入向量开始，经过加载知识库、实现检索功能，最后封装为 Web 服务，带领读者完成从本地知识存储到实时查询的完整流程。

12.4.1　获取嵌入向量

获取嵌入向量的步骤如下。

1. 功能概述

获取嵌入向量是构建知识库的第一步，它负责将文本（无论是用户输入的问题还是知识库内容）转化为向量表示。这一功能通过调用本地 Ollama 服务，将文本送入嵌入模型（如 bge-m3），返回对应的向量，为后续的存储和检索奠定基础。

2. 代码详解

获取嵌入向量的关键代码如下。

```
def get_embedding(text: str) -> List[float]:
    headers = {"Content-Type": "application/json"}
    data = {"model": MODEL_NAME, "input": text}
    try:
        response = requests.post(OLLAMA_API_URL, headers=headers, data=json.dumps(data))
        response.raise_for_status()
```

```
        return response.json()["data"][0]["embedding"]
    except requests.RequestException as e:
        print(f"Error during Ollama API call: {e}")
        return None
```

主要逻辑如下。

（1）API 调用：通过 requests.post() 函数发送 HTTP 请求到 OLLAMA_API_URL，携带嵌入模型（bge-m3）和输入文本 text。请求数据以 JSON 格式封装，确保与 Ollama 的接口兼容。

（2）返回向量：从响应中提取嵌入向量（response.json()["data"][0]["embedding"]），获取的值是一个浮点数列表，表示文本的语义特征。

（3）异常处理：使用 try-except 捕获 requests.RequestException 异常，如网络错误或服务不可用时，输出错误信息并返回 None，避免程序崩溃。

这个函数简单、高效，利用本地 Ollama 服务实现了文本到向量的转换，为知识库的向量化存储和查询提供了支持。

12.4.2　加载知识库

1. 功能概述

加载知识库负责将本地的文本文件转化为向量并存储到 Chroma 中，同时确保元数据（如文件名）正确关联。它会检查现有数据库状态，动态决定是否重新加载，确保数据一致性和完整性。

2. 代码详解

加载知识库的关键代码如下。

```
def load_knowledge_bases() -> None:
    global collection
    txt_files = [f for f in os.listdir(KNOWLEDGE_BASE_DIR) if f.endswith(".txt")]
    current_count = collection.count()
    reload_needed = False
    if current_count > 0:
        sample = collection.peek(min(current_count, 1))
        metadatas = sample.get("metadatas", [])
        if not metadatas or "filename" not in metadatas[0]:
            print("Existing data lacks valid metadata. Clearing and reloading...")
            client.delete_collection(name="knowledge_bases")
            collection = client.get_or_create_collection(name="knowledge_bases")
            reload_needed = True

    if reload_needed or current_count == 0:
        for filename in txt_files:
            with open(os.path.join(KNOWLEDGE_BASE_DIR, filename), "r", encoding=
            "utf-8") as f:
                text = f.read().strip()
            embedding = get_embedding(text)
```

```
                    if embedding:
                        collection.add(
                            embeddings=[embedding],
                            documents=[text],
                            metadatas=[{"filename": filename}],
                            ids=[filename.split(".")[0]]
                        )
```

主要逻辑如下。

（1）文件扫描：使用列表推导式获取 ./knowledge_bases 目录下的文本文件列表，确定需要加载的知识内容。

（2）存储数据：遍历文件，读取文件内容，调用 get_embedding() 函数获取向量，然后通过 collection.add() 方法存储到 Chroma，关联元数据的 filename 和唯一 ID。

（3）动态加载：检查元数据状态（collection.peek），如果数据库存在但元数据无效（metadatas 为空或无 filename），清空并标记 reload_needed，确保重新加载。仅在 reload_needed 或数据库为空时执行存储操作，避免重复加载。

实现了知识库的初始化和更新，确保向量数据与元数据保持一致，为检索奠定了基础。

12.4.3 实现检索功能

1. 功能概述

检索功能是知识库系统的核心，它根据用户输入的问题，查询 Chroma 中的向量，返回相似度高于阈值的知识内容及其文件名。这一功能将语义搜索内容转化为结构化结果，供 DeepSeek 使用。

2. 代码详解

实现检索功能的关键代码如下。

```
def get_knowledge_items_from_prompt(prompt: str, threshold: float = 0.7) -> List
[Dict[str, str]]:
    query_embedding = get_embedding(prompt)
    results = collection.query(
        query_embeddings=[query_embedding],
        n_results=collection.count(),
        include=["documents", "distances", "metadatas"]
    )
    matched_contents = []
    distances = results.get("distances", [[]])[0]
    documents = results.get("documents", [[]])[0]
    metadatas = results.get("metadatas", [[]])[0] or []

    for i, distance in enumerate(distances):
        similarity = 1 - (distance ** 2) / 2
        if similarity >= threshold:
            filename = metadatas[i]["filename"] if i < len(metadatas) and metadatas[i]
```

```
            else f"unknown_{i}.txt"
        matched_contents.append({
            "filename": filename,
            "content": documents[i]
        })
    return matched_contents
```

主要逻辑如下。

（1）向量查询：使用 get_embedding() 函数将问题转为向量，通过 collection.query() 方法查询所有存储向量，返回文本、距离和元数据。

（2）阈值过滤：遍历查询结果，计算相似度（1 - (distance ** 2) / 2），只保留高于阈值（如 0.7）的匹配项，构建包含 filename 和 content 的字典。

（3）结果处理：元数据中的 filename 用于追踪来源，默认值为 unknown_{i}.txt。

这一功能实现了语义检索的核心逻辑，返回的结果可以直接支持 DeepSeek 的知识扩展。

3. 为什么使用 1 - (distance ** 2) / 2 计算相似度

（1）Chroma 的距离计算

Chroma 的 collection.query() 方法默认返回的 distances 是 L2 距离（欧几里得距离），而不是直接的相似度值。L2 距离为两个向量 A 和 B 之间的平方差的平方根，如图 12-1 所示。

在 Chroma 中，返回的 distances 是 L2 距离的平方形式，如图 12-2 所示。

这表示两个向量之间的"空间距离"，空间距离越小，两个向量越接近。然而，在知识库检索中，我们通常更关心语义相似度，而余弦相似度是衡量语义相似性的常用指标。余弦相似度定义如图 12-3 所示。

$$L2距离 = \sqrt{\sum_{i=1}^{n}(A_i - B_i)^2}$$

图 12-1　L2 距离

$$L2距离^2 = \sum_{i=1}^{n}(A_i - B_i)^2$$

图 12-2　L2 距离的平方形式

$$余弦相似度 = \frac{A \cdot B}{\|A\|\|B\|}$$

图 12-3　余弦相似度定义

其中 $A \cdot B$ 是向量点积，$\|A\|$ 和 $\|B\|$ 是向量的模（长度）。余弦相似度的取值范围是 [-1, 1]，值越接近 1，语义越相似。

（2）为什么用 1-(distance ** 2) / 2？

直接从 L2 距离转换为余弦相似度需要额外的向量信息（如模长），但 Chroma 只返回了距离值。为了简化计算并近似余弦相似度，在代码中使用了 1-(distance ** 2) / 2。以下是这个公式的推导过程。

假设两个向量 A 和 B 是归一化的（即 $\|A\| = 1$，$\|B\| = 1$），L2 距离与余弦相似度之间存在如下关系。

L2 距离的平方，如图 12-4 所示。

展开平方，如图 12-5 所示。

$$\text{L2距离}^2 = \|A - B\|^2 = \sum_{i=1}^{n}(A_i - B_i)^2$$

图 12-4　L2 距离的平方

$$\|A - B\|^2 = A \cdot A - 2A \cdot B + B \cdot B$$

图 12-5　展开平方

因为向量归一化，$A \cdot A = 1$，$B \cdot B = 1$，如图 12-6 所示。

$A \cdot B$ 就是余弦相似度（因为 $\|A\| = 1$，$\|B\| = 1$），如图 12-7 所示。

$$\text{L2距离}^2 = 1 - 2A \cdot B + 1 = 2 - 2(A \cdot B)$$

图 12-6　向量归一化

$$\text{L2距离}^2 = 2 - 2 \cdot \text{余弦相似度}$$

图 12-7　$A \cdot B$ 为余弦相似度

解出余弦相似度，如图 12-8 所示。

$$\text{余弦相似度} = 1 - \frac{\text{L2距离}^2}{2}$$

图 12-8　余弦相似度

12.4.4　基于 Flask 的 Web 服务

1. 功能概述

基于 Flask 的 Web 服务将检索功能封装为 HTTP 接口，用户通过 POST 请求发送问题，并接收 JSON 格式的匹配结果。这一功能提供了外部访问的入口，便于与 DeepSeek 或其他大模型集成。

2. 代码详解

实现基于 Flask 的 Web 服务的关键代码如下。

```python
app = Flask(__name__)
@app.route('/search', methods=['POST'])
def search_knowledge():
    data = request.get_json()
    if not data or "prompt" not in data:
        return jsonify({"error": "Missing 'prompt' in request body"}), 400
    prompt = data["prompt"]
    matches = get_knowledge_items_from_prompt(prompt, threshold=0.7)
    return jsonify({"results": matches})
if __name__ == "__main__":
    load_knowledge_bases()
    app.run(host="0.0.0.0", port=PORT, debug=True)
```

主要逻辑如下。

（1）接口定义：使用 @app.route('/search', methods=['POST']) 定义 /search 端点，仅接收 POST 请求。

（2）请求处理：通过 request.get_json() 方法获取请求体，提取 prompt，调用 get_knowledge_items_from_prompt() 函数获取匹配结果，返回 JSON 响应（如 {"results": [{"filename": "...", "content": "..."}]}）。

（3）服务启动：在主程序中调用 load_knowledge_bases() 函数初始化知识库，再调用 app.run() 方法启动 Web 服务，监听 0.0.0.0:5005，支持外部访问。

这一功能将知识库服务封装为 Web 接口，简单实用，为 DeepSeek 的本地调用提供了便捷方式。

12.5 运行和测试项目

本节将指导读者如何启动应用，并分别通过 curl 和 Python 进行测试，确保系统按预期工作，为 DeepSeek 的本地知识增强提供可靠支持。

12.5.1 建立知识库

在测试项目之前，需要在 knowledge_server.py 模块所在目录中建立一个 knowledge_bases 子目录，然后在这个子目录中创建若干个知识库文本文件，并向文件中添加一些内容。知识库的目录结构如图 12-9 所示。

图 12-9　知识库的目录结构

12.5.2 启动服务

在测试项目之前，需要使用如下命令启动服务。

```
python knowledge_server.py
```

执行命令后，如果输出图 12-10 所示的内容，表明服务用已经启动。

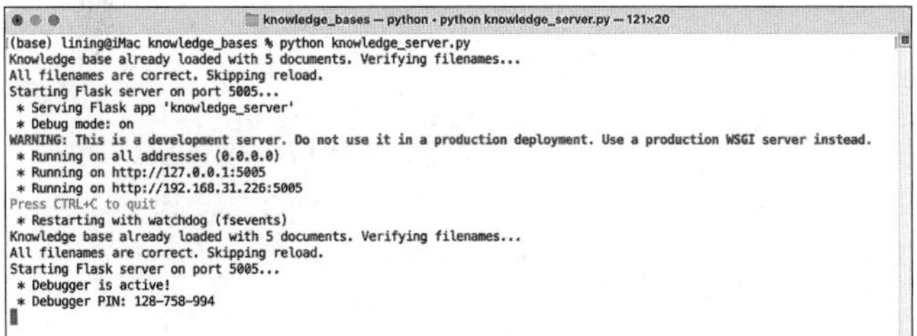

图 12-10　服务启动成功

12.5.3 使用 curl 测试项目

启动服务后，在终端输入下面的命令。

```
curl -X POST -H "Content-Type: application/json" -d '{"prompt": "软件开发和人工智能如何结合以构建智能应用程序？"}' http://localhost:5005/search
```

执行命令后，会输出图 12-11 搜索的内容。

图 12-11　curl 命令输出的内容

由于知识库中的内容主要是中文，返回的是 Unicode 编码，而终端无法直接解析这些编码，因此就按原样输出了。

12.5.4　使用 Python 测试项目

本小节通过 Python 编码的方式测试项目，代码如下。

代码位置：src/projects/knowledge_bases/test.py。

```python
import requests
import json
url = "http://localhost:5005/search"
headers = {"Content-Type": "application/json"}
data = {"prompt": "软件开发和人工智能如何结合以构建智能应用程序？"}
response = requests.post(url, headers=headers, data=json.dumps(data))
# 检查响应状态码
if response.status_code == 200:
    # 请求成功，输出响应内容
    print(response.json())
else:
    # 请求失败，输出错误信息
    print(f"请求失败，状态码：{response.status_code}")
    print(response.text)  # 输出响应的文本，通常情况下报错信息也在其中
```

运行程序，会输出如下内容，包含知识库中相应文件的内容和文件名。

```
{'results': [{'content': '人工智能（AI）是指在机器中模拟人类智能。它包括机器学习、自然语言处理和计算机视觉等领域。AI 系统可以执行诸如语音识别、决策或预测结果等任务。由于计算能力的增强和大数据的可用性，该领域发展迅速。', 'filename': 'artificial_intelligence_overview.txt'}, {'content': '软件开发是设计、编码、测试和维护计算机程序的过程。它涉及多种方法论，例如敏捷开发和瀑布模型，以管理项目的生命周期。开发人员使用版本控制系统（例如 Git）和集成开发环境（IDE）来优化工作流程。其目标是创建可靠、高效且用户友好的应用程序，以满足特定需求。', 'filename': 'software_development.txt'}]}
```

12.6　改进方向和扩展

本节将探讨 3 个主要改进方向：隐式向量搜索，扩展支持多种知识库格式（如 .doc、.pdf、.xls 等文档和 URL），以及对搜索结果进行二次处理以优化 prompt 输入。这些改进方向不仅能突破现有局限，还为未来的创新应用提供了广阔的想象空间，让 DeepSeek 开发更上一层楼。

首先，隐式向量搜索可以显著提高检索结果的准确性。当前系统依赖单一 prompt 向量，可能无法充分理解复杂或模糊的需求。例如，当用户输入"用 xyz 编写一个优化后的冒泡排序算法"时，由于 xyz 是一种未知编程语言，现有知识库可能因缺乏上下文语义而返回不相关内容。为了突破这一限制，我们可以设计一种机制，从 prompt 中提取隐含的语义线索，如"排序算法""循环结构"或"变量赋值"等关键词，再生成这些词的隐式向量。结合这些隐式向量与原始 prompt 向量，系统能够更全面地匹配知识库中的相关内容。这种方法不仅提升了对于新语言或陌生领域的适应性，还能挖掘更深层次的语义关联，为 DeepSeek 提供更丰富的知识输入，增强其生成能力。

其次，扩展支持多种知识库格式，将显著扩大系统的适用范围。目前，系统仅支持 .txt 文件，这限制了其对企业文档或多源数据的处理能力。未来的改进方向可以包括解析 .doc、.pdf 和 .xls 等常见格式的文件，通过文本提取工具将这些文件的内容转化为可向量化文本，存入 Chroma。此外，将 URL 作为知识来源也是一种有前景的方向。例如，系统可以抓取指定网页的内容，过滤噪声后生成向量，存入知识库。这样，开发者只需提供一个 URL 列表，系统就能自动扩展知识范围，覆盖实时更新的在线资源。这种多格式支持不仅增强了知识库的多样性，还能满足处理技术文档、财务报表或新闻文章等不同场景的需求，为 DeepSeek 的知识扩展提供了强大的灵活性。

最后，对搜索结果进行二次处理，可以有效解决内容过多的问题，从而优化 prompt 输入。在当前设计中，检索到的知识可能包含冗长的文本，直接加入大模型的 prompt 可能超出其上下文长度限制，导致信息丢失或处理效率下降。为此，我们可以引入摘要提取机制，将匹配的知识内容提炼为关键句子或核心要点。例如，对于一篇关于"软件开发与人工智能结合"的长文档，系统可以自动总结为"软件开发通过 AI 优化流程，AI 提供智能决策支持"，并将摘要加入 prompt。这种二次处理不仅减少了输入冗余，还能突出重点，提升 DeepSeek 的回答质量。此外，可以根据 prompt 的语义动态调整摘要长度，或结合用户偏好生成定制化的摘要内容。这些优化将使知识库服务满足大模型的输入需求，进一步增强其实用性。

12.7　本章小结

通过学习本章，读者掌握了利用本地部署大模型建立知识库的全过程。从知识库的原理到 Chroma 数据库的安装与操作，再到项目设计、核心代码实现、运行测试以及改进方向，我们逐步构建了一个完整的知识检索系统。这个系统不仅展示了向量数据库在语义搜索中的优势，还通过基于 Flask 的 Web 服务实现了与 DeepSeek 的无缝集成，成功将理论转化为实践成果。在运行和测试阶段，我们通过 curl 和 Python 验证了系统的可用性，探索了其改进方向（如隐式向量提取），为未来的优化提供了启发。

第13章 项目实战：文章智能配图器

在信息时代，图文并茂的内容更具吸引力，也更容易被读者接受。然而，为文章配图往往需要耗费大量时间和精力，对于不擅长图像处理的创作者来说，更是一大难题。随着 AI 技术的飞速发展，AI 绘图工具为我们提供了一种全新的解决方案。本章将进入 AI 创作的世界，将利用大语言模型和 Stable Diffusion，构建一个文章智能配图器，让 AI 自动为用户的文章生成高质量、高相关性的配图，解放用户的双手，激发用户的创作灵感！

本项目将以 Python 作为开发语言，借助 Ollama 部署的 DeepSeek 模型来理解文章内容并生成图像提示词，利用 Stable Diffusion WebUI 的 API 来实现图像生成。通过学习本章，读者不仅可以掌握一个实用工具的开发过程，还将深入了解大模型和 Stable Diffusion 在实际项目中的应用。

项目源代码目录：src/projects/sd_api。

13.1 项目简介

在信息爆炸的时代，高质量的内容越来越受到重视。文章作为一种重要的信息载体，其质量和呈现形式直接影响着读者的阅读体验和信息获取效率。

该项目旨在利用 AI 技术，开发一个文章智能配图器，实现为 Word 或 TXT 格式的文章自动生成相关图像的功能。该工具能够读取文章内容，利用大语言模型理解文章主题，并生成用于图像生成的提示词，然后调用 Stable Diffusion 的 API 生成符合文章内容的图像，最后将生成的图像保存到指定位置。

该项目的作用如下。

（1）提高创作效率：无须手动寻找或制作配图，可以节省大量时间和精力。

（2）提升文章质量：通过 AI 生成的图像更具创意和表现力，可以提升文章的视觉效果和吸引力。

（3）降低创作门槛：即使不具备专业设计技能，也能轻松为文章配上高质量的图像。

（4）学习 AI 技术应用：了解如何将大模型和 Stable Diffusion 等 AI 技术应用于实际场景。

13.2　项目设计与架构

本项目采用典型的客户端 - 服务器（Client-Server）架构，其中客户端是 Python 程序，服务器是 Ollama 服务和 Stable Diffusion WebUI 服务。整个项目的核心流程如下。

1. 文件读取与预处理

（1）用户提供一个 Word 文档（.docx）或文本文件（.txt）的路径。

（2）程序使用 python-docx 库（处理 Word 文档）或 Python 内置的 open() 函数（处理文本文件）读取文件内容。

（3）如果文件内容超过 3000 字，则提取前 3000 字；如果不足 3000 字，则提取全部内容。这是为了避免过长的文本导致大模型处理时间过长或产生不相关的结果。

2. prompt 生成

（1）将预处理后的文件内容作为输入，构建一个 prompt。这个 prompt 包含操作大语言模型的指令，要求其根据文件内容生成一个英文的、用于描述图像的 prompt，并且长度在 80 个单词以内（Stable Diffusion 对于 prompt 的长度有一定的要求，如果太长，对生成图像的影响会减弱）。

（2）通过 OpenAI 兼容 API（Ollama 提供）将 prompt 发送给 DeepSeek 模型。

（3）接收 DeepSeek 模型返回的结果。如果模型返回的结果包含 <think> 标签，则提取 <think> 标签之后的内容作为最终的 prompt。

3. 图像生成

（1）将得到的 prompt 作为输入，构建一个 Stable Diffusion WebUI API 的请求。该请求中包含图像的宽度、高度等参数（如果没有指定，则使用默认值 512×512）。

（2）使用 requests 库向 Stable Diffusion WebUI 的 API 发送 POST 请求。

（3）接收 API 返回的 JSON 数据，其中包含 Base64 编码的图像数据。

4. 图像解码与保存

（1）对 Base64 编码的图像数据进行解码，得到原始图像数据。

（2）使用 PIL（Pillow）库将原始图像数据转换为图像。

（3）根据原始文件名和当前时间生成一个新的文件名（格式为 "原文件名 _ 年 _ 月 _ 日 _ 时 _ 分 _ 秒 .png"），以避免文件名冲突。

（4）将图像保存到原始文件所在的目录下。

13.3　Stable Diffusion 基础

本节介绍 Stable Diffusion 的基础知识，包括 Stable Diffusion 简介、安装 Stable Diffusion，以及使用 Stable Diffusion 生成图像。

13.3.1 / Stable Diffusion 简介

Stable Diffusion 是一个基于 Latent Diffusion Model（LDM，潜在扩散模型）的深度学习模型。它由 Stability AI、CompVis 和 Runway 联合开发，并在 2022 年开源发布。与 DALL·E2、Midjourney 等模型不同，Stable Diffusion 的开源特性使其迅速获得了广泛的关注和应用。

Stable Diffusion 的关键特性如下。

（1）开源：任何人都可以免费使用、修改和分发 Stable Diffusion，这极大地促进了其发展和应用。

（2）高质量图像生成：Stable Diffusion 能够生成高质量、高分辨率的图像，细节丰富，效果逼真。

（3）可定制性：用户可以通过调整 prompt、参数，使用不同的模型和扩展方式，对生成的图像进行高度定制。

（4）相对较低的硬件要求：相较其他大模型，Stable Diffusion 对硬件的要求相对较低，可以在消费级显卡上运行。

（5）活跃的社区：Stable Diffusion 拥有庞大而活跃的社区，提供了丰富的模型、工具和教程。

13.3.2 / 安装 Stable Diffusion

Stable Diffusion 的安装方式有多种，其中最常用、最方便的方式是安装 Stable Diffusion WebUI。WebUI 提供了一个图形化界面，使得用户可以轻松地使用 Stable Diffusion 的各种功能，而无须编写代码。

安装步骤（以 AUTOMATIC1111 的 WebUI 为例）如下。

1. 准备环境

（1）Python：建议使用 Python 3.10.x。

（2）Git：用于克隆 WebUI 的代码仓库。

（3）显卡：强烈建议使用 NVIDIA 显卡，并且具有足够的显存（至少 4GB，推荐 8GB 或以上）。

（4）CUDA 驱动（如果使用 NVIDIA 显卡）。

2. 克隆代码仓库

打开命令行界面（Windows 操作系统下可以使用 PowerShell 或 CMD），执行以下命令：

```
git clone https://github.com/AUTOMATIC1111/stable-diffusion-webui.git
```

这会将 WebUI 的代码下载到当前目录下的 stable-diffusion-webui 文件夹中。

3. 安装依赖（库）

在控制台中进入 stable-diffusion-webui 目录，然后执行 webui.bat 下面的命令安装依赖。

首次运行命令会自动下载和安装所需的依赖库。如果下载某个模型的速度很慢，可以通过其他途径下载模型，然后将其复制到相应的目录即可。

4. 下载模型

首次启动 WebUI 可能需要下载基础模型（Checkpoint 模型）。WebUI 会自动下载一个默认的模型，通常是 sd-v1.5.ckpt 或 sd-v1.5-inpainting.ckpt。读者也可以从 Hugging Face 或 Civitai 等网站下载其他模型，并将它们放到 stable-diffusion-webui/models/Stable-diffusion 目录下。

5. 启动 WebUI

（1）Windows 操作系统：双击运行 webui-user.bat。

（2）Linux 或 macOS 操作系统：在终端中运行 bash webui.sh。

启动成功后，WebUI 会在浏览器中自动打开（通常地址是 http://127.0.0.1:7860），其主界面如图 13-1 所示。

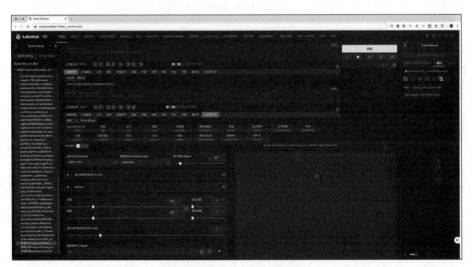

图 13-1　WebUI 主界面

WebUI 主界面左侧是已经安装的模型列表；中间是输入 prompt；右侧列出了 Lora 等用于微调的模型。

13.3.3　使用 Stable Diffusion 生成图像

用 Stable Diffusion WebUI 根据文本生成图像首先需要在主界面的 prompt 位置输入提示词，要注意的是，Stable Diffusion 只支持英文，所以不能输入中文或其他文字。

例如，想生成"一只小老虎在惬意地喝牛奶"的图像，可以在 prompt 位置输入"A small tiger is drinking milk, looking very content."然后单击"生成"按钮，会生成图 13-2 所示的图像。

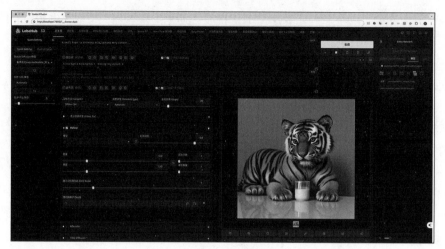

图 13-2　生成"小老虎喝牛奶"的图像

13.4　Stable Diffusion API

本节主要介绍如何利用 Stable Diffusion API 实现文生图和图生图的功能。

13.4.1　文生图

文生图（Text-to-Image，txt2img）是 Stable Diffusion 最核心的功能之一。通过 WebUI 提供的 /sdapi/v1/txt2img API，我们可以将文本提示词（prompt）转换为相应的图像，具体介绍如下。

1. API

（1）请求 URL：/sdapi/v1/txt2img。

（2）请求方法：POST。

（3）请求体：JSON 格式。

2. 主要参数说明

（1）prompt（字符串，必需）：正面提示词，用于描述希望生成的图像内容。正面提示词的质量直接影响生成图像的效果。我们可以使用英文逗号分隔多个关键词或短语，以提供更详细和准确的描述。例如 "A beautiful sunset over a calm ocean, with palm trees on the beach, highly detailed, 4k, masterpiece"。

（2）negative_prompt（字符串，可选）：负面提示词，用于描述不希望生成的图像内容。这有助于避免生成不符合预期的结果。例如 "blurry, low quality, deformed, cartoon"，表示不希望生成模糊、低质量、变形和卡通风格的图像。

（3）steps（integer，可选）：采样迭代步数。Stable Diffusion 通过逐步去噪的过程来生成图像，采样迭代步数越多，生成的图像细节通常越丰富，但所需时间也会增加。一般来说，20 ～ 30 步可以在质量和速度之间取得较好的平衡。

（4）width（integer，可选）：生成图像的宽度（像素），默认值为 512。

（5）height（integer，可选）：生成图像的高度（像素），默认值为 512。

（6）cfg_scale（number，可选）：提示词相关性。这个参数用于控制生成图像与提示词的匹配程度。数值越高，图像越符合提示词，但也可能导致图像过于饱和或失真，产生"过拟合"效果。通常在 7 到 12 之间选择一个值。

（7）seed（integer，可选）：随机种子。Stable Diffusion 的图像生成过程具有一定的随机性。通过指定相同的种子和参数，可以生成相同的图像。如果设置为 -1（默认值），则每次生成都会使用一个随机种子。

（8）sampler_name（string，可选）：采样器名称。采样器是 Stable Diffusion 用于生成图像的算法。不同的采样器有不同的生成风格和速度。常用的采样器包括 "Euler a"、"DPM++ 2M Karras"、"DDIM" 等。用户可以在 WebUI 主界面的"Sampling method"下拉菜单中查看所有可用的采样器，并在 API 请求中指定要使用的采样器。

除了上述主要参数，txt2img 还支持其他参数，如 batch_size（单批次生成的图像数量）、n_iter（生成批次数）、restore_faces（面部修复）等。

3. 响应

如果请求成功（状态码为 200），响应的 JSON 数据中会包含一个 images 字段，它是一个列表，包含生成的图像（Base64 编码）。

案例：用文本生成图像。

代码位置： src/projects/sd_api/txt2img.py。

```python
import requests
import json
import base64
from PIL import Image
import io
# API 地址
url = "http://localhost:7860/sdapi/v1/txt2img"

# 请求参数
payload = {
    "prompt": "A cute panda wearing a Superman costume is dancing on a cliff,highly
    detailed,4k,masterpiece",  # 提示词
    "negative_prompt": "blurry, low quality, deformed, cartoon",  # 负面提示词(可选)
    "steps": 20,  # 采样迭代步数
    "cfg_scale": 7,  # 提示词相关性
    "width": 512,  # 图像宽度
    "height": 512,  # 图像高度
    "seed": -1,  # 随机种子, -1 表示随机
```

```
        "sampler_name": "DPM++ 2M",  # 采样器名称
}
# 发送 POST 请求
response = requests.post(url, json=payload)
# 解析响应
if response.status_code == 200:
    # 获取生成的图像（base64 编码）
    r = response.json()
    image_data = r["images"][0]
    # 解码并保存图像
    image = Image.open(io.BytesIO(base64.b64decode(image_data.split(",", 1)[0])))
    image.save("generated_image.png")
    print("图像已保存为 generated_image.png")
else:
    print("请求失败, 状态码:", response.status_code)
    print("错误信息:", response.text)
```

运行程序，会在当前目录生成一个名为 generated_image.png 的图像，如图 13-3 所示。注意，每次生成的结果都会不同。

13.4.2 图生图

图生图（Image-to-Image，img2img）是 Stable Diffusion 的另一项强大功能。它允许用户以一张图像为基础，结合文本提示词（prompt），对原图像进行修改、风格转换或生成全新的图像，具体介绍如下。

图 13-3 一只穿超人衣服在悬崖上跳舞的熊猫

1. API

（1）请求 URL：/sdapi/v1/img2img。

（2）请求方法：POST。

（3）请求体：JSON 格式。

2. 主要参数说明

除了具有 txt2img 中的大部分参数（如 prompt、negative_prompt、steps、width、height、cfg_scale、seed、sampler_name 等），img2img 还有以下几个关键参数。

（1）init_images（list，必需）：初始图像列表。这个列表包含一张或多张 Base64 编码的图像数据。在 img2img 中，通常只使用一张初始图像。

（2）denoising_strength（number，可选）：重绘幅度。这个参数用于控制生成图像与初始图像的差异程度。值越大，生成图像与初始图像的差异越大，越接近文生图效果；值越小，生成图像越接近初始图像。取值范围为 0.0 ～ 1.0，默认值为 0.75。

（3）mask（string，可选）：遮罩图像（Base64 编码），用于指定要修改的图像区域。遮罩图像是一张黑白图像，其中黑色区域（RGB 值为（0, 0, 0））表示要修改的区域，白色区域（RGB 值为（255, 255, 255））表示保持不变的区域。这个参数必须和 mask_blur 一起使用。

（4）inpainting_fill（int，可选）：蒙版（遮罩）遮住的内容的处理方式。0 表示填充，1 表示原始，2 表示潜在噪声，3 表示潜在的 nothing。

（5）inpaint_full_res（bool，可选）：控制是否对遮罩区域进行全分辨率处理。

（6）mask_blur（integer，可选）：遮罩模糊，用于平滑遮罩边缘，使修改区域与原图像更自然地融合。

案例：用图像生成图像。

代码位置： src/projects/sd_api/img2img.py。

```python
import requests
import json
import base64
from PIL import Image
import io
# API 地址
url = "http://192.168.31.80:7860/sdapi/v1/img2img"  # 替换为 WebUI 地址
# 读取初始图像并进行 Base64 编码
with open("generated_image.png", "rb") as image_file:
    encoded_string = base64.b64encode(image_file.read()).decode('utf-8')
    # image_file.read() 读取图像文件的二进制数据
    # base64.b64encode() 将二进制数据编码为 Base64 字符串
    # .decode('utf-8') 将 bytes 类型转换为 str 类型
# 请求参数
payload = {
    "init_images": [encoded_string],  # 初始图像（Base64 编码）
    "prompt": "A cute panda wearing a Superman costume is dancing on a cliff,highly
    detailed,4k,masterpiece",  # 正面提示词
    "negative_prompt": "blurry, low quality, deformed, cartoon",  # 负面提示词
    "denoising_strength": 0.6,      # 重绘幅度
    "steps": 30,                    # 采样迭代步数
    "cfg_scale": 7,                 # 提示词相关性
    "width": 512,                   # 图像宽度
    "height": 512,                  # 图像高度
    "seed": -1,                     # 随机种子
    "sampler_name": "DPM++ 2M",     # 采样器名称
}
# 发送 POST 请求
response = requests.post(url, json=payload)
# 解析响应
if response.status_code == 200:
    # 获取生成的图像（Base64 编码）
    r = response.json()
    image_data = r["images"][0]

    # 解码并保存图像
    image = Image.open(io.BytesIO(base64.b64decode(image_data.split(",", 1)[0])))
    image.save("output.png")  # 将生成的图像保存为 output.png
    print("图像已保存为 output.png")
else:
```

```
# 请求失败，输出错误信息
print(" 请求失败，状态码 :", response.status_code)
print(" 错误信息 :", response.text)
```

本例使用 13.4.1 小节的程序生成的图像作为初始图像，运行程序，会生成与图 13-3 类似的图像，如图 13-4 所示。

13.5 项目核心代码实现

本节将深入探讨文章智能配图器项目的核心代码实现。我们将采用模块化的设计思想，将整个项目分解为几个关键部分，并逐一详细介绍每个部分的实现细节。通过这种方式，读者可以更清晰地理解代码的结构和逻辑，并能够根据自己的需求进行修改和扩展。

图 13-4 图生图效果

13.5.1 配置与初始化

配置与初始化介绍如下。

1. 功能概述

配置与初始化负责定义项目的全局变量、导入所需的 Python 库，以及进行一些必要的初始化设置。全局变量如同项目的"神经中枢"，为其他模块提供统一的参数和接口，使项目的配置更加集中和易于管理。例如，需要更换当前使用的模型，只需修改 OLLAMA_MODEL 变量的值，而无须修改代码的其他部分。同时，在项目开始时导入所有需要的库，可以避免在使用时重复导入。

2. 代码详解

```
# 定义全局变量（根据实际情况修改）
OLLAMA_MODEL = "deepseek-r1:14b"  # 指定要使用的模型
OLLAMA_BASE_URL = 'http://localhost:11434/v1'  # Ollama API 的基础 URL
OLLAMA_API_KEY = 'ollama'  # Ollama API 密钥（如果需要）
SD_API_URL = "http://localhost:7860/sdapi/v1/txt2img"  # Stable Diffusion WebUI 的
API 地址
```

全局变量解释如下。

（1）OLLAMA_MODEL：指定要使用的模型。这里为 deepseek-r1:14b，读者可以根据实际情况将其修改为其他模型。

（2）OLLAMA_BASE_URL：Ollama API 的基础 URL。这通常是 Ollama 服务的地址和端口。

（3）OLLAMA_API_KEY：Ollama API 的密钥。如果 Ollama 服务启用了身份验证，则需要提供密钥。如果未启用身份验证，可以设置为任意值（如 'ollama'）。

（4）SD_API_URL：Stable Diffusion WebUI 的 API 地址。这通常是 WebUI 的地址和端口，以及 /sdapi/v1/txt2img 路径。

13.5.2　文本处理与 prompt 生成

文本处理与 prompt 生成介绍如下。

1. 功能概述

文本处理与 prompt 生成负责读取用户提供的文章或文件（Word 文档或 TXT 格式），提取文本内容，进行预处理（如截取过长的文本），然后调用 Ollama 支持的模型生成图像的prompt。这是连接用户输入和大模型的核心环节，将用自然语言编写的文章内容转化为 Stable Diffusion 可理解的 prompt。prompt 的质量直接影响最终生成图像的效果。

2. 代码详解

（1）文件读取与内容提取。

在 generate_image_for_article() 函数中，根据文件扩展名（.docx 或 .txt）选择不同的文件读取方式。

① 对于 .docx 文件，使用 docx.Document(path) 读取文件，然后遍历所有段落（doc.paragraphs），提取文本并拼接成一个字符串。

② 对于 .txt 文件，使用 with open(path, 'r', encoding='utf-8') as f: 以 UTF-8 编码打开文件，并使用 f.read() 方法读取全部内容。

③ 如果文件格式不被支持，会抛出 ValueError 异常。

④ 读取文本后，为防止文本过长，截取前 3000 字。

```
# 在 generate_image_for_article() 函数中
try:
    if path.endswith('.docx'):
        doc = docx.Document(path)
        full_text = [paragraph.text for paragraph in doc.paragraphs]
        text = '\n'.join(full_text)
    elif path.endswith('.txt'):
        with open(path, 'r', encoding='utf-8') as f:
            text = f.read()
    else:
        raise ValueError("Unsupported file format. Only .docx and .txt are supported.")
    text = text[:3000]  # 截取前 3000 字
except Exception as e:
    print(f"Error reading file: {e}")
    return  # 返回 None 或做其他错误处理
```

（2）prompt 生成请求的构建与发送。

① 创建一个 OpenAI 客户端，指定 base_url 和 api_key。

② 构建 user_message，包含指令和提取的文章内容。指令用于告诉模型根据文章内容生成英文图像 prompt，并限制长度在 80 个单词以内。

③ 调用 client.chat.completions.create() 方法，传入模型名称（OLLAMA_MODEL）、消息列表（包含 user_message）和 stream=False（非流式输出），发送请求给 Ollama。

```
# 在 generate_image_for_article 函数中
client = OpenAI(base_url=OLLAMA_BASE_URL, api_key=OLLAMA_API_KEY)
user_message = f"""Below is an article. ... （你的指令）...\n\n{text}."""
try:
    chat_completion = client.chat.completions.create(
        model=OLLAMA_MODEL,
        messages=[
            {"role": "user", "content": user_message}
        ],
        stream=False
    )
    # ...
```

（3）prompt 结果处理。

① 从 chat_completion.choices[0].message.content 中获取模型生成的 prompt。

② 使用正则表达式 re.search(r"</think>(.*)", image_prompt, re.DOTALL) 提取 </think> 标签之后的内容（如果存在）。re.DOTALL 标志使 "." 匹配包括换行符在内的所有字符。

③ 使用 .strip() 方法去除 prompt 前后的空白字符。

```
    # ... （接上一步）
    image_prompt = chat_completion.choices[0].message.content
    # 提取 </think> 之后的内容（如果存在）
    match = re.search(r"</think>(.*)", image_prompt, re.DOTALL)
    if match:
        image_prompt = match.group(1).strip()
except Exception as e:
    print(f"Error calling Ollama API: {e}")
    return  # 返回 None 或做其他错误处理
print(image_prompt) # 输出 prompt
```

13.5.3 图像生成与保存

图像生成与保存介绍如下。

1. 功能概述

在接收到生成的 prompt 后，调用 Stable Diffusion WebUI 的 API 生成图像，并将生成的图像保存到本地磁盘。这是将提示词转化为实际图像的关键步骤。

2. 代码详解

（1）SD API 请求的构建。

在 generate_image_for_article() 函数中，构建一个包含正面提示词、负面提示词（可选）、采样迭代步数、提示词相关性、宽度、高度、随机种子和采样器等参数的字典 payload。

```
# 在 generate_image_for_article() 函数中
payload = {
```

```
    "prompt": image_prompt,
    "negative_prompt": "",   # 可选，添加负面提示词
    "steps": 20,
    "cfg_scale": 7,
    "width": width,
    "height": height,
    "seed": -1,
    "sampler_name": "Euler a",
}
```

（2）图像生成与解码。

使用 requests.post(SD_API_URL, json=payload) 向 Stable Diffusion API 发送 POST 请求，并将 payload 字典作为 JSON 数据发送给 Stable Diffusion API。

① 使用 response.raise_for_status() 方法检查响应状态码。如果响应状态码不是 200，会抛出 requests.exceptions.HTTPError 异常。

② 如果请求成功，使用 response.json() 方法解析 JSON 响应，从中获取 images 列表的第一个元素（因为我们只生成一张图像），得到 Base64 编码的图像数据。

③ 使用 Image.open(io.BytesIO(base64.b64decode(image_data.split(",", 1)[0]))) 解码图像数据，并将其转换为 PIL 图像。image_data.split(",", 1)[0] 用来处理可能存在的 "data:image/png;base64," 前缀。

```
# 在 generate_image_for_article() 函数中
try:
    response = requests.post(SD_API_URL, json=payload)
    response.raise_for_status()   # 检查响应状态码
    r = response.json()
    image_data = r["images"][0]
    image = Image.open(io.BytesIO(base64.b64decode(image_data.split(",", 1)[0])))
    # ...
```

（3）图像保存。

① 使用 os.path.splitext(os.path.basename(path)) 获取原始文件的文件名（不含扩展名）。

② 使用 datetime.now() 方法获取当前时间戳，并使用 strftime() 方法将其格式化为 " 年 _ 月 _ 日 _ 时 _ 分 _ 秒 " 的字符串。

③ 使用 os.path.join() 方法将目录名、文件名和时间戳拼接成完整的图像保存路径。

④ 使用 image.save(image_path) 将图像保存。

⑤ 返回图像的路径。

```
# ... （接上一步）
file_name, _ = os.path.splitext(os.path.basename(path))
now = datetime.now()
timestamp = now.strftime("%Y_%m_%d_%H_%M_%S")
image_path = os.path.join(os.path.dirname(path), f"{file_name}_{timestamp}.png")
image.save(image_path)
print(f"Image saved to: {image_path}")
```

```
        return image_path
except requests.exceptions.RequestException as e:
    print(f"Error calling SD API: {e}")
    return None # 或者做其他错误处理
except Exception as e:
    print(f"Error saving image: {e}")
    return None # 或者做其他错误处理
```

13.6 运行和测试项目

在运行项目之前，需要在项目根目录中创建一个 article.docx 文档，也可以是 article.txt 或其他文档，但需要修改代码。

在 article.docx 文档中粘贴一篇文章（此处粘贴的是一篇关于宇宙探索的文章），并且设置 width 为 933，height 为 313。

接下来启动 Stable Diffusion 和 Ollama 服务，然后使用下面的命令运行项目：

```
python article_image.py
```

执行命令后，会在当前目录生成一个图像文件，效果可能如图 13-5 所示。如果读者对生成的图的效果不满意，可以多运行几次程序，生成不同的图像文件。

图 13-5　文章配图

13.7 改进方向与未来展望

当前版本的文章智能配图器已经实现了基本的功能，但在实际应用中，仍然存在许多可以改进和扩展的地方。以下是一些可能的改进方向和未来展望。

1. 功能增强

（1）预定义图像尺寸：为了更好地满足不同平台和应用场景的需求，可以增加预定义图像尺寸的功能。例如，用户可以选择生成微信公众号封面（900×383 像素）、抖音或小红书封面（1080×1920 像素，比例为 9:16）、文章插图（自定义尺寸或常用比例，如 4:3 和 16:9）等。这可以通过在程序中添加一个选项或参数来实现，允许用户选择预定义的尺寸，或者输入自定义的宽度和高度。

（2）支持更多文档格式：目前文章智能配图器只支持 Word 文档和文本文件两种格式，可以扩展支持更多的文档格式，如 Markdown、HTML、PDF 等。

（3）文章插图生成：当前程序是为整篇文章生成一张配图。可以进一步将其改进为支持在文章的特定位置插入多张插图。这需要更强大的文本分析和上下文理解能力。可以考虑以下几种方法：基于段落（为文章的每个段落生成一张相关的插图）、基于关键词（提取文章每个部分的关键词，根据关键词生成插图）、用户指定位置（允许用户在文章中插入特殊标记）。

（4）在图像中插入文字：可以利用 PIL（Pillow）库或其他图像处理库，向生成的图像中添加文字，还可以允许用户指定文字的内容、字体、颜色、大小、位置等。这可以用于制作海报、封面、表情包等。

2．性能优化

（1）智能文本截取：目前，如果文章内容超过 3000 字，程序会截取前 3000 字。这种方法可能丢失文章的关键信息。可以采用更智能的文本截取策略。

（2）开头、中间、结尾提取：从文章的开头、中间和结尾各提取一段内容，这样可以更全面地概括文章的主题。

（3）基于 TextRank 或 TF-IDF 算法：提取文章中的关键句子或段落。

（4）使用大语言模型生成摘要：利用大模型生成文章的摘要，然后将摘要作为 prompt 的一部分。

3．技术拓展

（1）集成更多生成图像服务：目前程序只使用了 Stable Diffusion，可以集成其他图像生成服务，例如，DALL·E、Gemini、Midjourney 等。这可以为用户提供更多选择，并比较不同模型的生成效果。

（2）扩展 Stable Diffusion 功能：如负面提示词、集成 ControlNet（允许用户通过线稿、姿态、深度图等方式更精确地控制图像的生成）。

（3）支持 LoRA 模型：支持加载 LoRA 模型，实现特定风格的图像或角色的生成。

13.8 本章小结

在本章中，我们实现了一个文章智能配图器项目。从项目简介和需求分析开始，我们逐步了解了项目的整体架构、Stable Diffusion 的基础知识和 API 使用，以及核心代码的实现细节。我们学习了如何利用 Ollama 部署的 DeepSeek 模型来理解文章内容并生成高质量的图像 prompt，如何调用 Stable Diffusion WebUI 的 API 来生成图像，以及如何处理文件读取、文本处理、图像解码和保存等关键环节。

第 **14** 章　项目实战：意图鉴别服务

在 AI 应用飞速发展的今天，大模型正扮演着越来越重要的角色。然而，如何有效地"指挥"这些强大的模型，使其准确理解用户意图并执行相应的操作，成了至关重要的一环。本项目将构建一个关键的"调度器"。本章将从项目简介出发，深入探讨意图鉴别服务的技术创新点、系统设计与架构，以及核心代码实现，最终带领读者搭建一个能够实际运行和测试的意图鉴别服务，为后续更复杂的智能应用开发奠定坚实的基础。

项目源代码目录： src/projects/intent_identification。

14.1　项目简介

本节主要介绍为何需要意图鉴别，以及本项目的创新点。

14.1.1　意图鉴别：大模型的"调度器"

在日趋复杂和智能化的 AI 应用领域中，大模型已经成为驱动智能的核心引擎。它们拥有强大的语言理解和生成能力，如同智能系统的"大脑"。然而，仅拥有强大的"大脑"是不够的。为了高效地利用大模型的能力，使其真正满足用户的多样化需求，我们需要一个精密的"调度器"——意图鉴别。

想象一下一个大型的任务调度中心。各种各样的任务请求（如同用户的各种 prompt）涌入任务调度中心，例如"生成一篇关于人工智能的文章""翻译这段英文文本""识别图片中的物体""播放一首舒缓的音乐"。任务调度中心（如同意图鉴别服务）的核心职责就是快速、准确地解析每个任务请求，识别任务的类型和目标（即用户意图），然后将任务"调度"或"分派"给最合适的执行单元。

在基于大模型的智能应用中，意图鉴别服务接收用户的自然语言输入（prompt），再深入解析 prompt，识别用户真正的意图（例如，写作、翻译、图像识别、音乐播放等），然后根据意图，将请求"调度"或"分派"给最适合的大模型或模型组件（例如，文本生成模型、翻译模型、图像识别模型、音乐服务模块）。最终，各个大模型或模型组件完成任务后，意图鉴别服务负责将结果整合，并通过统一的用户界面反馈给用户。

尤其在多模态智能应用中，意图鉴别服务不可或缺。多模态智能应用需要处理来自文本、图像、音频、视频等多种模态的输入，并调用相应的大模型进行处理。意图鉴别服务必须具备强大的多模态意图理解和跨模态资源调度能力，才能有效地协调和指挥各种大模型，实现真正的多模态智能协同。例如，当用户上传一张图片并输入"这是什么品种的狗"时，意图鉴别服务需要理解用户的多模态意图是"分析图片"，并将图像数据"调度"给图像识别模型进行分析，然后将图像识别模型的输出结果（狗的品种）返回给用户。

意图鉴别服务不仅是模型理解用户意图的关键，更是高效利用大模型能力、构建复杂智能应用的核心机制。

14.1.2　技术创新点：用装饰器定义意图方法

意图鉴别服务核心的技术创新，在于突破了传统 OpenAI Function Calling 依赖 JSON 格式定义函数的局限，创新性地采用了 Python 装饰器 @openai_function 来定义意图识别方法。这种方法以其独有的优势，为意图驱动的应用开发带来了革命性的改变。

1. 传统方法：JSON 定义方式的缺点

在 OpenAI Function Calling 中，开发者需要使用烦琐的 JSON 格式来描述希望模型调用的函数。这种 JSON 定义方式在实际开发中会暴露出诸多缺点。

（1）定义烦琐，可读性差：JSON 格式的语法较为冗余，嵌套结构复杂，使得函数定义代码难以阅读和理解。

（2）维护困难，易出错：当函数的功能、参数或描述信息需要更新时，开发者必须手动修改 JSON 配置。这种手动修改方式极易引入错误，且随着项目规模的扩大，JSON 配置的管理和维护变得越来越困难。

（3）与 Python 开发风格不符：JSON 作为一种独立的数据格式，与 Python 开发风格不符。在 Python 项目中大量使用 JSON 格式进行函数定义，破坏了代码风格的统一性和 Python 的编程体验，降低了开发效率。

（4）类型信息和描述信息分散：传统的 JSON 定义方式难以与 Python 的类型提示和参数描述自然集成。类型信息和描述信息分散在 JSON 和 Python 代码的不同位置，不利于代码的文档化和 API 的统一管理。

2. 创新方案：用装饰器定义意图方法的优势

为了彻底解决 JSON 定义方式的缺点，本章创新性地提出了使用 Python 装饰器 @openai_function 来定义意图方法。这种方法的核心思想是将函数定义与意图描述直接融合在 Python 代码中，利用装饰器的元编程特性，自动化地生成 OpenAI Function Calling 所需的函数。@openai_function 装饰器具有以下显著优势。

（1）简洁：使用 @openai_function 装饰器，开发者只需在 Python 函数上方添加一行装饰器代码，即可完成意图方法的定义。这种声明式的编程风格简洁、优雅，高度符合 Python 开发风格，极大地提升了代码的可读性和开发效率。

（2）代码即意图，浑然一体：通过装饰器，函数的功能描述（description）、参数定义（required_params, param_descriptions）、类型提示等与意图相关的关键信息，都直接在 Python 函数中进行声明。这种代码即意图的方式，使得代码成了意图的最直接、最权威的定义，使意图与代码浑然一体，极大地提升了代码的可理解性和可维护性。

（3）自动化工具链，解放生产力：本项目基于 @openai_function 装饰器，构建了一套完整的自动化工具链，可以自动扫描、解析和提取所有被装饰的函数，并动态生成 OpenAI API 所需的 tools 列表。这意味着开发者无须手动编写和维护任何 JSON 配置，所有与 OpenAI Function Calling 相关的配置都由工具自动完成。这种自动化工具链极大地提升了开发者的生产力，使得开发者能够更专注于业务逻辑的创新和实现，而不用在烦琐的配置管理上浪费时间。

（4）类型提示的天然优势，提升代码质量：@openai_function 装饰器能够充分利用 Python 的类型提示，自动将 Python 类型映射为 OpenAI API 所需的参数类型信息。类型提示不仅提升了 Python 代码的质量和可读性，还使得生成的 OpenAI API 工具列表更加精确、可靠，为函数调用的准确执行提供了类型保障。同时，装饰器还支持 param_descriptions 参数，允许开发者为每个参数添加详细的描述信息，进一步完善了 API 文档，提升了 API 的易用性。

14.2 项目设计与架构

本节主要介绍意图鉴别服务的工作流程、系统架构、核心文件及其作用。

14.2.1 意图鉴别服务的工作流程

意图鉴别服务的核心目标是理解用户的自然语言请求（prompt），并根据用户的意图调用相应的预定义函数。为了实现这一目标，意图鉴别服务内部设计了一套清晰、高效的工作流程，确保从接收用户请求到返回服务结果的各个环节都能够顺畅运行。以下是意图鉴别服务的主要工作流程。

1. 用户请求（prompt）的接收与传递

意图鉴别服务的工作流程的第一步是接收用户的自然语言请求（prompt）。这个 prompt 可以来自以下渠道。

（1）HTTP 请求：当意图鉴别服务作为独立的 Web 服务运行时，用户可以通过 HTTP 请求（如 POST 请求）将 prompt 发送到服务端的 /identify_intent 端点。这是十分常见的一种请求方式，尤其适用于与其他应用或系统集成。

（2）函数调用：在某些场景下，意图鉴别服务可能被作为一个 Python 模块集成到其他应用中。此时，可以通过直接调用 IntentIdentification 类的 identify() 方法，并将 prompt 作为参数传递给该方法来传递意图鉴别请求。

（3）命令行输入：为了方便开发和测试，也可以通过命令行界面直接输入 prompt，并调用意图鉴别服务进行测试。

意图鉴别服务接收到 prompt 后，会将其传递给意图鉴别引擎的核心模块（IntentIdentification 类）进行处理。prompt 通常以字符串的形式进行传递。

2. 意图鉴别引擎的核心处理流程

IntentIdentification 类是意图鉴别服务的核心模块，负责执行意图识别和函数调用的关键步骤。其核心处理流程如下。

（1）构建 OpenAI tools 列表：IntentIdentification 类会扫描并解析所有通过 @openai_function 装饰器定义的函数。它会提取每个函数的描述信息、参数信息和类型信息，并将这些信息转换为 OpenAI API 所需的 tools JSON 格式。这个 tools 列表描述了意图鉴别服务所能提供的所有功能，将作为后续与大模型交互时的重要输入。

（2）调用大模型 API 进行意图识别：IntentIdentification 类使用 OpenAI 兼容 API（通过 openai 库）与配置的大模型建立连接，并将用户 prompt 和 tools 列表作为参数发送给大模型 API。

（3）解析大模型 API 响应：大模型 API 会返回一个 JSON 响应，其中包含意图识别的结果。IntentIdentification 类会解析这个 JSON 响应，判断大模型是否建议调用函数。如果大模型建议调用函数，响应中会包含建议调用的函数名和参数值。

3. 函数调用指令的生成与执行

如果意图鉴别引擎成功从大模型 API 响应中解析出函数调用指令（即大模型建议调用某个函数），则会进入函数调用执行阶段。这个阶段的主要步骤如下。

（1）提取函数名和参数值：从大模型 API 响应中提取建议调用的函数名和参数值。

（2）查找并调用用户自定义函数：IntentIdentification 类会根据提取出的函数名，在用户自定义函数中查找对应的 Python 函数。

（3）获取函数执行结果：用户自定义函数执行完成后，会返回一个结果。意图鉴别引擎会捕获这个结果，并将其作为函数执行结果。

需要注意的是，如果大模型的 API 响应中没有函数调用指令，或者意图鉴别引擎未能成功解析出函数调用指令，则会跳过函数调用执行阶段。这意味着，并非所有的用户 prompt 都会触发函数调用，只有当大模型识别出用户存在明确的函数调用意图时，才会执行函数调用。

4. 服务结果的封装与返回

意图鉴别服务的工作流程的最后一步是服务结果的封装与返回。意图鉴别服务会将服务结果封装成 JSON 格式的数据，并返回给用户。服务结果通常包含以下信息。

（1）意图识别结果：例如，识别出的用户意图类型、意图的置信度等。即使没有执行函数调用，也可能返回意图识别结果，如"用户只是在进行闲聊"或"用户意图不明"等。

（2）函数调用信息：如果成功执行函数调用，服务结果会包含被调用的函数名、传递给函数的参数值以及函数的执行结果。这些信息可以帮助用户了解具体执行了哪些操作，以及操作的结果。

（3）原始大模型 API 响应（可选）：在某些场景下，为了方便调试或深入分析，服务结果可以选择性地包含原始的大模型 API 响应。

服务结果的返回方式取决于用户请求的来源。

（1）HTTP 响应：如果用户通过 HTTP 请求访问服务，意图鉴别服务会将 JSON 格式的服务结果作为 HTTP 响应返回。

（2）函数返回值：如果用户直接调用 IntentIdentification 类的 identify() 方法，意图鉴别服务会将 JSON 格式的服务结果作为函数返回值返回。

（3）命令行输出：如果用户通过命令行测试服务，意图鉴别服务会将 JSON 格式的服务结果输出到命令行界面。

14.2.2 系统架构

意图鉴别服务虽然功能强大，但其系统架构设计力求简洁、清晰，主要由以下几个核心组件构成。

1. @openai_function 装饰器

作为意图定义的入口，@openai_function 装饰器负责简化用户自定义函数的过程。开发者通过使用 @openai_function 装饰器，将 Python 函数标记为意图处理函数，并添加函数描述、参数描述等元数据。装饰器完成函数元数据的收集和处理，为后续的意图鉴别引擎提供函数信息。@openai_function 装饰器是整个系统架构的"意图声明"组件，它使得开发者能够以 Python 风格的方式声明意图，而无须关注底层的 JSON 配置。

2. IntentIdentification 类

作为意图鉴别引擎的核心，IntentIdentification 类负责执行意图识别和函数调用的核心逻辑。它主要完成以下任务。

（1）函数注册与管理：扫描并注册所有被 @openai_function 装饰的函数，并进行统一管理。

（2）OpenAI tools 列表生成：将注册的函数信息转换为 OpenAI API 所需的 tools JSON 格式。

（3）与大模型 API 交互：调用 OpenAI 兼容 API 与大模型进行通信，发送 prompt 和 tools 列表，获取意图识别结果。

（4）函数调用执行：解析大模型 API 响应，提取函数调用指令，并执行相应的用户自定义函数。

（5）结果封装与返回：将意图识别结果和函数调用信息封装成 JSON 格式，并返回给用户。

3. 用户自定义函数模块

作为功能扩展的基石，用户自定义函数（user_functions.py）模块用于存放用户根据业务需求定义的各种意图处理函数。开发者可以在 user_functions.py 模块中自由地添加、修改和删除意图处理函数，从而灵活地扩展意图鉴别服务的功能。user_functions.py 模块是系统架构的"功能实现"组件，它提供了可插拔的功能扩展机制，使得意图鉴别服务能够适应不同的应用场景和业务需求。

4. HTTP 服务接口

作为服务对外提供的窗口，HTTP 服务接口（server.py）模块负责构建 HTTP 服务接口，使得外部应用或系统可以通过标准的 HTTP 访问意图鉴别服务。server.py 模块主要完成以下任务。

（1）Flask 应用初始化：使用 Flask 框架搭建 Web 应用。

（2）路由配置：定义 /identify_intent 端点，用于接收用户的 HTTP 请求。

（3）请求处理：接收 HTTP 请求，提取 prompt，调用 IntentIdentification 类进行意图鉴别。

（4）响应返回：将 IntentIdentification 类返回的结果封装成 JSON 格式，并作为 HTTP 响应返回给客户端。

各组件之间的关系可以用以下方式概括。

（1）开发者使用 @openai_function 装饰器在 user_functions.py 模块中定义函数。

（2）IntentIdentification 类负责扫描和注册被装饰的函数，并生成 OpenAI tools 列表。

（3）当接收到用户 prompt 后，IntentIdentification 类调用大模型 API 进行意图识别，并将 tools 列表一同发送给用户。

（4）根据大模型 API 的响应，IntentIdentification 类可能会调用 user_functions.py 模块中相应的用户自定义函数。

（5）IntentIdentification 类将意图识别结果和函数调用信息封装成 JSON 格式，并返回给 server.py 模块。

（6）server.py 模块通过 HTTP 接口将服务结果返回给用户。

这种组件化的系统架构设计，使得意图鉴别服务结构清晰、职责明确、易于扩展和维护。开发者可以根据自身需求，灵活地扩展 user_functions.py 模块中的意图处理函数，而无须修改核心引擎代码，从而快速构建各种意图驱动的智能应用。

14.2.3　项目核心文件及其作用

为了更深入地理解意图鉴别服务的代码结构，本小节将简要介绍项目中几个核心 Python 文件的作用和主要组成部分。

（1）intent_identification.py：意图鉴别服务的核心引擎代码，包含 IntentIdentification 类的

定义和实现。该文件主要具有以下核心功能。

① 意图识别：封装与大模型 API 交互的逻辑，负责调用大模型进行意图识别。

② 函数调用：实现函数调用指令的解析和用户自定义函数的执行。

③ tools JSON 生成：负责扫描和解析被 @openai_function 装饰的函数，并生成 OpenAI API 所需的 tools JSON 格式。

（2）user_functions.py：作为用户自定义函数模块的示例，展示了如何定义和组织意图处理函数。该文件主要包含以下部分。

① UserFunctions 类：一个示例类，用于组织和管理用户自定义函数。

② draw_image()、article_image()、translate_annotation() 等示例方法，这些方法展示了如何使用 @openai_function 装饰器定义不同意图的函数，如绘制图像、文章配图、代码注释翻译等。

（3）server.py：HTTP 意图鉴别服务（核心功能、关键组件）。

server.py 文件是构建 HTTP 意图鉴别服务的入口，基于 Flask 框架搭建 Web 服务。该文件具有以下核心功能。

① 构建 Web 服务接口：使用 Flask 框架初始化 Web 应用，并定义 /identify_intent 路由。

② 接收和处理 HTTP 请求：在 /identify_intent 端点接收用户的 POST 请求，提取 prompt，并调用意图鉴别引擎进行处理。

③ 返回 JSON 响应：将意图鉴别引擎返回的结果封装成 JSON 格式，并通过 HTTP 响应返回给客户端。

14.3 核心代码实现详解

本节主要介绍项目核心代码的实现，如装饰器函数、定义意图方法、生成 tools JSON 等。

14.3.1 定义意图方法的装饰器

@openai_function 装饰器是意图鉴别服务的核心创新之一。它极大地简化了用户自定义函数的过程，并将函数与意图描述信息紧密结合。本小节将深入剖析 @openai_function 装饰器的实现原理和代码细节。

1. 装饰器定义与基本结构

@openai_function 装饰器本质上是一个 Python 函数，它接收一个函数作为输入，并返回一个新的函数。其基本结构如下所示。

```python
def openai_function(description, required_params=None, param_descriptions=None):
    """
    装饰器，用于定义 OpenAI 函数调用的相关信息
    """
    def decorator(func):
```

```
        @wraps(func)  # 使用 functools.wraps
        def wrapper(*args, **kwargs):
            return func(*args, **kwargs)

        wrapper.openai_function_info = {
            "name": func.__name__,
            "description": description,
            "required": required_params or [],
            "param_descriptions": param_descriptions or {},
        }
        return wrapper
    return decorator
```

openai_function 是一个装饰器工厂函数。它接收 description、required_params 和 param_descriptions 参数，这些参数用于描述被装饰函数的意图和参数信息。openai_function() 函数内部定义了 decorator() 函数，decorator() 函数接收被装饰的函数 func 作为参数，并返回 wrapper() 函数。@functools.wraps(func) 装饰器用于保留原始函数 func 的元信息，如 __name__、__doc__ 等。wrapper() 函数是实际被调用的函数，在本例中，它直接调用原始函数 func。核心的装饰器逻辑将在 decorator() 函数内部实现。

2. functools.wraps 的作用

@functools.wraps 是 Python 标准库中的 functools 模块提供的一个装饰器，它的主要作用是保留被装饰函数的元信息（metadata）。

具体来说，@functools.wraps(func) 装饰器会将被装饰函数（wrapper() 函数）的 __name__、__doc__、__dict__ 等属性，更新为原始函数（func() 函数）的对应属性值。

主要作用如下。

（1）保留函数名称和文档字符串：使用 @functools.wraps 装饰器可以确保被装饰后的函数（wrapper() 函数）仍然具有与原始函数（func() 函数）相同的函数名（__name__）和文档字符串（__doc__）。这对于代码的可读性和文档生成非常重要。如果没有 @functools.wraps 装饰器，被装饰的函数名会变成 wrapper，文档字符串也会丢失。

（2）方便调试：保留原始函数的元信息，可以使得调试器能够正确地识别和分析被装饰的函数，提高代码的可调试性和可内省性。

在本例中，使用 @functools.wraps(func) 的主要目的是保持被 @openai_function 装饰的函数的函数名和文档字符串与原始函数一致，提高代码的可读性和可维护性。虽然在本例中 wrapper() 函数并没有添加额外的逻辑，只是简单地调用了原始函数，但在更复杂的装饰器场景中，functools.wraps 会更加重要。

14.3.2　使用装饰器定义意图方法

user_functions.py 文件是用于存放用户自定义函数示例的模块。它展示了如何使用 @openai_

function 装饰器来定义具有意图描述和参数信息的 Python 函数，这些函数将作为意图鉴别服务的功能扩展部分。

1. user_functions.py 文件的整体结构

user_functions.py 文件的代码如下。

```python
from intent_identification import openai_function

class UserFunctions:
    @openai_function(
        description=" 当用户想要绘制图像时调用此函数 ",
        required_params=["image_description"],
        param_descriptions={
            "image_description": " 绘制图像的详细描述，需要转换为英文，例如：a photo-
            realistic image of a cat wearing sunglasses",
        },
    )
    def draw_image(self, image_description: str):
        """ 绘制图像的函数 """
        return {
            "type": "draw_image",
            "image_description": image_description
        }

    @openai_function(
        description=" 当用户要为指定路径下的文档（.txt 或 .docx）配置指定尺寸（width 和 height）
        的图像时调用此函数 ",
        required_params=["document_content"],
        param_descriptions={
            "path": " 用户指定的需要配图的文档的文件路径 ",
            "width": " 图像的宽度 ",
            "height": " 图像的高度 ",
        },
    )
    def article_image(self, path: str, width:int = 512, height: int = 512):
        """ 为文章配图 """
        return {
            "type": "article_image",
            "path": path,
            "width" : width,
            "height": height
        }
```

代码解析如下。

（1）导入 @openai_function 装饰器：从 openai_function_decorator.py 模块（或 intent_identification.py，如果装饰器代码整合在其中）导入 @openai_function 装饰器。

（2）定义 UserFunctions 类：创建一个名为 UserFunctions 的类，用于组织和管理用户自定义函数。

（3）使用 @openai_function 装饰器定义意图方法：在 UserFunctions 类中，使用 @openai_ function 装饰器修饰需要传送给大模型的函数，如 draw_image、article_image 等。

2. UserFunctions 类的作用与设计

UserFunctions 类的主要作用是作为用户自定义函数的容器，用于组织和管理所有的意图处理函数。

在 UserFunctions 类中定义了两个意图方法：draw_image 和 article_image，分别用于绘画意图和为文档配图意图，具体描述如下。

（1）@openai_function(...)：使用 @openai_function 装饰器装饰 draw_image() 函数，并传入 description、required_params、param_descriptions 参数，描述该函数的意图和参数信息。

（2）description=" 绘制一幅图像 "：设置函数的功能描述为 "绘制一幅图像"。

（3）required_params=["prompt"]：设置函数的必需参数为 prompt。

（4）param_descriptions={"prompt": " 描述想要绘制的图像内容 ..."}：设置参数 prompt 的描述信息。

（5）def draw_image(self, image_description: str)：定义 draw_image() 函数，接收 image_description 参数（类型为 str），返回 JSON 格式的数据，返回值主要用于通知调用者绘图的具体信息。

（6）def article_image(self, path: str, width:int = 512, height: int = 512)：接收 path、width 和 height 参数，分别表示配图文档（.txt 或 .docx 文件）的路径，配图的宽度和高度。返回值主要用于通知调用者配图的具体信息。

14.3.3 参数类型映射

在 intent_identification.py 文件中定义了 map_python_to_openai_type() 函数，用于将 Python 的数据类型映射为 OpenAI API 函数参数的类型，代码如下：

```python
def map_python_to_openai_type(python_type):
    """ 映射 Python 数据类型到 OpenAI API 函数参数的类型 """
    if python_type is str:
        return "string"
    elif python_type is int:
        return "integer"
    elif python_type is float:
        return "number"
    elif python_type is bool:
        return "boolean"
    elif python_type is dict:
        return "object"
    elif python_type is list:
        return "array"
    #Add other python types here if needed
    else:
        return "string" #Default to string
```

如果不指定数据类型，那么默认映射为 string 类型。该函数会在 get_openai_tools() 函数中被调用。

14.3.4 解析装饰器方法并生成 Tools JSON

本节将深入解析 IntentIdentification 类的结构和关键方法的实现细节。

IntentIdentification 类的结构如下。

```python
class IntentIdentification:
    default_api_key = "default_api_key"

    def __init__(self, base_url, api_key=default_api_key, model="qwen2.5:0.5b"):
        self.base_url = base_url
        self.api_key = api_key
        self.model = model
        self.client = OpenAI(
            base_url=base_url,
            api_key=api_key,
        )
        self._user_functions = None

    def set_functions(self, user_functions):
        self._user_functions = user_functions

    def get_openai_tools(self):
        tools = []
        ... ...
        return tools

    def identify(self, prompt, model=None):
        ... 与大模型 API 交互，获取意图信息 ...
```

结构说明如下。

（1）IntentIdentification 类定义：定义 IntentIdentification 类，作为意图鉴别引擎的核心类。

（2）default_api_key 类属性：default_api_key = "default_api_key" 定义了类级别的默认 API Key

（3）__init__(self, base_url, api_key=default_api_key, model="qwen2.5:0.5b") 构造方法。

① self.base_url = base_url：存储 API Base URL。

② self.api_key = api_key：存储 API Key，默认值为 default_api_key 类属性。

③ self.model = model：存储模型名称，默认值为 "qwen2.5:0.5b"。

④ self.client = OpenAI(...)：初始化 OpenAI 客户端 openai.OpenAI（更正为 OpenAI from openai import）。注意，这里直接使用了 OpenAI 类，而不是 openai.OpenAI。客户端被初始化时，使用了构造方法传入的 base_url 和 api_key。

⑤ self._user_functions = None：_user_functions 属性在 __init__() 方法中被初始化为 None。

（4）set_functions(self, user_functions) 方法：set_functions () 方法的作用是设置 _user_ functions 属性，接收用户自定义函数实例 user_functions 作为参数，并将其赋值给 self._user_ functions。

（5）get_openai_tools(self) 方法：get_openai_tools() 方法负责生成 OpenAI Tools JSON。

（6）identify(self, prompt, model=None) 方法：identify() 方法负责与大模型 API 交互，进行意图识别。

14.3.5　获取意图信息

IntentIdentification 类的 identify() 方法是与大模型 API 交互的核心方法，负责将用户 prompt 和生成的 Tools JSON 发送给大模型，并解析大模型返回的意图信息。本小节将详细解读 identify() 方法的代码实现，并介绍如何与大模型 API 进行通信。

以下是 IntentIdentification 类的 identify() 方法的核心实现代码片段。

```python
def identify(self, prompt, model=None):
    tools = self.get_openai_tools()
    use_model = model if model else self.model    # 选择模型

    chat_completion = self.client.chat.completions.create(
        model=use_model,    # 使用选定的模型
        messages=[
            {"role": "user", "content": prompt}
        ],
        tools=tools,
        tool_choice="auto",
        stream=False
    )

    message = chat_completion.choices[0].message
    tool_calls = message.tool_calls

    if tool_calls:
        results = []
        for tool_call in tool_calls:
            func_name = tool_call.function.name
            arguments = json.loads(tool_call.function.arguments)
            func = getattr(self._user_functions, func_name)
            # 使用关键字参数调用函数
            result = func(**arguments)
            results.append(result)
        return results
    else:
        return []
```

代码解读如下。

（1）获取 OpenAI Tools JSON：tools = self.get_openai_tools() 调用 self.get_openai_tools() 方

法，获取 OpenAI Tools JSON 的 Python 对象表示，并赋值给 tools 变量。这确保了每次意图识别都使用最新的 Tools JSON。

（2）选择模型：use_model = model if model else self.model 选择要使用的模型名称。优先使用 identify() 方法的 model 参数（如果传入），否则使用 self.model 参数中存储的默认模型名称。

（3）调用 OpenAI API：chat_completion = self.client.chat.completions.create(...) 使用 self.client.chat.completions.create() 方法调用 OpenAI API。

① model=use_model：使用选定的模型名称 use_model。

② messages=[{"role": "user", "content": prompt}]：构建消息列表，包含用户 prompt。

③ tools=tools：传递获取的 tools 列表（OpenAI Tools JSON）。

④ tool_choice="auto"：设置 tool_choice 为 "auto"，让模型自动决定是否调用函数。

⑤ stream=False：明确指定使用非流式 API。

（4）处理 API 响应。

① message = chat_completion.choices[0].message：获取 API 响应 chat_completion 中第一个 choice 的 message 对象。

② tool_calls = message.tool_calls：从 message 对象中获取 tool_calls 属性，并赋值给 tool_calls 变量。tool_calls 是一个列表，包含大模型建议调用的函数指令。

（5）检查 tool_calls 并执行函数调用。

① if tool_calls：检查 tool_calls 列表是否为空，如果不为空，说明大模型建议调用函数。

② results = []：初始化一个空列表 results，用于存储函数调用结果。

③ for tool_call in tool_calls：遍历 tool_calls 列表。

（6）return results：遍历完 tool_calls 列表后，返回 results 列表，其中包含所有被调用函数的返回值。

（7）else: return []：如果 tool_calls 列表为空，说明大模型没有建议调用任何函数。此时，identify 函数返回一个空列表，表示没有函数被调用，也没有任何结果返回。

14.3.6　构建意图鉴别 Web 服务

server.py 文件负责构建 HTTP 意图鉴别 Web 服务，使其能够通过 Web API 的形式对外提供服务。本小节将详细解析 server.py 文件的代码结构和核心逻辑，并介绍如何使用 Flask 框架构建 Web 服务端点。server.py 文件的代码如下。

```python
from flask import Flask, request, jsonify
from intent_identification import IntentIdentification
from user_functions import UserFunctions
import configparser
```

```
app = Flask(__name__)
def load_config(filepath='config.txt'):
    """ 加载配置文件 """
    config = {}
    with open(filepath, 'r') as f:
        for line in f:
            line = line.strip()
            if line and not line.startswith('#'):
                key, value = line.split('=', 1)
                config[key.strip()] = value.strip()
    return config
@app.route('/identify_intent', methods=['POST'])
def identify_intent():
    """ 鉴别 prompt 意图的 HTTP 端点 """
    try:
        data = request.get_json()
        prompt = data.get('prompt')
        if not prompt:
            return jsonify({'error': 'Prompt is required'}), 400

        config = load_config()
        base_url = config.get('base_url')
        api_key = config.get('api_key')
        model = config.get('model')
        if not base_url or not api_key or not model:
            return jsonify({'error': 'Base URL, API key, or Model is missing in
                config'}), 500

        intent_identifier = IntentIdentification(base_url, api_key, model)
        user_funcs = UserFunctions()
        intent_identifier.set_functions(user_funcs)
        results = intent_identifier.identify(prompt)
        return jsonify({'results': results})
    except Exception as e:
        return jsonify({'error': str(e)}), 500
if __name__ == '__main__':
    app.run(debug=True, port=5001)
```

代码解析如下。

（1）load_config(filepath='config.txt') 函数：加载配置文件。

① 函数功能：负责从指定的配置文件（默认为 config.txt 文件）中加载配置信息，将其存储在一个字典中并返回。

② 配置文件格式：配置文件 config.txt 采用简单的键值对（key=value）格式，每行一个配置项。

③ 文件读取：with open(filepath, 'r') as f 使用 with open(...) 语句以只读模式（'r'）打开配置文件 filepath。with open(...) 语句可以确保文件在使用完毕后自动关闭。

④ 逐行解析配置：for line in f 逐行读取文件内容。

⑤ 返回配置字典：return config 最终返回加载到的配置信息字典 config。

（2）@app.route('/identify_intent', methods=['POST']) 和 identify_intent() 函数：定义 /identify_intent 端点。

① @app.route('/identify_intent', methods=['POST']) 装饰器：使用 Flask 的 @app.route 装饰器将 URL 路径 /identify_intent 绑定到 identify_intent() 函数。methods=['POST'] 用于指定该端点只接收 POST 请求。

② identify_intent() 函数：处理 /identify_intent 端点接收的 POST 请求的核心函数。

（3）if __name__ == '__main__': app.run(debug=True, port=5001)：启动 Flask 应用。

① if __name__ == '__main__'：判断当前脚本是否作为主程序运行。

② app.run(debug=True, port=5001)：启动 Flask 应用，如果当前脚本作为主程序运行，则调用 app.run(...) 方法启动 Flask 应用。

14.4 运行和测试项目

在运行项目之前，需要在项目根目录中创建一个 config.txt 文件，然后进行相关的配置，代码如下。

```
base_url = http://localhost:11434/v1
api_key = ollama
model = qwen2.5:1.5b
```

base_url 是用于鉴别意图的大模型 API 地址，如果地址为其他计算机，需要将 localhost 修改成 IP 地址或域名。如果使用的是 Ollama 本地部署的大模型，api_key 可以为任意值。model 是使用的大模型名称。由于 DeepSeek 不支持函数调用，所以本项目使用 qwen2.5:1.5b 模型。如果读者没有在本地部署该模型，可以使用下面的命令下载这个模型。

```
ollama pull qwen2.5:1.5b
```

然后运行下面的命令启动服务。

```
python server.py
```

读者可以使用如下的 curl 命令测试意图鉴别服务。

```
curl -X POST -H "Content-Type: application/json" -d '{"prompt": " 为文档【/documents/abc.txt】配一个 400*200 的图 "}' http://localhost:5001/identify_intent
```

执行命令后，会输出图 14-1 所示的内容。

在返回意图信息后，调用者就可以根据 type 字段判断 prompt 的意图，然后可以根据其他字段的值完成具体的处理。

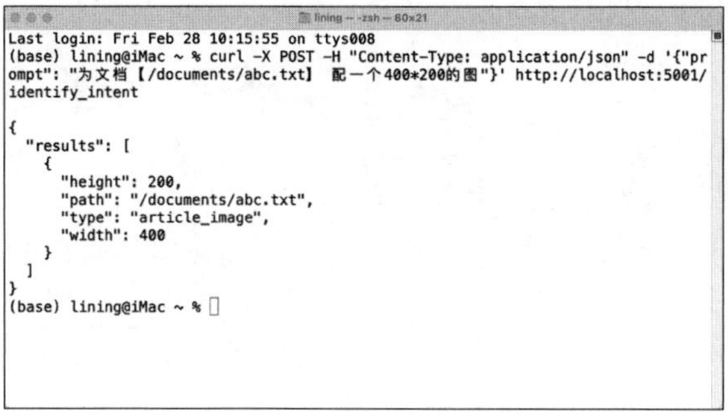

图 14-1 测试意图鉴别服务

14.5 本章小结

本章我们成功地完成了一个实战项目：构建意图鉴别服务。通过学习本章，我们深入理解了意图鉴别在大模型应用中的核心地位，并掌握了使用装饰器定义意图方法、生成 OpenAI Tools JSON 以及与大模型 API 交互的关键技术。

第15章 项目实战：多模态聊天机器人

多模态聊天机器人作为 AI 领域的热点，凭借处理文本、图像等多种输入和输出的能力，展现了超越传统单一文本交互的巨大潜力。本章将深入探讨多模态聊天机器人的设计与实现，结合文本对话、图像生成和知识库查询，介绍如何构建一个灵活、智能的交互系统。我们将基于意图鉴别服务，设计一个控制台程序，整合 OpenAI 兼容的大模型、Stable Diffusion 的绘图功能以及知识库查询服务，揭示多模态技术的核心原理和实践方法。读者将通过本章的学习，掌握多模态系统的架构设计、核心代码实现以及运行测试，奠定扩展复杂功能的基础。

项目源代码目录：src/projects/multimodal。

15.1 项目简介

多模态聊天机器人代表了 AI 技术的一个重要发展方向，它突破了传统聊天机器人仅限于单一文本交互的局限，能够同时处理多种输入形式并生成多样化的输出结果。与传统聊天机器人相比，多模态聊天机器人通过整合文本、图像和其他类型的数据（如语音或视频），为用户提供了更自然、更丰富的交互体验。

以下是本项目的主要功能。

（1）图像生成：当用户输入类似"给我画一个小孩在嬉戏的图像"时，系统通过意图鉴别服务识别出 draw_image 类型请求，随后调用 Stable Diffusion API 生成相应的图像，并将其保存为本地文件后自动打开。

（2）文章配图：针对需要为文章生成配图的需求，系统复用已有功能，根据用户指定的文章路径和图像尺寸，生成合适的配图。

（3）知识库查询：通过在 prompt 前添加前缀 @（如 @Python），系统会调用知识库服务，检索相关背景信息并融入对话，为用户提供更精准的回答。

为了实现这些功能，本章将通过一个完整的控制台程序进行展示。该程序不仅支持与大模型进行流式文本对话，还集成了跨平台的图像生成与展示功能（支持 Windows、macOS 和 Linux 操作系统），并通过配置文件灵活管理多个外部服务的连接。用户只需在终端输入

prompt，系统便能根据意图自动选择适当的处理路径，最终以流式输出或图像文件的形式返回结果。

15.2　项目设计与架构

本节主要介绍项目的总体设计理念、系统架构和运作流程。

15.2.1　总体设计理念

本项目的核心目标是开发一个灵活、可扩展的多模态聊天机器人，它能够支持文本对话、图像生成和知识库查询等多种功能。与传统的单一功能的聊天机器人不同，多模态聊天机器人旨在通过统一的控制台接口，让用户以自然语言输入 prompt，系统则根据输入内容自动识别意图并分配任务，最终以适当的形式（如文本或图像）返回结果。这种设计既降低了使用门槛，又为未来的功能扩展打下了良好的基础。

为了实现这一目标，本项目采用了模块化设计，不同的功能分配给独立的模块完成，并通过配置文件统一管理外部服务的连接参数。此外，程序支持流式输出和跨平台图像展示，确保了良好的用户体验和广泛的适用性。

15.2.2　系统架构

本项目的系统架构由若干个关键模块组成，各模块之间通过明确的功能分工和数据流协作，共同完成多模态交互任务。以下是主要模块及其职责。

（1）配置加载模块：负责从 config.txt 文件中读取运行时所需的配置参数，包括大模型 API 的地址（base_url）、API 密钥（api_key），意图鉴别服务的 URL（intent_identification_url），Stable Diffusion 的绘图服务地址（txt2img_url）等。该模块使用键值对的形式存储解析配置文件的结果，并提供默认值以增强健壮性。

（2）意图鉴别模块：通过远程 HTTP 服务（默认地址为 http://localhost:5001/identify_intent）分析用户输入的 prompt，返回 JSON 格式的意图结果。意图结果可能包含 draw_image（绘图）、article_image（文章配图）等类型，或者为空（表示无特定意图）。该模块是任务分发的核心。

（3）文本对话模块：基于 OpenAI 兼容 API 实现流式文本对话功能，使用户输入的普通文本或未识别为特定意图的 prompt 能够得到大模型的实时响应。该模块通过设置 stream 为 True 支持流式输出。

（4）图像生成模块：封装在 draw_image.py 文件中，负责处理 draw_image 类型的意图结果。通过调用 Stable Diffusion 的 txt2img API（默认地址为 http://192.168.31.80:7860/sdapi/v1/txt2img），

根据用户指定的 prompt 生成图像，并将其保存为本地文件。

（5）知识库查询模块：当用户输入以 @ 开头的 prompt 时，调用知识库服务（默认地址为 http://localhost:5005/search）检索相关信息。检索结果以文本形式融入对话上下文，供大模型生成更准确的回答。该模块为系统增加了领域知识支持的能力。

这些模块通过主程序 mm.py 协调运行，形成一个松耦合、高内聚的系统架构。每个模块独立完成其职责，主程序则负责任务调度和用户交互。

15.2.3 运作流程

系统的运作流程清晰且高效，充分体现了多模态交互的动态特性。以下是详细步骤。

1. 用户输入 prompt

用户在控制台输入 prompt，提示符变为"prompt:"，输入如"给我画一个小孩在嬉戏的图像"或"@Python 中的装饰器是什么"等 prompt。

2. 调用意图鉴别服务

系统将用户输入发送至意图鉴别服务，通过 POST 请求获取 JSON 格式的意图结果。意图结果可能为空（{"results": []}）或包含具体意图（如 {"results": [{"type": "draw_image", "image_description": "a child playing"}]}）。

3. 根据意图结果的类型执行对应操作

（1）无意图或普通文本：如果意图为空或未识别为特定类型，系统调用文本对话模块，通过大模型生成流式文本回复并显示在终端。

（2）draw_image 意图：识别到绘图请求后，调用 draw_image.py 模块中的 draw_and_show_image() 函数，将意图中的 image_description 传递给 Stable Diffusion API，生成图像并保存到 images 目录，随后自动打开。

（3）article_image 意图：调用 article_image.py 模块中的 generate_image_for_article() 函数，根据意图中的文章路径（path）和尺寸参数（width、height）生成配图，完成后打开图像。

（4）以 @ 开头的 prompt：检测到 @ 前缀后，调用知识库服务模块获取相关信息，将结果融入 prompt，之后通过文本对话模块生成最终回答。

4. 返回提示符

任务完成后，系统输出结果（文本或图像相关信息），并重新显示"prompt:"，等待用户下一次输入。用户可按 Ctrl+C 组合键退出程序。

15.3 项目核心代码实现

本节主要介绍项目核心代码的实现，如主文件（mm.py）、处理文生图请求、处理文章配图请求、使用知识库回答问题等。

15.3.1 文件结构与功能概述

本项目采用模块化设计，将不同的功能封装到独立的文件中，以提高代码的可维护性和可读性。以下是主要文件及其功能的概述。

1. mm.py

mm.py 作为程序的主文件，负责整个系统的运行。它通过控制台与用户交互，解析用户输入的 prompt，调用意图鉴别服务分发任务，并协调其他模块完成文本对话、图像生成或知识库查询等功能。mm.py 使用的核心技术如下。

（1）OpenAI 客户端库：用于与大模型进行流式对话。

（2）Requests 库：用于发送 HTTP 请求，调用外部服务。

（3）Python 内置模块：如 sys 和 json，用于文件操作和数据解析。

2. draw_image.py

draw_image.py 专注于图像生成功能的实现，封装了对 Stable Diffusion API 的调用逻辑。它接收图像描述，生成图像文件，并支持跨平台打开。draw_image.py 使用的核心技术如下。

（1）Requests 库：发送 POST 请求到 Stable Diffusion 的 txt2img。

（2）PIL 库：处理 Base64 编码的图像数据并保存为 PNG 文件。

（3）跨平台支持：通过 platform 和 subprocess 模块实现不同操作系统下的图像打开功能。

3. article_image.py

article_image.py 提供文章配图功能。它通过指定的文章路径和尺寸参数生成配图，技术细节已在前文中讲解。

这些文件通过主程序的导入机制协作运行，例如，from draw_image import draw_and_show_image 将图像生成功能集成到主流程中。配置文件 config.txt 为所有模块提供了统一的配置支持，确保外部服务的地址和参数可灵活调整。

15.3.2 主文件解析

mm.py 是本项目的核心控制文件，集成了配置加载、意图判断、任务分发和文本对话等多种功能。它通过一个循环实现持续的用户交互，并根据意图动态调用其他模块。以下是对其核心功能的解析，包括使用的技术和关键代码片段。

1. 技术说明

（1）配置加载：使用 Python 的文件操作和字典解析技术，从 config.txt 文件中读取键值对配置。

（2）意图判断：通过 requests 库发送 POST 请求，获取远程服务的 JSON 响应。

（3）流式对话：利用 openai 库的流式输出功能（stream=True），实现实时文本显示。

（4）任务分发：基于条件判断和模块调用，处理不同类型的意图。

（5）知识库查询：结合 HTTP 请求和字符串处理，将检索结果融入对话上下文。

2. 核心代码解析

核心代码解析如下。

（1）配置加载。

函数 load_config() 从 config.txt 文件中读取配置参数，支持默认值以增强健壮性。

```python
def load_config(config_file="config.txt"):
    config = {}
    try:
        with open(config_file, 'r') as f:
            for line in f:
                line = line.strip()
                if line and not line.startswith('#'):
                    key, value = line.split('=', 1)
                    config[key.strip()] = value.strip()
        base_url = config.get('base_url', 'http://localhost:11434/v1')
        api_key = config.get('api_key', 'ollama')
        model = config.get('model', 'qwen2.5:1.5b')
        intent_url = config.get('intent_identification_url', 'http://localhost:5001/
identify_intent')
        txt2img_url = config.get('txt2img_url', 'http://192.168.31.80:7860/sdapi/
v1/txt2img')
        return base_url, api_key, model, intent_url, txt2img_url
    except FileNotFoundError:
        print(f"找不到配置文件：{config_file}")
        sys.exit(1)
    except Exception as e:
        print(f"读取配置文件失败：{e}")
        sys.exit(1)
```

（2）意图判断。

函数 identify_intent() 通过 HTTP 请求调用意图鉴别服务，返回 JSON 结果。

```python
def identify_intent(intent_url, user_input):
    url = intent_url
    headers = {"Content-Type": "application/json"}
    data = {"prompt": user_input}
    try:
        response = requests.post(url, headers=headers, data=json.dumps(data))
        response.raise_for_status()
        return response.json()
    except requests.exceptions.RequestException as e:
        print(f"意图判断请求失败：{e}")
        return {"results": []}
```

这段代码通过 requests.post() 方法发送 JSON 数据，再通过 raise_for_status() 方法检查状态码，异常时返回空结果。

（3）流式对话。

函数 stream_chat() 调用大模型生成实时回复。

```python
def stream_chat(client, model, user_input, tools=None):
    try:
        chat_completion = client.chat.completions.create(
            model=model,
            messages=[{"role": "user", "content": user_input}],
            tools=tools,
            tool_choice="auto",
            stream=True
        )
        for chunk in chat_completion:
            if hasattr(chunk.choices[0].delta, 'content') and chunk.choices[0].
            delta.content:
                print(chunk.choices[0].delta.content, end="", flush=True)
        print()
    except Exception as e:
        print(f"聊天过程中发生错误：{e}")
```

这段代码设置 stream 为 True 以启用流式输出，再设置 flush 为 True 以确保实时显示输出。

（4）主循环与任务分发。

main() 函数通过循环处理用户输入，根据意图调用对应模块。

```python
def main():
    base_url, api_key, model, intent_url, txt2img_url = load_config()
    client = create_client(base_url, api_key)
    while True:
        try:
            user_input = input("prompt: ")
            if not user_input.strip():
                continue
            intent_result = identify_intent(intent_url, user_input)
            results = intent_result.get("results", [])
            if results:
                intent = results[0]
                if intent.get("type") == "draw_image":
                    print("正常生成图像...")
                    draw_and_show_image(txt2img_url, intent.get("image_description"))
                    continue
                elif intent.get("type") == "article_image":
                    print(f"正在为【{intent.get('path')}】配图...")
                    article_image_path = generate_image_for_article(intent.get("path"),
                    width=intent.get("width"), height=intent.get("height"))
                    if article_image_path:
                        open_image(article_image_path)
                    print(f"已经完成配图，图像文件名：{article_image_path}")
                    continue
            # 知识库查询
            if user_input[0] == "@":
                url = "http://localhost:5005/search"
                response = requests.post(url, headers={"Content-Type": "application/
                json"}, data=json.dumps({"prompt": user_input}))
```

```
            if response.status_code == 200:
                response_json = response.json()
                contents = [item['content'] for item in response_json['results']
                if 'content' in item]
                filenames = [item['filename'] for item in response_json['results']
                if 'filename' in item]
                content_string = '\n'.join(contents)
                filename_string = ','.join(filenames)
                user_input = user_input[1:] + '\n下面是相关的领域知识，可以参考下
                面的内容解答: \n【' + content_string + '】\n\n'
                print("使用的知识库:" + filename_string + "\n")
        stream_chat(client, model, user_input)
    except KeyboardInterrupt:
        print("\n程序已退出")
        break
    except Exception as e:
        print(f"发生错误: {e}")
```

main() 函数是 mm.py 文件的核心，负责启动程序并处理用户的多模态交互。它首先加载配置文件中的服务地址和参数，初始化 OpenAI 客户端，然后进入一个无限循环，持续接收用户输入并根据意图分发任务。

意图判断是任务分配的关键，主要通过两级条件分支实现。

（1）意图鉴别服务处理。

系统调用意图鉴别服务，传入用户输入，返回 JSON 格式的结果。如果结果包含意图（即 results 不为空），则提取第一个意图对象。根据意图的 type 值进行如下判断。

① 如果是 "draw_image"，输出提示后调用绘图函数，传入图像描述，生成并展示图像，然后跳回循环。

② 如果是 "article_image"，显示配图提示，调用文章配图函数，传入路径和尺寸参数，生成并打开图像，最后跳回循环。使用 get() 方法安全获取字段，配合 continue 确保处理完意图后不执行后续逻辑。

（2）知识库查询。

如果用户输入以 @ 开头，系统发送 HTTP 请求到知识库服务，获取相关信息。获取成功后，从返回结果中提取内容和文件名，拼接成字符串附加到用户输入后面，去掉 @ 前缀，同时输出使用的知识库文件名，供后续对话使用。

（3）默认对话。

如果没有特定意图或处理完知识库查询，系统调用流式对话函数，将当前输入传递给大模型，生成实时文本回复。

15.3.3 处理文生图请求

draw_image.py 文件封装了图像生成的完整流程，负责调用 Stable Diffusion API 并处理结

果。它将用户意图中的图像描述转化为图像文件，并支持跨平台展示。

1. 发送 HTTP 请求

使用 requests 库向 txt2img_url 发送 POST 请求，该请求携带图像描述等参数。核心代码如下。

```
payload = {"prompt": image_description, "steps": 20, "width": 512, "height": 512,
"seed": -1, "sampler_name": "Euler a"}
response = requests.post(url, json=payload)
```

该请求返回 Base64 编码的图像数据。

2. 图像解码与保存

通过 base64 和 PIL 解码并保存图像。核心代码如下。

```
image_data = response.json()["images"][0]
image = Image.open(io.BytesIO(base64.b64decode(image_data.split(",", 1)[0])))
os.makedirs("images", exist_ok=True)
filename = f"images/{datetime.now().strftime('%Y-%m-%d_%H:%M:%S')}.png"
image.save(filename)
```

若 images 目录不存在，会自动创建。

3. 跨平台打开图像

根据操作系统调用不同命令打开图像。核心代码如下。

```
system = platform.system()
if system == "Darwin": subprocess.run(["open", filename])
elif system == "Windows": os.startfile(filename)
elif system == "Linux": subprocess.run(["xdg-open", filename])
```

15.3.4　文章配图功能调用

article_image.py 文件中的 generate_image_for_article() 函数在本项目被直接调用，用于为文章生成配图。此处仅展示调用方式，不深入解析代码。

在 mm.py 文件中，当意图为 article_image 时调用函数。

```
article_image_path = generate_image_for_article(intent.get("path"), width=intent.
get("width"), height=intent.get("height"))
if article_image_path:
    open_image(article_image_path)
print(f"已经完成配图，图像文件名：{article_image_path}")
```

参数包括文章路径和尺寸，返回图像路径后打开文件并提示。

15.3.5　使用知识库回答问题

在 mm.py 文件中通过下面的代码检测用户输入（user_input）是否包含 @ 前缀，如果包含，就向知识库服务发送请求，并返回与 user_input 相关的知识库文件名和内容，然后将知识库内容与 user_input 组合成新的 user_input，并发送给大模型。

```
if(user_input):
    # user_input 包含前缀 @, 则认为是 @ 指令
    if user_input[0] == "@":
        url = "http://localhost:5005/search"
        headers = {"Content-Type": "application/json"}
        data = {"prompt": user_input}
        response = requests.post(url, headers=headers, data=json.dumps(data))
        # 检查响应状态码
        if response.status_code == 200:
            # 请求成功, 输出响应内容
            response_json = response.json()
            contents = []
            filenames = []
            if 'results' in response_json and isinstance(response_json['results'], list):
                for item in response_json['results']:
                    if isinstance(item, dict):
                        if 'content' in item and isinstance(item['content'], str):
                            contents.append(item['content'])
                        if 'filename' in item and isinstance(item['filename'], str):
                            filenames.append(item['filename'])
            content_string = '\n'.join(contents)
            filename_string = ','.join(filenames)
            # 组合成新的 user_input
            user_input = user_input[1:] + '\n 下面是相关的领域知识, 可以参考下面的内
            容解答: \n【' + content_string + '】\n\n'
if filename_string:
    print(" 使用的知识库 :" + filename_string + "\n")
stream_chat(client, model, user_input)
```

15.4　运行和测试项目

在运行本项目之前，先按第 12 章的方式启动"知识库服务"，然后按第 14 章的方式启动"意图鉴别服务"，接下来在项目根目录创建 config.txt 文件，并配置如下内容。

```
base_url = http://192.168.31.208:11434/v1
api_key = ollama
model = deepseek-r1:14b

intent_identification_url = http://localhost:5001/identify_intent
txt2img_url = http://192.168.31.80:7860/sdapi/v1/txt2img
```

前 3 个配置项是多模态聊天机器人使用的大模型的配置。intent_identification_url 是意图鉴别服务的 URL，txt2img_url 是 Stable Diffusion 服务器的地址。

配置完成后，在终端中进入项目根目录，执行 python mm.py 命令，就会进入多模态聊天机器人交互终端，输入 hello，会正常回复，如果输入"画一幅画，一只小狐狸在森林里吃草莓"，通过意图鉴别服务得到的意图是"draw_image"，所以会调用 Stable Diffusion API 画图，完成后，图像会保存到本地，交互终端会输出文件名，并自动打开这个图像，效果如图 15-1 所示。

图 15-1 用多模态聊天机器人画图

如果输入"为文档［/Volumes/data1/article.docx］配一个 933*313 的图"，意图鉴别服务得到的意图是"article_image"，所以会调用文章配图器中的 generate_image_for_article() 函数为文档"/Volumes/data1/article.docx"进行配图。配完图后，同样会自动打开生成的图像，效果如图 15-2 所示。这是一篇关于量子计算机的文档，如果读者换成其他的文档，可能会得到其他风格的图像。在提交这条 prompt 之前，要确保"/Volumes/data1/article.docx"文件存在，或者更换其他文件的路径。

注意：在输入路径时，建议在路径两侧加一对中括号（全角半角都可以），否则大模型可能无法正确识别路径。

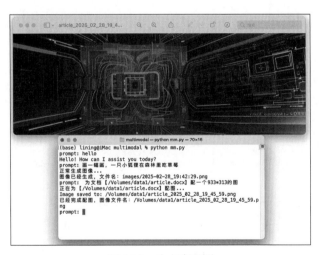

图 15-2 为文章配图

如果输入"@ 什么是仓颉编程语言"，系统会自动根据向量搜索知识库。本例会搜索 cj.txt 等知识库，并得到图 15-3 所示的回复。

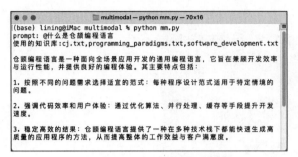

图 15-3　使用知识库回答问题

15.5　本章小结

本章通过开发一个多模态聊天机器人，全面展示了文本对话、图像生成和知识库查询等功能的整合方法。我们从项目原理入手，详细解析了设计架构和运作流程，利用意图鉴别服务动态分发任务，实现了流式输出和跨平台支持。核心代码包括 mm.py 的主控逻辑、draw_image.py 的图像生成功能，以及 article_image.py 的配图调用，结合配置文件和外部服务，构建了一个灵活、可扩展的系统。

通过运行和测试，读者可以掌握多模态交互的实践技巧，并为未来扩展（如语音或视频）功能做好准备。